江苏省太湖流域主要水污染物总量监控与预警实用技术

JIANGSUSHENG TAIHU LIUYU ZHUYAO SHUIWURANWU ZONGLIANG JIANKONG YU YUJING SHIYONG JISHU

主　编　郁建桥　张　涛

副主编　张倩玲　司　蔚　刘　雷　王　策

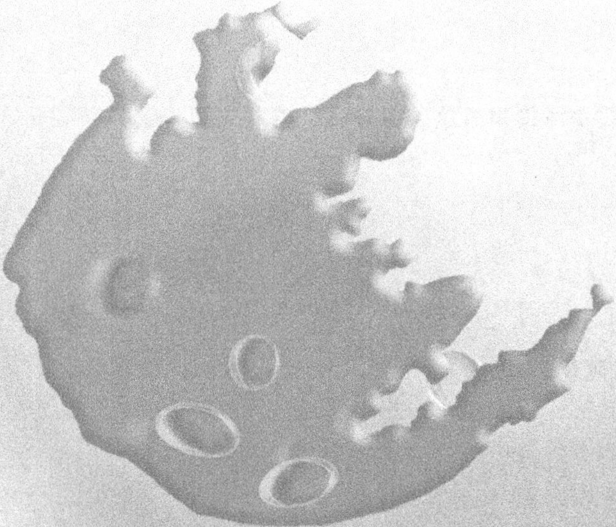

河海大学出版社
HOHAI UNIVERSITY PRESS
·南京·

图书在版编目(CIP)数据

江苏省太湖流域主要水污染物总量监控与预警实用技术/郁建桥，张涛主编.—南京：河海大学出版社，2019.12(2020.6重印)

ISBN 978-7-5630-6280-5

Ⅰ. ①江… Ⅱ. ①郁… ②张… Ⅲ. ①太湖—流域—湖泊污染—环境监测—研究 Ⅳ. ①X832

中国版本图书馆CIP数据核字(2019)第296145号

书　　名	**江苏省太湖流域主要水污染物总量监控与预警实用技术**
书　　号	ISBN 978-7-5630-6280-5
责任编辑	杜文渊
特约校对	杜彩平　李　浪
装帧设计	徐娟娟
出版发行	河海大学出版社
地　　址	南京市西康路1号(邮编:210098)
电　　话	(025)83737852(行政部)　(025)83722833(营销部)
经　　销	江苏省新华发行集团有限公司
排　　版	南京月叶图文制作有限公司
印　　刷	虎彩印艺股份有限公司
开　　本	787毫米×1092毫米　1/16　印张 16.75　字数 386千字
版　　次	2019年12月第1版　2020年6月第2次印刷
定　　价	79.00元

《江苏省太湖流域主要水污染物总量监控与预警实用技术》编委会名单

主　编：郁建桥　张　涛

副主编：张倩玲　司　蔚　刘　雷　王　策

其他参编人员（排名不分先后）：

谢　飞　胡　伟　唐梦涵　张　璘

缪蓓蓓　刘倩倩　张徐祥　祁　毅

刘　颖　陈黎明　陈湘军　吴　巍

前　　言

2012 年，为了说清太湖流域（江苏）主要水污染物风险源的排放总量及其在水环境中的累积性污染，建立与江苏省总量减排环境管理实际需求相适应的、较完善的主要水污染物总量监控和风险预警方法和技术体系，从而为管理工作提供统一的方法和技术平台，在科技部与原国家环境保护部的支持下，江苏省环境监测中心联合中国环境科学研究院、南京大学、江苏省生态环境监控中心着手于国家科技重大专项（水体污染控制与治理专项）课题“太湖流域（江苏）主要水污染物总量监控与风险预警平台构建及示范（课题编号 2012ZX07506—004）”的研究工作，旨在解决太湖流域主要入湖水污染物总量不清、太湖主要水污染物监控体系不完善、入湖污染物总量来源不明及累积性风险预警机制不健全等问题。

整个项目研究团队致力于五项主要工作：一是研究建设太湖流域（江苏）主要水污染物排放风险源监控体系；二是构建太湖流域（江苏）主要水污染物排放总量和环境风险监测网络；三是研发太湖流域（江苏）主要水污染物总量动态监控和评估系统；四是研究太湖流域（江苏）主要水污染物累积性环境风险预警与溯源技术；五是建设太湖流域（江苏）主要水污染物总量监控与风险预警平台。经过研究团队 5 年的共同努力，基本实现了太湖水污染物总量监控网络的优化，实现了 15 条主要入湖河流总量和 91% 重点水污染风险源的动态监控，构建了基于氮磷总量监控的累积性风险预警与管理技术体系，划分了 15 条主要入湖河流累积性风险等级，并确定了入湖污染负荷削减量，研发了基于同位素与 GIS 分析的营养物溯源技术，实现了入湖河流氮磷主要风险源的分类解析与空间定位追溯，建成了太湖流域（江苏）主要水污染物入湖总量监控与累积性风险预警平台，并在太湖流域的宜兴、武进等区域内进行示范应用。

《江苏省太湖流域主要水污染物总量监控与预警实用技术》一书由江苏省环

境监测中心、南京大学研究团队联合编著，介绍了其中监测网络优化、总量动态核定与监控、累积性风险预警、污染物溯源等技术的研究进展，对太湖水污染物总量监控网络、主要入湖河流污染物总量、基于氮磷总量监控的累积性风险预警与管理技术体系、基于同位素分析与GIS的营养物溯源技术等研究成果进行了介绍。本书为流域水环境管理提供重要技术支撑，为排污许可证核定发放提供水污染物总量监测、评估、计算信息和方法论，具有一定的学术价值和实用价值，可供从事生态环境保护、环境监测等相关领域的技术、科研人员和管理人员参考。

值得注意的是，所研究的方法虽然经过参加单位讨论确定，但由于时间、水平所限，难免存在缺陷和不足，为此，希望广大读者多多批评指正。

编　者

目　录

第一章
江苏省太湖流域水环境现状

1.1 江苏省太湖流域基本状况

太湖流域面积 36 895 km²，南靠杭州湾，北临长江，东临东海，西接天目山、宜溧山区。流域地跨三省一市，其中浙江省占 33.4%，江苏省占 53%，安徽省占 0.1%，上海市占 13.5%，是长江三角洲的主要组成部分，也是我国重要的城市密集区和经济核心区(见图 1-1)。流域内的湖泊面积约为 3 160 km²(按面积大于 0.5 km² 的水面计)，占流域内平原面积的 10.7%，湖泊总容量为 57.68×10^8 m³，是长江中下游 7 个湖泊集中区之一。太湖流域的湖泊全部都是浅水湖泊，平均水深均小于 2 m，最大水深也基本在 3 m 以上，个别湖泊最大水深大于 4 m。太湖流域面积大于 10 km² 的湖泊共有 9 座，分别为太湖、滆湖、淀山湖、阳澄湖、元荡湖、洮湖、澄湖、昆承湖、独墅湖，合计面积为 2 838.3 km²，占流域内湖泊总面积的 89.8%；蓄水容积 50.77×10^8 m³，占全部湖泊总蓄水容积(57.68×10^8 m³)的 88%。

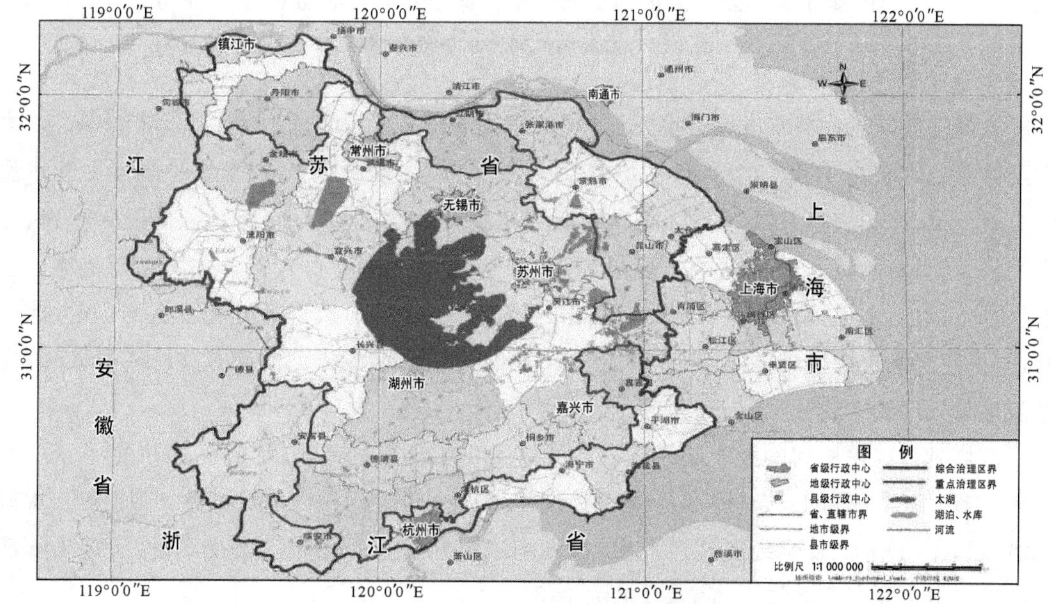

图 1-1 太湖流域地理位置示意图

流域以太湖为中心，地势西高东低，西部为上游山区独立水系，东部是下游平原河网水系。流域内地形以平原为主，河道众多，与湖体相通的河(港)达 224 条。太湖水系有入湖、出湖之分，以北边梁溪河口和南边吴港的连线为界，分界点以西是入湖水系，包括合溪、苕溪、洮滆、南溪四大水系和京杭运河；分界点以东是出湖水系，包括黄浦江、京杭运河两大水系(见图 1-2)。

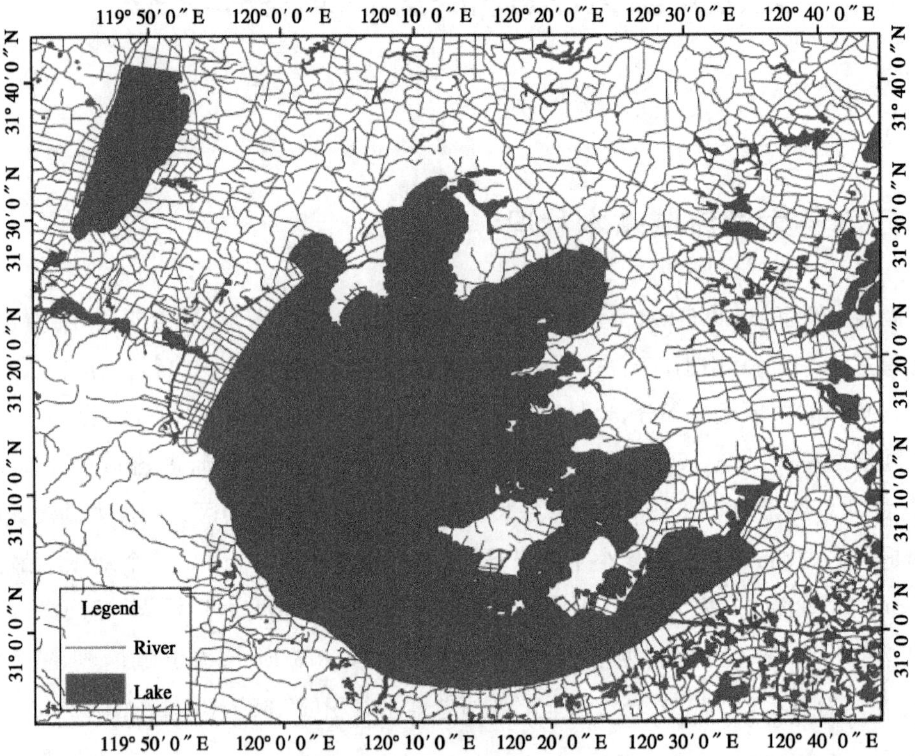

图 1-2　太湖湖体周围水系分布情况

太湖在我国五大淡水湖中排名第三，现有水面积 2 338 km^2，位于太湖流域的中心。太湖正常水位容积为 $44.3\times10^8\ m^3$，平均水深 1.89 m，最大水深 2.6 m，多年平均年吞吐水量 $52\times10^3\ m^3$，水量交换系数为 1.2，换水周期约 300 天。太湖地跨浙、苏、皖、沪三省一市，处于经济发达地区，具有供水、蓄洪、灌溉、旅游、养殖、航运等多方面功能。太湖还是流域的重要供水水源地，不仅担负着无锡、苏州、锡山、吴江、长兴、宜兴、武进区的城乡供水，在太浦河开通后，还将向上海供水并改善黄浦江上游的水质，其供水服务范围超过 2 000 万人，占太湖流域总人口的 55%。

流域独特的平原河网为流域经济社会发展提供了良好的水资源条件，也决定了流域水资源、水环境等问题的复杂性、艰巨性和长期性。近十年时间(从 2003 年至 2013 年)，太湖流域人口不断增加，社会经济高速发展，但人均水资源量远低于全国平均水平，决定了该流域必须充分利用长江等过境水资源(见图 1-3)。

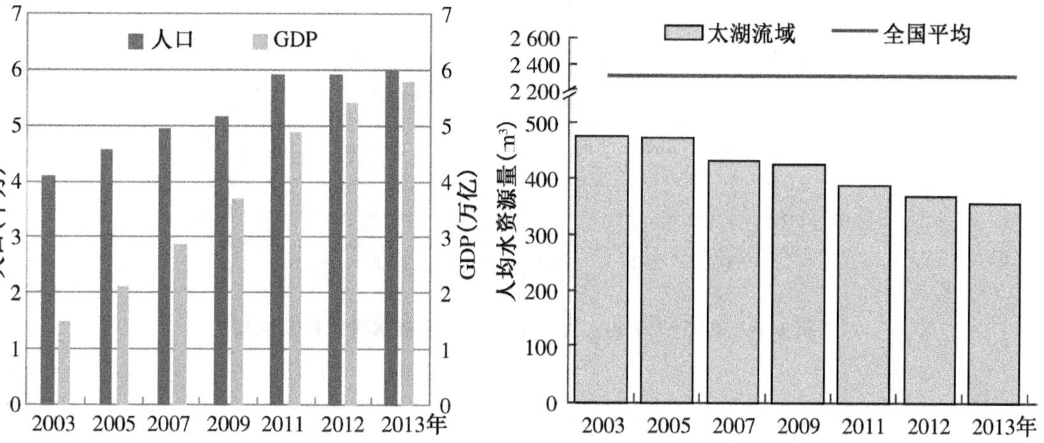

图 1-3　2003—2013 年太湖流域人口、GDP 和人均水资源量变化

1.2　江苏省太湖流域水环境质量现状("十一五"期间)

1.2.1　湖体水质

2010 年太湖湖体受总氮影响水质劣于Ⅴ类。在湖体 21 个测点中,无Ⅰ～Ⅲ类水质,Ⅳ类、Ⅴ类和劣Ⅴ类分别占 4.8%、14.3%和 80.9%。湖体 5 个湖区中,五里湖水质为Ⅳ类,其余 4 个湖区水质均劣于Ⅴ类。湖体总氮年均浓度为 2.68 mg/L,超过Ⅴ类标准;总磷年均浓度为 0.073 mg/L,超过Ⅲ类标准。

全湖平均综合营养状态指数为 58.5,处于轻度富营养状态。五里湖、梅梁湖、东部沿岸区和湖心区处于轻度富营养状态,西部沿岸区处于中度富营养状态。

对照江苏省人民政府与生态环保部(原国家环保总局)签订的《江苏省"十一五"水污染物总量削减目标责任书》中太湖湖体水质目标考核要求,太湖湖心区和东部沿岸区的总氮、西部沿岸区的总磷、总氮和综合营养状态指数未达标,其余均达标。

"十一五"期间,太湖水质总体呈改善趋势。高锰酸盐指数保持在地表水Ⅲ类标准以内;总磷浓度呈波动式下降趋势;总氮浓度 2006 年以后开始下降,近两年基本保持稳定。湖体富营养化程度呈现持续减轻并逐步稳定的趋势(见图 1-4、图 1-5)。

与"十五"末相比,太湖湖体高锰酸盐指数、总磷、总氮年均浓度分别下降了 13.7%、12.0%、15.2%,氨氮年均浓度下降达 68.4%;综合营养状态指数下降了 6.4%。五里湖和梅梁湖 2 个重点湖区富营养化程度有所减轻,综合营养状态指数分别下降了 14.2%和 9.6%。其余湖区各指标也出现不同程度下降。

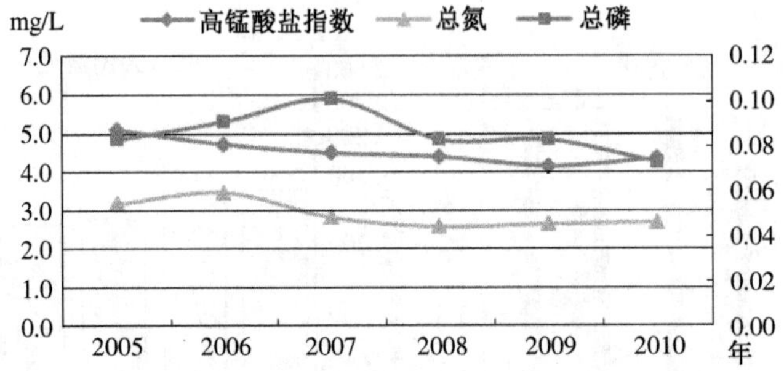

图 1-4　2005—2010 年太湖湖体 3 项主要水质指标变化趋势

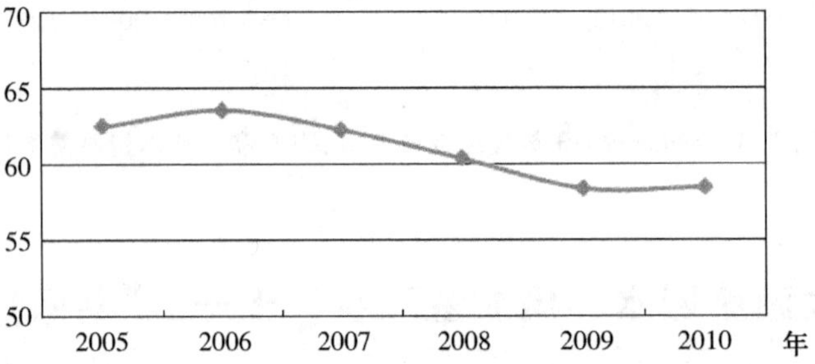

图 1-5　2005—2010 年太湖湖体综合营养状态指数变化趋势

2007 年至 2014 年期间,太湖湖体主要水质指标——高锰酸盐指数(COD_{Mn})、氨氮、总磷和总氮的变化趋势如图 1-6 所示。与 2007 年相比,2014 年的太湖水质呈好转趋势,由劣

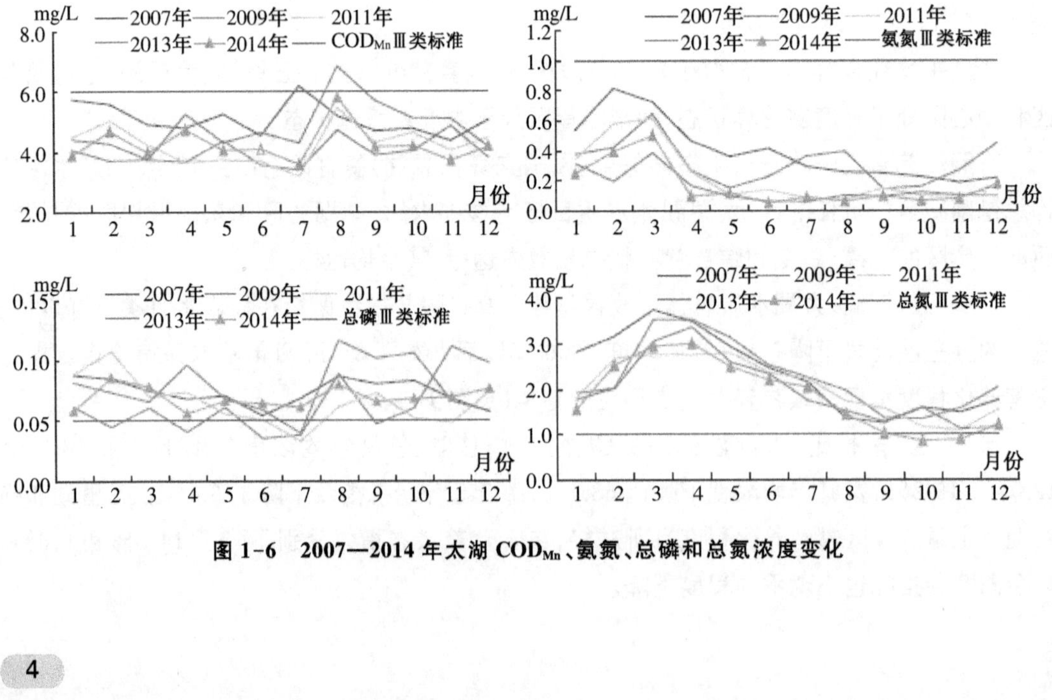

图 1-6　2007—2014 年太湖 COD_{Mn}、氨氮、总磷和总氮浓度变化

Ⅴ类变为Ⅴ类，COD_{Mn}、氨氮、总磷和总氮的浓度分别下降了 16.7%、59.0%、6.8%和 21.3%。从浓度—时间变化来看，高锰酸盐指数在夏季、氨氮在初春、总氮在春季相对偏高，而总磷变化规律并不明显。

1.2.2　湖体蓝藻发生情况

2010 年预警监测期间，利用卫星遥感监测到蓝藻水华现象共计 78 次，水华面积最大为 780 km^2(8 月 17 日)，蓝藻平均发生面积约为 134 km^2/次，其中 8 月中旬、9 月上旬均出现了较大面积的蓝藻聚集现象。从蓝藻暴发频率分布上看，蓝藻频发区域主要位于太湖西部沿岸，频发区域面积与 2009 年基本持平、较 2008 年度有所下降。蓝藻发生次数有所减少，但较大面积蓝藻聚集出现的频次有所增加。

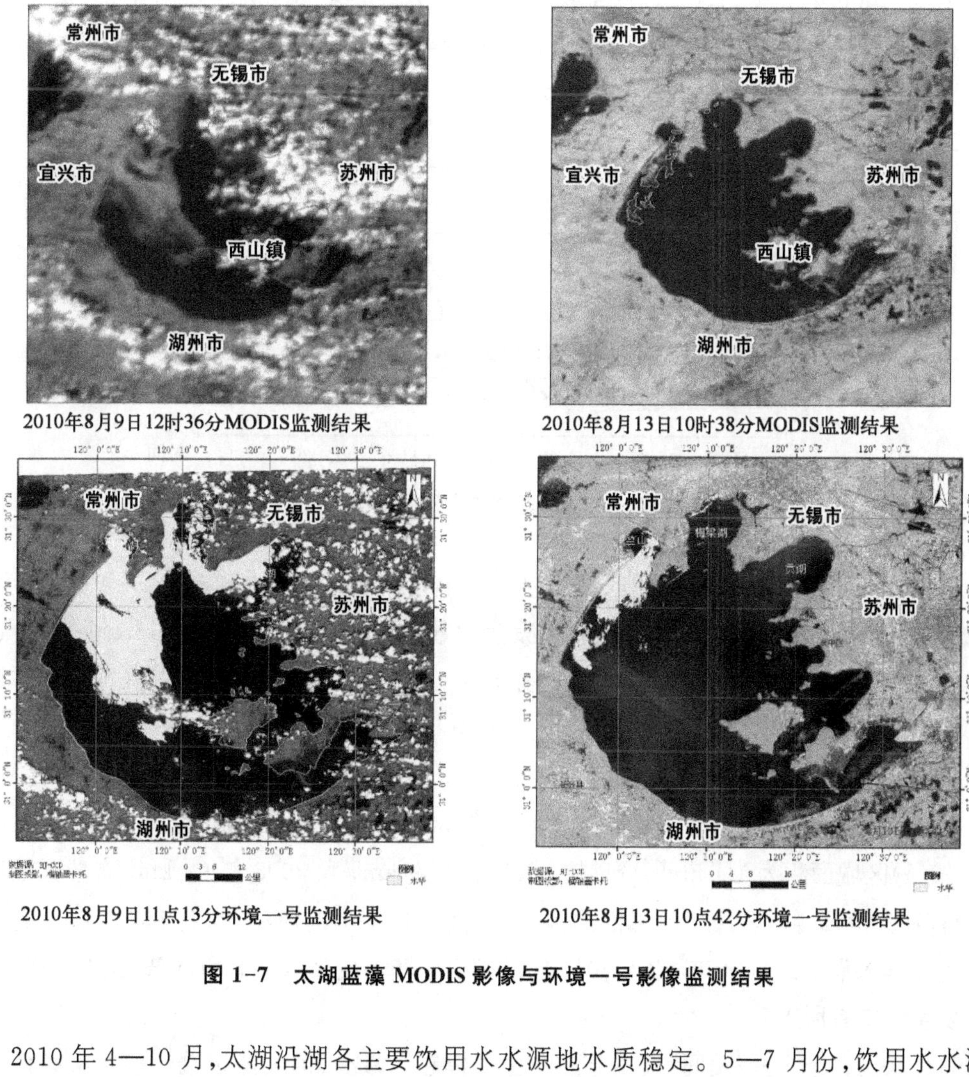

2010年8月9日12时36分MODIS监测结果　2010年8月13日10时38分MODIS监测结果

2010年8月9日11点13分环境一号监测结果　2010年8月13日10点42分环境一号监测结果

图 1-7　太湖蓝藻 MODIS 影像与环境一号影像监测结果

2010 年 4—10 月，太湖沿湖各主要饮用水水源地水质稳定。5—7 月份，饮用水水源地藻类数量缓慢生长，8—9 月急剧增长，9 月份达到高峰。藻类密度总体范围在 18～3 550

万个/L,平均值为 318 万个/L,与 2009 年基本持平。

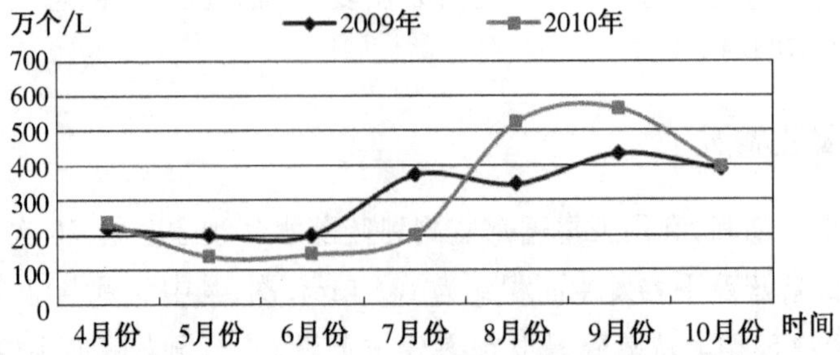

图 1-8　太湖饮用水水源地藻类密度月度变化

湖体各巡测点藻类密度范围在 17～35 760 万个/L,湖体巡测藻类密度平均值为 1 035 万个/L,比 2009 年上升 11.4%。从月度变化看,藻类密度较高的月份集中在 8—9 月,其中藻类密度最大值于 8 月 24 日出现在竺山湖沙塘港附近水域。从较高藻类密度所占比重看,大于 5 000 万个/L 的监测次数所占比重为 3.6%。较高藻密度(超过 1 亿个/L)主要分布区域为竺山湖和西南沿岸。

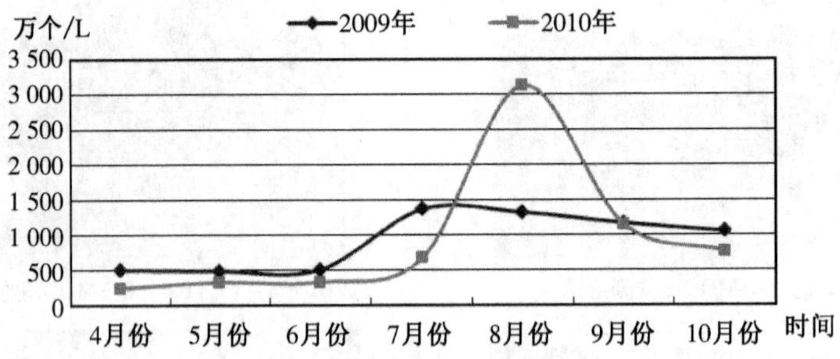

图 1-9　太湖湖体藻类密度月度变化

从蓝藻发生频次来看,2010 年蓝藻发生次数有所减少,较 2009 年和 2008 年分别下降了 27.8%和 22.0%;小规模蓝藻(<100 km^2)发生次数比例较 2009 年减少了 16.4 个百分点,但比 2008 年和 2007 年分别增加了 4.7 个百分点和 15.2 个百分点;大规模蓝藻(>400 km^2)发生比例高于 2009 年 8.1 个百分点,稍高于 2008 年 2 个百分点,但仍然低于 2007 年约 8.8 个百分点。

从蓝藻发生频率来看,蓝藻水华高发区域有所减少。2010 年,蓝藻水华高发(暴发频率大于 10%)区域面积为 1.4 km^2,分别较 2009 年 23.9 km^2 和 2008 年 92 km^2 有较大幅度下降,蓝藻高发区域主要分布于西部沿岸区,且空间分布范围有所减少,约 857.6 km^2 的区域未发生蓝藻水华。与 2009 年相比,2010 年西部沿岸蓝藻发生频率有所降低,但湖心区、贡湖蓝藻发生频率有所上升。

总体来说,"十一五"期间,太湖蓝藻发生规模趋于减少,但某些极端气象水文条件下蓝藻会集中发生。

1.2.3　环湖河流水质

据统计，江苏省境内的82条环湖河流中，有近50%均为河宽小于10 m的小河道，河宽大于40 m的河流有10条；另外，40多条河流入湖口有着大小闸门，入湖污染物总量的70%来源于太湖西北部的15条主要入湖河流，80%以上来源于23条主要入湖河流（含太湖西北部的15条主要入湖河流）。

2010年，太湖流域环湖河流水质总体为轻度污染。流域内154个省控断面中，Ⅱ～Ⅲ类断面有53个，占34.4%；Ⅳ类断面有64个，占41.6%；Ⅴ类断面有18个，占11.7%；劣Ⅴ类断面有19个，占12.3%（见图1-10）。主要污染指标氨氮、五日生化需氧量、石油类、高锰酸盐指数和挥发酚年均值超标断面分别占56.5%、46.1%、31.8%、27.9%和9.1%。

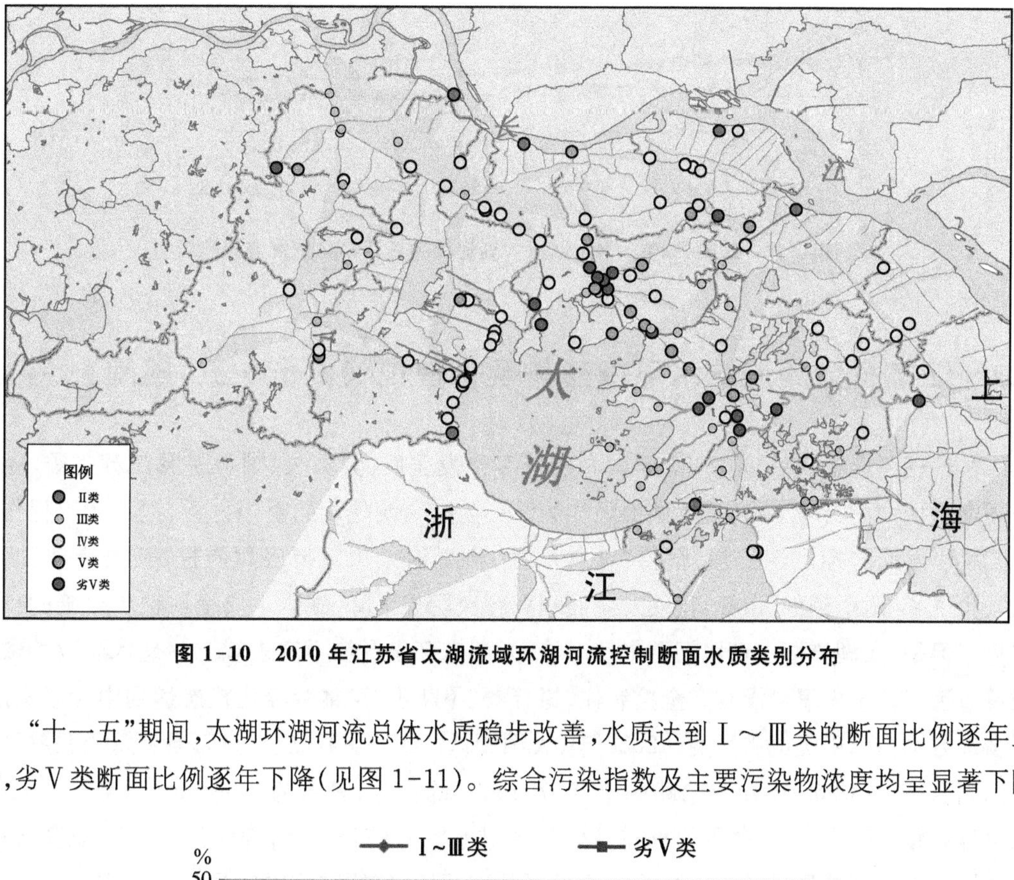

图1-10　2010年江苏省太湖流域环湖河流控制断面水质类别分布

“十一五”期间，太湖环湖河流总体水质稳步改善，水质达到Ⅰ～Ⅲ类的断面比例逐年上升，劣Ⅴ类断面比例逐年下降（见图1-11）。综合污染指数及主要污染物浓度均呈显著下降

图1-11　2005—2010年太湖环湖河流水质类别比例变化趋势

趋势。与“十五”末相比，Ⅰ～Ⅲ类断面比例上升 23.0 个百分点，劣Ⅴ类断面比例下降 25.7 个百分点。从主要污染物浓度变化来看，石油类、氨氮和高锰酸盐指数浓度降幅分别为 64.3%、47.8%、15.6%。

“十一五”期间，江苏省一方面加快太湖流域产业结构调整，关闭了大批重污染企业，特别是制陶企业；另一方面大力开展入湖河流治理工程，对 15 条主要入湖河流实行“双河长制”，编制并实施主要入湖河流整治规划，使入湖河流水质恶化状况得到了控制，并略有好转。2006—2010 年，入湖河流高锰酸盐指数、氨氮、五日生化需氧量 3 项主要污染物平均浓度呈现下降态势，与“十五”末相比，降幅分别为 16.0%、55.5%和 15.5%(见图 1-12)。

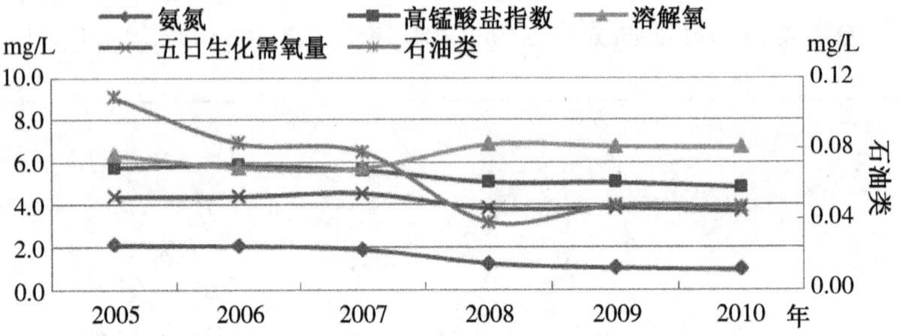

图 1-12　2005—2010 年太湖出入湖河流主要污染物浓度变化趋势

1.3　江苏省太湖流域水环境形势及管理现状(“十一五”期间)

“十一五”以来，特别是 2007 年太湖蓝藻事件发生后，党中央、国务院及江苏省委、省政府高度重视太湖治理工作，把太湖治理作为江苏生态文明建设的重中之重，把治太工程作为江苏科学发展的标志性工程，坚持“铁腕治污，科学治太”，坚持应急防控、长效治理“两手抓”，实现了“两个确保”目标，蓝藻发生面积和频次明显下降，湖体水质呈现稳步改善的良好态势。但是，太湖流域水环境问题依然严峻，太湖水环境形势不容乐观。一是水质改善依然任重道远。化学需氧量没有完全控制住，氮、磷又不断上升，富营养化状态达到中度或重度，不少地方水质为Ⅴ类或劣Ⅴ类。2010 年，太湖湖体 COD、氨氮已经达标，但是总磷和总氮尚未达到目标，总磷 0.073 mg/L，略高于 0.07 mg/L 的目标，总氮为 2.68 mg/L，离 2.0 mg/L 的目标差距还较大。氮、磷入河湖总量仍是流域水污染防控重点，控制湖体氮磷浓度，说清氮磷排放和入湖总量是做好太湖治理的重要基础，而现有的监测网络虽具有一定的规模，通过自动监测系统能捕获一定的水污染超标状况，通过例行监测数据能够分析流域水质变化趋势，但在氮、磷等主要污染物总量监测、超标预警等工作上尚未形成一个完整的监控体系。二是污染物排放总量依然超过环境容量。传统产业比重仍然较大，其中纺织、化工、冶金等行业污染物排放量仍然相对偏高，同时农业面源和生活污染也还占相当大的比例，污水处理设施发挥效益存在滞后效应，入湖河流尤其是支浜污染问题也较为突出，长期淤积造成较严重的内源污染。上述因素使得太湖流域排污总量仍然超过环境容量。特别是水污染事件时有发生,严重损害了人民群众的健康和环境权益。

从深层次看,太湖湖体"藻型生境条件"业已形成,流域污染物排放总量仍超过环境容量,水污染物总量减排监控体系还不完善,产业结构调整还需要相当长的过程,太湖水环境形势仍然不容乐观,太湖流域水环境监控与管理中还存在很多需要进一步关注的问题,对太湖流域水污染监管也提出了新的研究方向和主攻课题。一是影响太湖湖体水质主要污染物监控体系尚不完善。流域水环境和主要污染源自动监测(控)系统建设有很大进展,水环境自动监测系统覆盖了流域内主要入湖河流、城市交界断面和国家考核断面,但监控指标大多只涉及 COD_{Mn}、总磷和氨氮及常规项目,受地表水河流总氮标准未建立的影响,总氮监测无论在例行监测或自动监测体系中都没有建立完善的监测与评价技术体系;主要污染源在线监控系统对总氮监测也还有待进一步提高,总氮项目在监测内容中需要进一步强化,在氮磷排放及入湖总量上没有形成完整的技术评估体系。二是"总量减排-环境容量-水质改善"未建立关联机制,总量减排的环境绩效未得到科学评估。流域内总量减排考核体系控制指标不全面,无法适应太湖流域水污染物总量减排环境综合管理和科学决策的实际需求。三是流域水环境管理现状不能适应发展要求。长期以来,点源监控覆盖面不广,对农村面源污染重视不够、投入很少,已成为太湖流域的重要污染来源,现有的环境在线监测、监控设施不足,环境综合信息管理能力薄弱,没有形成统一的水环境污染监管和预警体系,不能有效应对严峻的环境挑战,也难以满足太湖流域未来水环境管理的需求。太湖流域水华风险监控管理平台还未建成。针对水华风险和总量超标等水污染事故的、集预防、预警、应急"三位一体"的管理体系尚未得到建立,水污染事件的防范与应急处理能力非常薄弱。

因此,需要开展太湖流域(江苏)主要水污染物总量监控与风险预警技术研究,优化流域内主要水污染物总量监测网络,建立主要水污染物总量减排、考核和动态评估指标体系,研发流域主要水污染物排放总量累积性风险预警及示踪溯源技术,为加强太湖水污染治理和污染事故防控提供技术支撑和决策依据。

第二章

太湖流域主要水污染物总量监控现状及湖体自动监测体系构建

2.1　主要水污染物

太湖湖体氮磷污染凸显,湖泊富营养化严重,由此带来湖泊水生态和生态服务功能退化等一系列问题。2015 年,太湖湖体总体水质处于Ⅳ类(不计总氮)。湖体高锰酸盐指数和氨氮平均浓度达到Ⅱ类标准;总磷平均浓度符合Ⅳ类标准,总氮平均浓度为 1.81 mg/L,达到Ⅴ类标准。综合营养状态指数为 56.1,处于轻度富营养状态。其中西部沿岸区仍处于中度富营养状态。太湖蓝藻发生受极端气象水文条件影响明显,研究表明,藻类生长与氮磷等富营养化指标有密切关联。

因此,本书除了考虑污染物自身的理化特性,还结合实际应用需求,将总量考核和水华预警的关键因子(高锰酸盐指数、氨氮、总氮和总磷)4 项水污染物作为江苏省太湖流域主要水污染物总量监控与预警研究的主要对象,称为主要水污染物。

2.2　太湖流域主要水污染物总量监控现状

2.2.1　主要水污染物入湖总量核定方法研究现状

2.2.1.1　定义

主要水污染物入湖总量即污染物入湖通量,是指入湖断面在一定时间内通过某种污染物的量。河流中的污染物通量不仅受到人为点源排污影响,还受到面源污染以及河流本底以及河水流量的影响。

污染物通量通常可分为瞬时通量和时段通量。瞬时通量指某断面的污染物瞬时通过的量,用瞬时流量与瞬时浓度的乘积表示。时段通量指河流在一定时间内某个断面通过的污染物的量。在实际应用中可根据时段内物质通量的变动幅度、强度、总量控制要求、污染控制时期时段的要求分为长时通量和短时通量;如对某一河流的某一断面,长时通量包括:年通量、多年通量;短时通量包括:日通量、周通量、月通量、季通量、水期通量等。

2.2.1.2　计算方法

理论上的污染物时段通量模型可以用下列的数学模式进行计算

$$W=\int_0^t Q(t)C(t)\mathrm{d}t$$

式中 $Q(t)$ 为瞬时流量，$\mathrm{m^3/s}$；$C(t)$ 为瞬时浓度，mg/L。

由于该模式要时时记录污染物瞬间的流量与浓度值，操作上难度较大，因而在实际监测中，只能采用分时、分段等离散型的数据，来进行估算。

时段通量的估算方法大体分为分时段通量和，时段平均浓度与对应分时段流量之积，时段平均流量与分时段浓度之积，通量频率分布之和、对流—扩散模式等五种模式。较常用的为前两种：时段平均浓度与对应时段流量之积以及分时段通量和。Webber 基于这两类方法构造了五种时段通量的估算式(见表 2-1)，同时结合英国当地的一些河流实测数据对这五种方法进行了评估。评估结果认为，不同方法的估算结果存在较大的差异，因此要对各方法的实用性以及结合实际情况进行分析。

表 2-1　时段污染物通量估算方法与特点

方法	时段通量估算式	通量估算方法要点
A	$W_A=K\sum_{i=1}^{n}\frac{C_i}{n}\sum_{i=1}^{n}\frac{Q_i}{n}$	瞬时浓度 C_i 与瞬时流量 Q_i 平均之积
B	$W_B=K\left[\sum_{i=1}^{n}\frac{C_i}{n}\right]Q_r$	瞬时浓度 C_i 与时段平均流量 Q_r 之积
C	$W_C=K\sum_{i=1}^{n}\frac{C_iQ_i}{n}$	瞬时通量 C_iQ_i 平均
D	$W_D=K\sum_{i=1}^{n}C_iQ_p$	瞬时浓度 C_i 与代表时段平均流量 Q_p 平均之积
E	$W_E=K\frac{\sum_{i=1}^{n}C_iQ_i}{\sum_{i=1}^{n}Q_i}Q_r$	时段通量平均浓度 $\frac{\sum_{i=1}^{n}C_iQ_i}{\sum_{i=1}^{n}Q_i}$ 与时段平均流量 Qr 之积

式中：W 表示时段通量；n 代表估算时间段内的样品数量；K 为估算时间段转换系数。

对照表 2-1 对所列公式进行分析，方法 A 突出了流量的作用，弱化了浓度的影响。方法 B 则和方法 A 的作用相反。方法 C、D、E 则是浓度和流量都包括。能直接影响污染物通量的有浓度和流量。而浓度、流量和污染物通量的关系可用正相关、负相关、无关三种关系表述。

2.2.1.3　国内研究进展

许朋柱、秦伯强根据 2001—2002 环太湖 115 条河道水文、水质的同步监测资料，对污染物入湖通量进行估算，通过与 20 世纪 90 年代以前相同年型数据进行对比，得出环太湖河道入湖污染物符合增加的原因是除 TP 外，其他各种污染物的入湖量均明显增加，以及污染物在湖泊中的滞留率也显著提高。陈亚男等利用经验率定验证的平原河网地区河水量、水质计算模型，根据丰平枯三个年份的水文资料，以及 2006 年太湖流域各主要河流纳污资料，计算望虞河西岸各典型年不同季节入望虞河主要河流的水量和水质浓度，由此计算出入湖河流污染物量。并结合河网中水的流向，得出张家港入望虞河的污染物通量最大，张家港的污染治理是整个望虞河西岸污染治理的关键部分。王晖结合淮河流域水环境的具体情况，根据各方法的适用性，选取合理的方法对淮河干流水质断面污染物通量进行估算，得出淮河干流几个代表性水质断面污染物通量均呈递增趋势，计算结果还表明 COD_{Mn}、NH_3—N、BOD_5 和 COD 的年通量间存在很好的线性相关关系，但是各参数的质量浓度之间并不存在线性关系。刘国华等在 1993—1997 年海河水质监测资料的基础上，计算了各污染因子的污染指数和入海通量。得出的结果为海河的污染严重，水质在Ⅳ～Ⅴ之间，NH_3—N 和 NO_2—N 是其主要的污染因子。杨哲利用太湖流域重要的入湖河流苕溪河 2005—2010 年的水质监测资料，分析苕溪河水质和水量现状，核算 COD_{Mn}、NH_3—N、TP 和 TN 等污染物的入湖通量，结果显示，苕溪的入湖河流水质总体为Ⅲ类，首要污染物为 TN。王冼民等建立太湖水量水质数学模型，结合该地区水文特征和实测数据，对流场和浓度场进行了模拟和对比，计算得到入湖河道产生的污染混合带，利用太湖主要入湖河流通量模型，根据 90％的保证率月均入湖水量条件以及混合带限制要求（3 km^2），确定了太湖入湖河流总氮质量浓度限值。乔飞等利用朱沱、寸滩、宜昌和大通 4 个监测断面 2004—2007 年逐月的水量和水质数据，通过连续演算核算长江流域各河段的污染物输出过程，进行区间污染物输出平衡分析，估算出姚港断面污染物输出过程，结果表明：各断面计算数据和实测值数据误差不超过 20％，模型及参数组合的可靠性较好。

2.2.1.4 国外研究进展

国外关于污染物总量的研究，主要体现在水环境容量控制研究与水资源保护研究方面，国外开展的相对较早，特别是美国和日本。

环境容量的概念最初是由日本学者提出的，20 世纪 60 年代末期，日本为了改善水和大气的环境质量状况，提出了污染物排放容量控制问题，日本由于国土面积相对较小，人口与工业过分集中，在发达国家里，其水污染问题是最严重的，1955 年日本开始对全国各水系的水质状况进行定点、定期的监测。

美国从 1983 年 12 月 8 日正式立法起，便开始实施以水质限制为基点的排污控制路线，为了使水体环境既能满足环境标准的要求，同时又能充分利用其自净容量，美国采用了季节总量控制的方法，它是为了适应水体在不同季节对水质不同的要求和不同水体环境对水质的不同要求标准；与此同时，美国部分地方还实行着一种变量总量控制方法，它是以河流实测的同化能力来变更允许排污量，不同于根据历史资料界定条件而得出的固定排污限量，这使水环境容量能够得到更加充分的利用。

Bauer 等使用核算通量的方法来识别污染物的来源。Caroline Béland-Pelletier 等通过设置多个点源监测和抽取多个背景值调查来估算污染物的通量以及它们的不确定性，得出这两种方法的最大的相对不确定性为 37%，说明这两种方法能作为评估污染物通量的较有效的工具。Alexandria B.Boehm 等通过对夏威夷沿海海洋热带农村集水区溪流中高浓度的溶解性氮和可反应性磷的污染通量的研究，得出污染物的负荷分布和当地的城市和耕地的规模有很强的相关性，以及这些污染物主要来源于生活和畜禽的排放。Ecker-Liebman 和 Louck 等人用线性规划方法计算治理投资最低条件下的水体允许排污水平。

2.2.2　太湖流域水环境监测体系现状

据统计，太湖环湖共有 117 条河道，江苏省境内 82 条，其中江苏省境内入湖污染物总量的 70%来源于太湖西北部的 15 条主要入湖河流，80%以上来源于 23 条主要入湖河流(含太湖西北部的 15 条主要入湖河流)。“十一五”期间，为了监控太湖主要污染物情况，按照能反映所在区域环境的污染特征、以最少的断面获取足够代表性的环境信息、实际采样时的可行性和方便性、社会经济发展和监测工作的实际状况及需要等原则，在太湖流域的主要入湖河流、饮用水源地、湖体等重要区域设置了省控(国控)水质监测点位，共 175 个，其中包括 21 个湖体测点、21 个主要出入湖河流控制断面、53 个国家控制断面以及 9 个集中式饮用水水源地测点。太湖部分重要断面扩展至“重点流域考核断面监测网”“小康地表水监测网”“区域补偿监测网”等专项监测网络。

为实时监控太湖流域水质状况，在人工监测之外，江苏省大力推进太湖流域水质自动监测能力建设，按照“全覆盖、最先进”的目标建成水环境自动监控系统，全面覆盖行政交界断面、主要入湖河流、送水通道等区域，截止至 2010 年底，江苏省太湖流域共建成 112 个水质自动监测站，实现了 80%以上污染负荷全监控，太湖流域自动监控预警能力大幅提升。针对太湖蓝藻监测预警，江苏省启动 10 个湖体浮标站建设，配置了 1 艘应急监测船、3 艘巡测艇，在太湖蓝藻监测预警中发挥了重要的作用。

2.2.3　太湖流域主要水污染物总量监控面临的新形势

随着太湖流域水污染治理工作不断深入和总量减排工作的持续推进，流域内水污染物减排的结构性矛盾逐渐凸显，水环境监管面临着严峻挑战。太湖治理虽然实现了“两个确保，一个下降，一个改善”的年度目标，但太湖水环境形势不容乐观，主要体现在两个方面：

一、水质改善依然任重道远。对照国家《太湖流域水环境综合治理总体方案》，氮、磷入河湖总量仍是流域水污染防控重点，控制湖体氮磷浓度，说清氮磷排放和入湖总量是做好太湖治理的重要基础，而现有的监测网络虽具有一定的规模，通过自动监测系统能捕获一定的水污染超标状况，通过环保部门例行监测数据能够分析流域水质变化趋势，但在氮、磷等主要污染物总量监测上尚未形成一个完整的监控体系。因此，全面系统开展太湖流域水污染物总量监控体系的研究与建设，不断完善太湖流域水污染物总量监控预警技术尤为必要。

二、污染物入湖总量不清。太湖流域平原河网是苏南地区废污水的主要排放区域，废污水排放量约占江苏省的 47%。太湖流域河网区感潮，潮水和径流之间的相互关系年内变化复杂，与一般水流相比，其携带污染物的水流不是简单向下运动，而是往复运动，在回落过程中污染物质逐渐向下游扩散，因此对分析污染物的来源以及入湖总量动态监控产生了一定的难度。近年来国家围绕太湖水环境污染治理做了大量的工作，对各类污水排放浓度进行了严格的控制。《太湖流域水环境综合治理整体方案》(2013 年修编)中明确提出了总量控制、分项管理的基本原则，合理确定各阶段水环境质量改善的总体目标及污染物排放总量、入河(湖)总量控制目标。方案确定了近期目标(到 2015 年)太湖流域综合治理区主要污染物入河(湖)总量控制目标为高锰酸盐指数、氨氮、总磷、总氮较 2010 年分别削减 5.7%、7.5%、22.8%、10.2%。因此要从根本上解决太湖的生态环境问题，必须说清太湖流域主要污染物入湖总量，进一步满足太湖流域监督管理的要求，为太湖流域污染物总量削减计划和环境污染控制规划提供科学的依据。

2.3 太湖湖体水环境自动监测体系构建

2.3.1 太湖湖体水环境自动监测体系

“十一五”期间，太湖流域构建了水质监控预警系统，主要包括：太湖流域水质自动监测网、太湖流域废水污染源自动监控系统、太湖蓝藻预警监测系统、江苏太湖水质监测中心站改造、太湖流域水环境管理综合信息平台。其中太湖蓝藻预警监测系统建设包含了配置太湖应急监测船和应急监测车，建设太湖野外水质与蓝藻综合观测站，建设太湖湖体浮标预警站，建设太湖流域遥感数据接收解译系统，实现三级预警。太湖湖体浮标站是太湖流域蓝藻预警监测系统重要组成部分，在预警蓝藻生长和暴发中起到举足轻重的作用。“十一五”期间，江苏省通过布设太湖湖体监测点位，启动湖体浮标站建设，完善太湖流域蓝藻预警监测系统，发挥实时监测预警作用。

2.3.1.1 湖体监测点位情况

20 世纪 80 年代，江苏省环境监测部门开始对太湖湖体开展监测，掌握湖体水质状况。到“十一五”期间太湖湖体共布设 21 个监测点位，详细情况见图 2-1，表 2-2。

表 2-2 “十一五”太湖湖体国控监测点位表

序号	点位名称	湖库名称	湖区位置
1	拖山	湖心区	北
2	椒山	湖心区	北
3	乌龟山	湖心区	北
4	漫山	湖心区	东
5	平台山	湖心区	湖心
6	四号灯标	湖心区	南
7	泽山	湖心区	南
8	大雷山	湖心区	西南

续表

序号	点位名称	湖库名称	湖区位置
9	闾江口	湖岸区	北
10	百渎口	湖岸区	西北
11	大浦口	湖岸区	西北
12	新塘港	湖岸区	西南
13	小梅口	湖岸区	南
14	新港口	湖岸区	南
15	沙塘港	湖岸区	西北
16	犊山口	湖岸区	北
17	沙墩港	湖岸区	东北
18	胥口	湖岸区	东
19	沙渚	湖岸区	北
20	小湾里	湖岸区	北
21	五里湖心	湖岸区	北

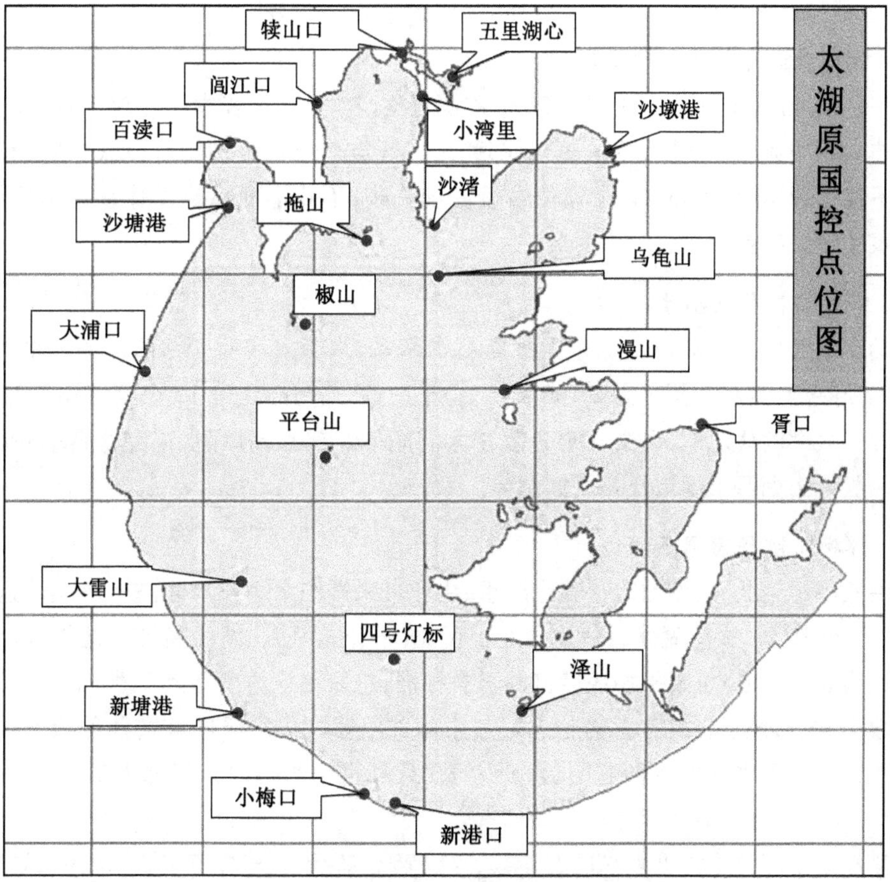

图 2-1　“十一五”太湖湖体国控点位分布图

2.3.1.2 浮标站建设应用情况

随着太湖湖体水质污染和富营养化程度越来越严重，2007 年甚至暴发了太湖蓝藻事件，导致饮用水安全问题。为实时监控太湖水质变化，预警预报太湖蓝藻的生长情况成为太湖水质监测的重点工作。自 2008 年开始建设太湖湖体浮标式自动监测系统。

浮标式水质监测系统于 20 世纪 60 年代起在海洋调查中试用，70 年代中期开始实践应用。起初，浮标监测功能单一，测量内容较少，随着电子、卫星通信以及微处理技术的发展和应用，浮标技术测量能力不断提高，能够收集环境参数，提供实时、同步的环境数据，在军事、航海、渔业、气象、石油开采等多方面逐步得到应用。2000 年以后浮标式水质监测系统开始在海洋监测领域得以推广。2008 年开始，太湖建设了 11 个浮标式水质监测系统，对水质五参数(温度、浊度、pH 值、电导率、溶解氧)、叶绿素 a、蓝绿藻、气象五参数(风速、风向、气压、气温、湿度)进行全天候、全方位的在线连续监测，对于加强太湖湖体水环境质量自动监测，及时捕捉水环境质量变化及太湖蓝藻生长情况，实现水污染预警预报，发挥了重要作用。

2.3.2 太湖湖体自动监测体系存在的问题

2.3.2.1 湖体监测点位代表性不足

“十一五”期间，太湖湖体共布设 21 个监测点位，其中 12 个集中于北部水域，占比 57%，仅能监控太湖湖体 1/3 水域，而东部、南部和湖心区点位分布比例相对较低，导致有限的监测资源不能合理运用；另外，13 个点位布设在湖岸边，不能全面反映湖体水环境质量状况，点位代表性缺失严重。

2.3.2.2 浮标站覆盖面不够

太湖水域面积 2 338 km^2，除东太湖礁石水草多、水深太浅而无法实施监测的湖区 172 km^2 外，实际可监测水面面积为 2 166 km^2。“十一五”期间已建设 11 个湖体浮标站，其中 5 个集中位于太湖湖体北岸，剩余 6 个分散在太湖湖体北部和湖岸边，未完全覆盖贡湖、梅梁湖、五里湖、竺山湖四个湖湾及外太湖湖体。

2.3.2.3 浮标站监测指标不全

湖泊氮磷污染凸显，湖泊富营养化严重，由此带来湖泊水生态和生态服务功能退化等一系列问题。2015 年，太湖湖体总体水质处于Ⅳ类(不计总氮)。湖体高锰酸盐指数和氨氮平均浓度达到Ⅱ类标准；总磷平均浓度符合Ⅳ类标准，总氮平均浓度达到Ⅴ类标准。综合营养状态指数为 56.1，处于轻度富营养状态。其中西部沿岸区仍处于中度富营养状态。太湖蓝藻发生受极端气象水文条件影响明显，研究表明，藻类生长与氮磷等富营养化指标有密切关联。

而浮标站仅配置了常见的水质五参数、叶绿素 a、蓝绿藻、气象五参数(风速、风向、气压、气温、湿度)，虽然可通过自动监测数据监测预警蓝藻的生长情况，却不能实时监控太湖湖体氮磷污染状况。浮标站监测指标亟须增设富营养化监测指标。

2.3.3　太湖湖体水质监控网络构建

2.3.3.1　优化调整监测点位

1. 技术方法

太湖点位优化调整运用了网格均匀布点法。网格均匀布点法常用于大气环境和土壤监测点位的布设。网格均匀布点法是将监测区域地面划分成若干均匀网状方格，采样点设在两条直线的交点处或方格中心。每个方格为正方形，可从地图上均匀描绘，方格实际面积根据所测区域大小、污染物浓度、监测目的和监测力量而定。网格均匀布点法适用于污染分布相对均匀的环境，能较好地反映污染物空间分布情况。太湖湖体区域无明显功能分区，湖体水质污染无明显分界，分布相对均匀，适用网络均匀布点法对湖体进行点位优化调整。

太湖实际可监测水面面积 2 166 km^2，重点考虑代表性，将太湖分成了 20 个约 100 km^2 的水域，在每个水域中选择布设一个监测点位，以代表相关水域的水质情况。同时监测点位避开水深较浅、水产养殖和围网区域。

2. 原则

太湖点位调整原则主要有七点：(1)监测点位以全面反映地表水环境质量为目的。(2)湖库按湖体自然状况划区设置点位。(3)湖泊无明显功能分区的，采用网格法按湖泊面积设置监测点位。库体每 50～100 km^2 设置一个监测点位，同时空间分布要有代表性。(4)面积在 100 km^2 以上的重要湖泊设立监测点位。(5)在重要河流、湖库上的饮用水源地(日供水量≥10 万 t，或服务人口≥20 万人)布设点位。(6)根据不同原则设置监测点位的位置发生重复时，只需设置一个点位。(7)根据连续性原则，保留部分国控点位，使监测结果更具有连续性和可比性。

3. 调整结果

具体优化调整情况如下：

a. 原有点取消

取消了 10 个原有国控点位，分别为百渎口、沙塘港、犊山口、闾江口、小湾里、沙墩港、沙渚、乌龟山、新港口、胥口。

【取消原因】

百渎口、沙塘港：原点位布设于竺山湖岸边，不能总体反映水环境质量及体现代表性原则，且两点位布设在同一湖湾中(竺山湖，面积 68.3 km^2)，属于重复布设；该两点位取消后，新增了竺山湖心代表该区域的水质。

犊山口、闾江口、小湾里：原点位布设于梅梁湾的湖岸边，不能总体反映湖体水质情况，且三个点位布设在同一湖湾中(梅梁湖，面积 124 km^2)，且各点位较为靠近，属于重复布设；该三个点位取消后，以新增的梅梁湖心及原有拖山国控点位代表梅梁湖的水质。

沙墩港：原点位处于入湖河道及湖岸边，不能很好反映太湖湖体水质情况，且与新增点位锡东位置接近，属于重复布设。

沙渚：原点位为原来饮用水源地所处位置，且点位处于湖岸边，2007 年以后，无锡市为保障饮用水安全，对饮用水源地进行了调整，将原先沙渚取水口南移 3 km，成为现在的沙渚南新点位，故饮用水源地的国控点位需要调整，原点位取消。

乌龟山：原点位与新增后的沙渚南点位接近，属于重复布设，且考虑到网格法均匀分布及反映太湖东部水域水质，故将乌龟山点位取消，新增乌龟山南点位。

新港口：原点位与小梅口位置接近，属于重复布设，且考虑到网格法均匀分布及反映太湖东南部水域水质，故将新港口点位取消，新增漾西港点位。

胥口：原点位处于湖岸边，水深较浅、难以监测，且考虑到网格法均匀分布及反映太湖东部胥湖水域水质，故将胥口点位取消，新增胥湖心点位。

b. 新增点位

新增点位有 9 个，分别为竺山湖心、梅梁湖心、沙渚南、乌龟山南、锡东、兰山嘴、西山西、漾西港、胥湖心。

【新增原因】

竺山湖心：根据太湖自然状况，需在竺山湖合理布设点位，同时根据代表性及网格化均匀布点原则，选择竺山湖湾的湖心区为新增点位。

梅梁湖心：根据太湖自然状况，需在梅梁湖合理布设点位，同时根据代表性及网格化均匀布点原则，选择梅梁湖湾的湖心区为新增点位。

沙渚南：2007 年以后，无锡市为保障饮用水安全，对饮用水源地进行了调整，将原先沙渚取水口南移 3 km，成为现在的沙渚南新点位。

乌龟山南：考虑到网格法及代表性原则，为反映太湖东部湖区水质情况，故新增乌龟山南点位。

锡东：点位位于饮用水源地附近，有重要监测意义，且点位位于贡湖湾东部，距湖岸边较远，能较好反映贡湖及东部沿岸区的水质情况。

兰山嘴：考虑到网格法及代表性原则，为反映太湖西部湖区水质情况，故新增兰山嘴点位。

西山西：考虑到网格法及代表性原则，为反映太湖中部湖心区水质情况，故新增西山西点位。

漾西港：考虑到网格法及代表性原则，为反映太湖东南部水域水质情况，故新增漾西港点位。

胥湖心：考虑到网格法、代表性及可行性原则，为反映太湖东部湖区水质情况，故新增胥湖心点位。

c. 原有点位置移动

位置移动的点位有 4 个，分别为点位移动：大浦口、漫山、新塘港、小梅口。

【移动原因】

大浦口、新塘港、小梅口：原点位布设于岸边，不能体现总体反应水环境质量及代表性原则，同时考虑点位的连续性及网格均匀布点原则，故将原点位进行位移调整，以更好反映相关水域水质情况。

漫山:网格均匀布点需要,为反映太湖东部湖区水质情况,故将原点位进行位移调整。

d. 原有点位保留

点位保留的点位有7个。分别为拖山、椒山、平台山、十四号灯标(原四号灯标)、泽山、大雷山、五里湖心。

【保留原因】

该7个点均能符合本次点位调整的各项原则,即代表性、连续性及网格均匀布点。其中十四号灯标即为原四号灯标,由于历史原因,原名称有所误差,需改为十四号灯标。

具体点位分布情况见表2-3、图2-2。

表2-3　太湖点位优化调整前后一览表

调整后点位			调整前点位	
序号	垂线名称	湖库名称	垂线名称	湖库名称
1	拖山	梅梁湖	拖山	湖心区
2	椒山	湖心区	椒山	湖心区
3	乌龟山南	东部沿岸区	乌龟山	湖心区
4	漫山	东部沿岸区	漫山	湖心区
5	平台山	湖心区	平台山	湖心区
6	十四号灯标	湖心区	四号灯标	湖心区
7	泽山	湖心区	泽山	湖心区
8	大雷山	湖心区	大雷山	湖心区
9	西山西	湖心区	闾江口	湖岸区
10	竺山湖心	西部沿岸区	百渎口	湖岸区
11	大浦口	西部沿岸区	大浦口	湖岸区
12	兰山嘴	西部沿岸区	新塘港	湖岸区
13	新塘港	南部沿岸区	小梅口	湖岸区
14	小梅口	南部沿岸区	新港口	湖岸区
15	漾西港	南部沿岸区	沙塘港	湖岸区
16	梅梁湖心	梅梁湖	犊山口	湖岸区
17	胥湖心	东部沿岸区	沙墩港	湖岸区
18	五里湖心	五里湖	胥口	湖岸区
19	锡东水厂	贡湖	沙渚	湖岸区
20	沙渚南	贡湖	小湾里	湖岸区
21			五里湖心	湖岸区

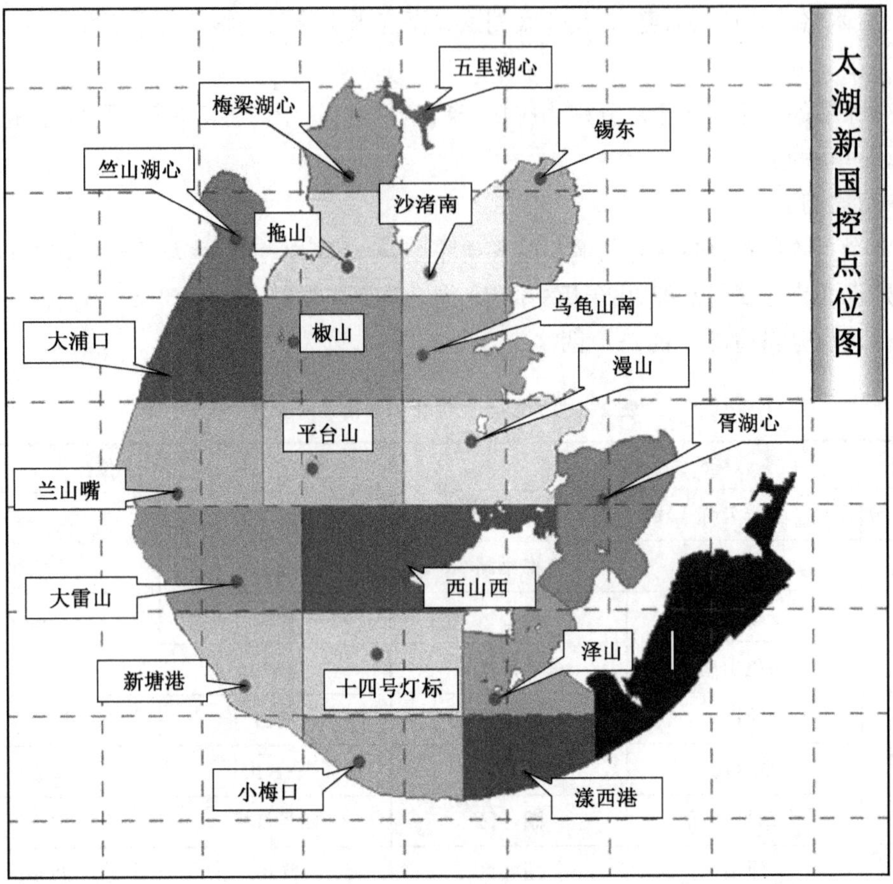

图 2-2　太湖湖体调整后点位分布图

注:图中每个彩色图块表示点位所代表的水域,黑色部分为无法实施监测的湖区。

4. 对比“十一五”和“十二五”监测点位布设

“十一五”期间,太湖湖体共布设 21 个监测点位,其中 12 个集中于北部水域,超过一半的点位分布在太湖湖体 1/3 的水域,而东部、南部和湖心区点位分布比例相对较低,导致有限的监测资源不能合理运用,无法满足全面科学合理监控太湖湖体水质的需求;另外,13 个点位布设在湖岸边,不能全面反映湖体水环境质量状况,点位代表性缺失严重。

“十二五”优化调整后的太湖湖体点位共计 20 个,体现了网格法布点的特点,分布更为均匀,更能整体反映太湖水质情况,各湖区均有多个点位反映水质情况,空间代表性较好;同时,有较好的连续性,在原点位基础上进行优化调整,监测结果能与历史情况进行比较,时间连续性较好。

2.3.3.2　监测指标

自动监测以监测水质五参数[水温、pH、溶解氧(DO)、电导率、浊度]、叶绿素和蓝绿藻指标为主;人工例行监测按照《地表水环境质量标准》(GB 3838—2002)中规定的基本项目 24 项对太湖湖体水质开展监测,湖库加测水位、透明度、叶绿素 a 等项目。

2.3.3.3　监测模式

1. 自动监测

浮标式湖体自动监测系统主要监测水质五参数[水温、pH、溶解氧(DO)、电导率、浊度]、叶绿素和蓝绿藻指标,4 小时自动采样监测 1 次,实现对水质的自动、实时、智能监测,着重加强湖体重点区域水质及感官指标的监控,配合遥感监测等手段预警蓝藻暴发的可能性(见表 2-4)。

表 2-4　太湖湖体监测点位和监测项目

监测点位	编号	监测点位	编号	监测项目
拖山	W1	大浦口	W11	水温、透明度、pH、溶解氧、高锰酸盐指数、氨氮、总磷、总氮、叶绿素 a、藻类密度
椒山	W2	兰山嘴	W12	
乌龟山南	W3	新塘港	W13	
漫山	W4	小梅口	W14	
平台山	W5	漾西港	W15	
十四号灯标	W6	梅梁湖心	W16	
泽山	W7	胥湖心	W17	
大雷山	W8	五里湖心	W18	
西山西	W9	锡东水厂	W19	
竺山湖心	W10	沙渚南	W20	

2. 人工例行监测

太湖沿岸监测单位每月按照《地表水环境质量标准》(GB 3838—2002)中规定的基本项目 24 项对太湖湖体水质开展监测,湖库加测水位、透明度、叶绿素 a 等项目。质量保证按照《地表水和污水监测技术规范》(HJ/T 91—2002)及《环境水质监测质量保证手册(第二版)》有关要求执行。

3. 人工加密监测

太湖湖体监测 20 个监测点位,主要监测项目包含水温、透明度、pH、溶解氧、高锰酸盐指数、氨氮、总磷、总氮、叶绿素 a、藻类密度。每周开展一次手工监测,其中单周开展全湖监测,双周针对重点湖区开展监测。太湖水污染及蓝藻监测预警基本自 4 月开始启动,10 月终止,如遇气候异常或其他特殊情况,都会做出相应调整。监测断面水质异常时,在分析结果出来后 24 小时内上报环保部门开展加密监测。

4. 太湖湖体巡测

巡测项目主要包括水温、pH、浊度、溶解氧、叶绿素 a 和藻类密度。东部沿岸及湖州长兴片区,4 月 1 日至 10 月 31 日太湖水污染及蓝藻监测预警期间,以浮标站日常自动监控为主,每周一、周四辅以人工巡测;其余片区,4 月 1 日至 6 月 30 日,日常以浮标站监控为主,每周一、周四辅以人工巡测,7 月 1 日至 10 月 31 日,每周一、三、五辅以人工巡测。

巡测期间当片区浮标站日均藻密度大于 3 000 万个/L 时,该片区启动每日 1 次加密人工巡测,连续2日人工巡测结果低于3 000万个/L时恢复正常巡测频次。

2.3.4 浮标预警站建设

2.3.4.1 点位建设

“十一五”期间,江苏省完成了20个湖体监测点位中的11个湖体浮标站建设,包括梅梁湖心、大雷山、沙渚南、锡东、竺山湖心、十四号灯标、大浦口、椒山、胥湖心、西山西、新塘港11个监测点位。“十二五”期间要完成剩余9个湖体浮标站的建设,包括泽山、漾西港、漫山、拖山、平台山平台、兰山嘴平台、小梅口平台、五里湖心、乌龟山南监测点位。同时考虑到对太湖蓝藻易暴发地区的实时监测在旧渎东增加了1个浮标站的建设,共计新增10个湖体浮标站,实现湖体水质自动监测点位全覆盖,全面完善太湖流域水质自动监测网(见表2-5)。同时进一步开发湖体自动监测的技术,实现监测技术手段的创新,为全国湖体水质监测提供先进的参考经验。

表2-5 太湖湖体21个监测点位信息

序号	建造时期	站点	浮标类型
1	“十一五”期间	梅梁湖心	浮标
2		大雷山	浮标
3		沙渚南	浮标
4		锡东	浮标
5		竺山湖心	浮标
6		十四号灯标	浮标
7		大浦口	浮标
8		椒山	浮标
9		胥湖心	浮标
10		西山西	浮标
11		新塘港	浮标
12	“十二五”期间	泽山	浮标
13		漾西港	浮标
14		漫山	监测平台
15		拖山	监测平台
16		平台山平台	监测平台
17		兰山嘴平台	监测平台
18		小梅口平台	监测平台
19		五里湖心	浮标
20		乌龟山南	浮标
21		旧渎东*	浮标

* 考虑到对太湖蓝藻易暴发地区的实时监测,在旧渎东增加1个浮标站,其余20个监测点位均为国控点。

2.3.4.2 浮标类型

"十二五"期间优化创新了湖体自动监测技术，搭建湖体在线监测平台，增配藻类分析仪等先进的在线监测仪器，更大范围的掌握湖体水域水质和蓝藻分布情况。目前太湖流域湖体自动监测分为浮标和监测平台两种类型，其中浮标型 16 个，占总数的76.2%，监测平台型 5 个，占总数的 23.8%。

2.3.4.3 仪器设备

湖体 21 个监测点位中，漫山、拖山、平台山平台、兰山嘴平台、小梅口平台 5 个监测点安装了监测平台型浮标湖体自动监测系统，其余 16 个监测点安装了普通型浮标型湖体自动监测系统(见图 2-3)。监测平台型浮标式湖体自动监测系统最大的优势就在于，湖体中的固定式监测平台更便于安装分析设备。

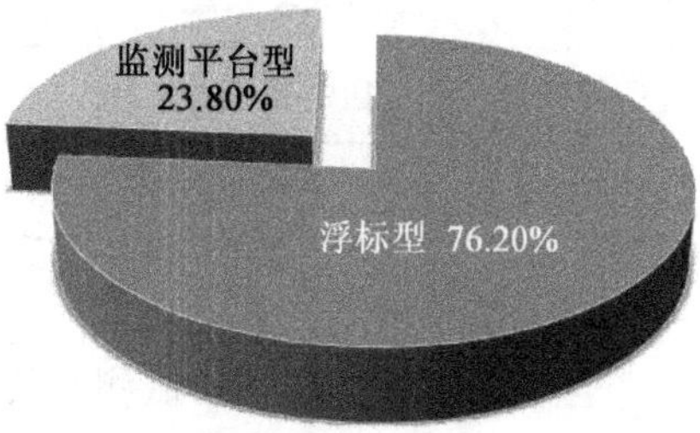

图 2-3 江苏省太湖流域湖体自动监测类型统计图

监测平台仪器设备配置基本相同，都配置了平台系统、气象仪、水质监测仪系统、水质监测剖面系统、湖流监测仪系统、营养盐监测仪系统、数据采集系统等 9 种软硬件设备。营养盐监测系统只在拖山进行了安装。而平台系统、水质监测剖面系统、湖流监测仪系统、摄像头是普通型浮标式湖体自动监测系统没有的设备。普通型浮标与监测平台型湖体自动监测系统的不同在于其使用的是浮标系统，是非固定式的安装方式。配置的仪器数量少于监测平台型，只有浮标系统、气象仪、水质监测仪、数据采集系统、通信系统、软件系统共 6 种软硬件。具体见表 2-6 和 2-7。

表 2-6 监测平台型浮标式湖体自动监测系统的仪器配置表

序号	系统配置	仪器型号	编号	生产厂家
1	平台系统	/	/	上海泽铭
2	气象仪	PB200	/	YSI
3	水质监测仪系统	6600V2-M	12A101445	YSI
4	水质监测剖面系统	YSI-Profiler	/	YSI
5	湖流监测仪系统	XR	E3861	YSI
6	营养盐监测仪系统	WIZ	1070	Systea
7	摄像头	DS-2DF1-772	/	海康威视
8	数据采集系统	CR1000	/	Campbell
9	通信系统	GRRS/微波	/	/
10	软件	LoggNet	/	YSI

表 2-7 普通型浮标式湖体自动监测系统的仪器配置表

序号	系统配置	仪器型号	仪器编号	生产厂家
1	浮标系统气象仪	EMM700	/	YSI
2		PB200	/	YSI
3	水质监测仪	6600V2-0	12A100817	YSI
4	数据采集系统	CR800	/	Campbell
5	通信系统	GRRS	/	
6	软件	LoggNet	/	YSI

2.3.4.4 监测指标

浮标式湖体水质自动监测站的监测项目包括水质五参数[水温、pH、溶解氧(DO)、电导率、浊度]、叶绿素和蓝绿藻,监测频次设为每 2 小时或 4 小时监测一次(即每天 12 个或 6 个监测数据),当发现水质状况明显变化或发生污染事故时,监测频率可调整为连续监测。

指标标准:《关于印发〈江苏省环境水质(地表水)自动监测预警系统建设技术要求(试行)〉、〈江苏省环境水质(地表水)自动监测预警系统验收办法(试行)〉和〈江苏省环境水质(地表水)自动监测预警系统运行〉管理办法(试行)的通知》(苏环监〔2007〕39 号)明确了水质自动监测仪器指标评价标准,基本性能技术规范要求以及水样比对测试结果控制要求,具体情况详见表 2-8 至表 2-10。

表 2-8 仪器指标评价标准

pH 水质自动分析仪技术要求	HJ/T 96—2003
电导率水质自动分析仪技术要求	HJ/T 97—2003
浊度水质自动分析仪技术要求	HJ/T 98—2003
溶解氧水质自动分析仪技术要求	HJ/T 99—2003
叶绿素水质自动分析仪技术要求	参考标书技术规格
蓝绿藻水质自动分析仪技术要求	参考标书技术规格
水质监测剖面系统技术要求	参考标书技术规格
气象五参数自动监测仪技术要求	参考标书技术规格
水面视频监控系统技术要求	参考标书技术规格
湖流监测仪系统技术要求	参考标书技术规格
无线通信系统技术要求	参考标书技术规格

表 2-9　自动监测仪器基本性能技术规范要求

监测指标	重复性	重复性误差	零点漂移	漂移	响应时间
pH	±0.1pH 以内	—	—	±0.1pH 以内	0.5 min 以内
溶解氧	—	±0.3 mg/L	±0.3 mg/L	±0.3 mg/L	2 min
电导率	—	±1%	±1%	±1%	0.5 min
浊度	—	±5%	±3%	±5%	2 min
叶绿素	—	—	—	—	2 min
蓝绿藻	—	—	—	—	2 min

表 2-10　实际样品对比测试结果控制要求

项目	水温	pH	DO	浊度
绝对误差	0.2℃	0.3	0.5 mg/L	
项目	电导率	叶绿素	蓝绿藻	根据 HT/T 98—2003 暂不做
相对误差	10%	50%	50%	

注：叶绿素和蓝绿藻没有固定标准，YSI 公司推荐用罗丹明溶液做荧光强度的校准。

2.3.4.5　浮标预警站试运行

“十二五”期间建成的 10 个浮标式湖体自动监测系统均在试运行时间内完成了对水质五参数、叶绿素和蓝绿藻监测数据的准确度、重复性、精密度的比较，以及仪器运行情况的考察，同时有效数据获取率不小于 90%，因此达到了相关标准通过验收。基本性能和水样比对统计情况见表 2-11 至表 2-17，具体运行验收情况见 10 个浮标式湖体自动监测系统验收报告。

表 2-11　pH 自动监测仪器基本性能考核结果

站点	有效数据获取率	重复性误差	漂移情况	零点漂移	响应时间	结果判断
泽山	97.50%	0	pH7(0.00)	pH10(0.03)	5 s	符合要求
漾西港	99.10%	0.05	pH7(−0.05)	pH10(0.03)	5 s	符合要求
漫山	98.80%	0.02	pH7(0.01)	pH10(0.03)	5 s	符合要求
拖山	99.00%	0.1	pH7(−0.02)	pH10(−0.05)	5 s	符合要求
平台山平台	99.00%	0.008	pH4.01(0.03)	pH7(−0.02)	5 s	符合要求
兰山嘴平台	100.00%	0.02	pH7(−0.04)	pH10(−0.01)	5 s	符合要求
小梅口平台	100.00%	0.01	pH7(−0.03)	pH10(−0.02)	5 s	符合要求
五里湖心	100.00%	0.01	pH7(−0.03)	pH10(−0.02)	5 s	符合要求
乌龟山南	100.00%	−0.01	pH7(−0.01)	pH10(−0.01)	5 s	符合要求
旧渎东	100.00%	−0.06	pH7(0.08)	pH10(0.02)	5 s	符合要求

表 2-12　溶解氧自动监测仪器基本性能考核结果

站点	有效数据获取率	重复性误差	漂移情况	零点漂移	响应时间	结果判断
泽山	97.50%	0.015 mg/L	−0.01 mg/L	−0.04 mg/L	5 s	符合要求
漾西港	99.10%	0.02 mg/L	−0.04 mg/L	−0.11 mg/L	5 s	符合要求
漫山	98.80%	0.01 mg/L	−0.13 mg/L	−0.03 mg/L	5 s	符合要求
拖山	99.00%	0.02 mg/L	0.014 mg/L	−0.016 mg/L	5 s	符合要求
平台山平台	99.00%	0.01 mg/L	0.01 mg/L	−0.01 mg/L	5 s	符合要求
兰山嘴平台	100.00%	0.11 mg/L	0.09 mg/L	−0.07 mg/L	5 s	符合要求
小梅口平台	100.00%	0.07 mg/L	0.20 mg/L	−0.23 mg/L	5 s	符合要求
五里湖心	100.00%	0.07 mg/L	0.20 mg/L	−0.23 mg/L	5 s	符合要求
乌龟山南	100.00%	−0.02 mg/L	−0.22 mg/L	−0.06 mg/L	5 s	符合要求
旧渎东	100.00%	0.02 mg/L	0.02 mg/L	−0.10 mg/L	5 s	符合要求

表 2-13　电导率自动监测仪器基本性能考核结果

站点	有效数据获取率	重复性误差	漂移情况	零点漂移	响应时间	结果判断
泽山	97.50%	0.08%	0.03%	0.00%	5 s	符合要求
漾西港	99.10%	0.19%	0.01%	0.04%	10 s	符合要求
漫山	98.80%	0.12%	0.01%	0.01%	10 s	符合要求
拖山	99.00%	0.05%	0.70%	0.80%	10 s	符合要求
平台山平台	99.00%	0.08%	0.80%	0.60%	10 s	符合要求
兰山嘴平台	100.00%	0.41%	0.20%	0.05%	10 s	符合要求
小梅口平台	100.00%	0.08%	0.70%	0.03%	10 s	符合要求
五里湖心	100.00%	0.08%	0.70%	0.03%	10 s	符合要求
乌龟山南	100.00%	0.29%	0.70%	0.04%	10 s	符合要求
旧渎东	100.00%	0.08%	0.80%	0.03%	10 s	符合要求

表 2-14 浊度自动监测仪器基本性能考核结果

站点	有效数据获取率	重复性误差	漂移情况	零点漂移	响应时间	结果判断
泽山	97.50%	0.03%	0.21%	−0.01%	5 s	符合要求
漾西港	99.10%	0.04%	0.11%	−0.01%	5 s	符合要求
漫山	98.80%	0.03%	0.03%	0.01%	5 s	符合要求
拖山	99.00%	0.07%	−0.07%	0.01%	5 s	符合要求
平台山平台	99.00%	0.08%	0.520%	−0.73%	5 s	符合要求
兰山嘴平台	100.00%	0.04%	−0.81%	0.00%	5 s	符合要求
小梅口平台	100.00%	0.11%	0.10%	0.01%	5 s	符合要求
五里湖心	100.00%	0.11%	1.10%	0.01%	5 s	符合要求
乌龟山南	100.00%	0.04%	0.98%	0.01%	5 s	符合要求
旧渎东	100.00%	0.14%	1.22%	0.01%	5 s	符合要求

表 2-15 叶绿素自动监测仪器基本性能考核结果

站点	有效数据获取率	重复性误差	漂移情况	零点漂移	响应时间	结果判断
泽山	97.50%	0.54%	0.33%	−0.25%	5 s	符合要求
漾西港	99.10%	1.10%	0.30%	−0.25%	5 s	符合要求
漫山	98.80%	−0.31%	0.30%	0.30%	5 s	符合要求
拖山	99.00%	0.47%	−0.13%	−0.17%	5 s	符合要求
平台山平台	99.00%	1.11%	0.425%	−0.20%	5 s	符合要求
兰山嘴平台	100.00%	0.52%	4.56%	0.29%	5 s	符合要求
小梅口平台	100.00%	1.49%	4.80%	0.21%	5 s	符合要求
五里湖心	100.00%	1.49%	4.80%	0.210%	5 s	符合要求
乌龟山南	100.00%	0.71%	3.50%	0.13%	5 s	符合要求
旧渎东	100.00%	0.84%	1.93%	−0.30%	5 s	符合要求

表 2-16 蓝绿藻自动监测仪器基本性能考核结果

站点	有效数据获取率	重复性误差	漂移情况	零点漂移	响应时间	结果判断
泽山	97.50%	0.42%	0.78%	0.14%	5 s	符合要求
漾西港	99.10%	0.25%	0.48%	1.55%	5 s	符合要求
漫山	98.80%	1.23%	1.14%	−0.13%	5 s	符合要求
拖山	99.00%	0.20%	0.64%	0.48%	5 s	符合要求
平台山平台	99.00%	0.42%	−0.78%	0.00%	5 s	符合要求
兰山嘴平台	100.00%	0.15%	4.50%	0.16%	5 s	符合要求
小梅口平台	100.00%	0.08%	3.90%	0.24%	5 s	符合要求
五里湖心	100.00%	0.08%	3.90%	0.240%	5 s	符合要求
乌龟山南	100.00%	0.08%	3.24%	0.18%	5 s	符合要求
旧渎东	100.00%	0.12%	1.71%	0.34%	5 s	符合要求

表 2-17 自动监测仪器水样比对合格率表

站点	pH	溶解氧	电导率	温度	浊度	叶绿素	蓝绿藻
泽山	100%	100%	100%	100%	100%	100%	100%
漾西港	100%	100%	100%	100%	90%	100%	90%
漫山	100%	100%	100%	100%	100%	100%	100%
拖山	100%	100%	100%	100%	100%	100%	100%
平台山平台	100%	100%	100%	100%	100%	100%	100%
兰山嘴平台	90%	100%	100%	100%	100%	100%	100%
小梅口平台	100%	100%	100%	100%	100%	100%	100%
五里湖心	100%	100%	100%	100%	100%	100%	93%
乌龟山南	100%	100%	100%	100%	100%	100%	100%
旧渎东	100%	100%	100%	100%	100%	100%	100%

2.3.4.6 浮标站建设运行效果分析

20 个太湖湖体新调整点位的浮标自动监测系统实现了水质、藻情的连续、动态监控预警，充分发挥出自动监测系统的主导作用，一举改变以往人工监测存在的工作负荷高、强度大，监测数据实效性差、代表性不佳等问题。

2013 年 4—10 月蓝藻预警监测期间，通过卫星遥感和浮标站监测共计发现蓝藻水华聚集现象 94 次，以“小面积、零星聚集”为主，主要发生在西部沿岸区、竺山湖和湖心区。2014 年 4—10 月蓝藻预警监测期间，通过卫星遥感和浮标站监测共计发现蓝藻水华聚集现象 81 次，仍以“小面积区域性聚集”为主。与 2013 年相比，蓝藻水华聚集现象发生次数减少 13

次。2015 环境自动监测预警能力进一步提升，充分发挥水环境自动监测系统作用，完善水质异常快速调查处置机制，共及时捕获、果断处置水质异常情况 79 起，有效保证太湖水质安全。

通过浮标站异常数据预警，江苏省开展多次应急监测工作。2013 年以来，太湖 21 个浮标站共捕获监测数据 900 余万个，利用浮标监测数据共计编写太湖蓝藻监测预警日报 777 期，实现了太湖蓝藻水华的全年不间断连续监测，及时将水质异常信息发送至省政府、太湖办等相关职能部门，为政府环境决策和污染控制提供了及时、准确、科学的依据，得到了上级领导部门的高度评价。

浮标站投入运行后，与太湖流域卫星遥感数据接收解译系统协同发挥太湖蓝藻预警作用，连续多年实现了太湖两个确保工作的完成，太湖蓝藻监测预警有了更直观有效的监测手段。

第三章

太湖流域主要水环境物总量监控

3.1　典型汇水通道主要水污染物入湖总量监控体系构建

3.1.1　典型汇水通道水环境监测网络现状

据统计，太湖环湖共有 117 条河道，其中江苏省境内 82 条，浙江省境内 35 条。江苏省境内环湖 82 条大小环湖河流中，有近 50%均为河宽小于 10 m 的小河道，河宽大于 40 m 的河流有 10 条；另外，40 多条河流入湖口有着大小闸门，其中蠡桥、杨家村、武进港等为规模较大的水利工程；而宜兴片区的河流以小型节制闸门为主，一般情况下小型节制闸门处于开启状态，只有在防洪等特殊需要时才放下。研究结果表明：江苏省境内的 82 条环湖河流中，入湖污染物总量的 70%来源于太湖西北部的 15 条主要入湖河流，80%以上来源于 23 条主要入湖河流（含太湖西北部的 15 条主要入湖河流）。

据统计，"十一五"末 15 条主要入湖河流输入化学需氧量总量 68 078.1 t，氨氮 6 084.8 t、总氮 17 037.2 t、总磷 872.1 t，建有自动站的 23 条入湖河流统计污染物入湖总量分别为化学需氧量 78 216.3 t、氨氮 6 839.3 t、总氮 19 280.3 t、总磷 973.4 t。

表 3-1　"十一五"末主要入湖河流污染物入湖总量表

	流量（m^3）	化学需氧量（t）	氨氮（t）	总氮（t）	总磷（t）
15 条河流	4 319 845 131	68 078.1	6 084.8	17 037.2	872.1
23 条河流	4 846 273 485	78 216.3	6 893.3	19 280.3	973.4

3.1.1.1　基于不同闸控类型的入湖河流分类

为满足通航、调水等需要，太湖流域入湖河流修建了单闸、套闸、水利枢纽等不同闸控类型的水闸，用于控制河道流量和调节水位。不同的闸控类型对河流的流量、流向，甚至污染物浓度等都有着较大影响。根据入湖河流不同的闸控类型，23 条主要入湖河流可分为四类：

A 类：无闸控河流（陈东港、漕桥河、大浦港、太滆南运河、洪巷港、社渎港、横塘河、茭渎河、太滆运河、乌溪港、官渎港、朱渎港、庙渎港、黄渎港、大港河，共计 15 条）；

B 类:单闸控河流(雅浦港、大溪港、小溪港和武进港,共计 4 条);

C 类:套闸控制河流(横大江和直湖港,共计 2 条);

D 类:水利枢纽河流(梁溪河和望虞河,共计 2 条)。

3.1.1.2　入湖河流控制断面现状

"十一五"期间,为了监控主要入湖污染物情况,按照能反映所在区域环境的污染特征、以最少的断面获取足够代表性的环境信息、实际采样时的可行性和方便性、社会经济发展和监测工作的实际状况及需要等原则,23 条主要入湖河流每条均设置了 1 个控制断面。

从行政区域分布情况来看,无锡市共有控制断面 20 个,其中 14 个位于太湖流域西北部的宜兴市,6 个位于无锡城区,常州市有控制断面 3 个(见图 3-1)。

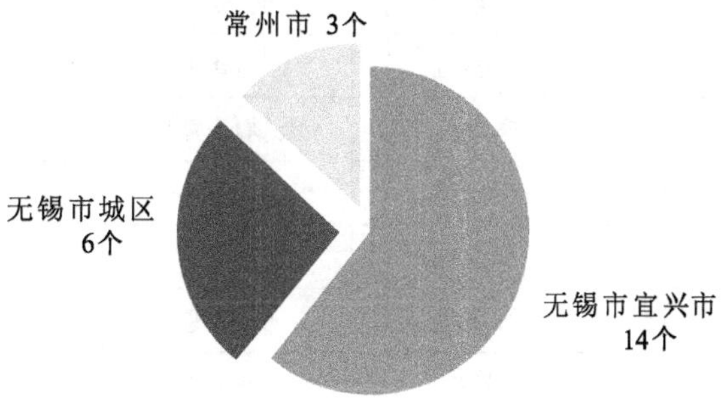

图 3-1　23 条主要入湖河流控制断面行政区域分布图

从断面性质来看,23 个断面均属于出(入)湖控制类型。其中百渎港为无锡市和常州市的交界断面。

3.1.1.3　断面自动站建设运行情况

"十一五"期间,23 个主要入湖河流控制断面陆续建成了水质自动站,监测项目包括流量、水质五参数(水温、pH、溶解氧、电导率、浊度)、高锰酸盐指数、氨氮、总磷、总氮、总有机碳等。自动站每 4 小时(部分站点根据需要可增加至 2 小时)进行一次采样分析,监测结果接入省级数据平台。水质自动站通过委托第三方运维、省市两级质控的模式进行管理,保证其有效运行率以及数据的准确率。自动站建成以来,在太湖流域水环境质量监测、及时跟踪水环境质量变化、捕获异常水质波动、快速进行预报预警方面发挥了重要作用。详见表 3-2。

表 3-2　主要入太湖河流控制断面自动站建设情况表

序号	河流	站点名称	闸坝情况	地区	河流宽度(m)	自动站
1	陈东港*	陈东桥		无锡宜兴	75	已建
2	漕桥河*	百渎港		无锡宜兴	35	已建
3	大浦港*	大浦港桥		无锡宜兴	56	已建
4	太滆南运河*	殷村港		无锡宜兴	55	已建
5	洪巷港*	洪巷港		无锡宜兴	30	已建
6	社渎港*	社渎港		无锡宜兴	25	已建
7	雅浦河	雅浦港桥	单闸	常州	33	已建
8	横塘河	沙塘港口		无锡宜兴	75	已建

续表

序号	河流	站点名称	闸坝情况	地区	河流宽度(m)	自动站
9	茭渎河	茭渎河桥		无锡宜兴	28	已建
10	武进港*	武进港	单闸	常州	47	已建
11	太滆运河*	黄埝桥		常州	40	已建
12	乌溪港*	乌溪港桥		无锡宜兴	25	已建
13	官渎港*	官渎桥		无锡宜兴	28	已建
14	朱渎港	朱渎港		无锡宜兴	30	已建
15	横大江	吴塘门套闸	套闸	无锡	22	已建
16	庙渎港	庙渎港桥		无锡宜兴	15	已建
17	黄渎港	黄渎港桥		无锡宜兴	20	已建
18	大溪港	大溪港	单闸	无锡	48	已建
19	小溪港*	小溪港桥	单闸	无锡	39	已建
20	直湖港*	杨家村	套闸	无锡	43	已建
21	梁溪河*	蠡桥	水利枢纽	无锡	50	已建
22	望虞河*	沙墩港	水利枢纽	无锡	138	已建
23	大港河*	大港桥		无锡宜兴	30	已建

备注:河流名称后打“*”者为 2008 年确定的 15 条重点入湖水环境综合整治规划河流。

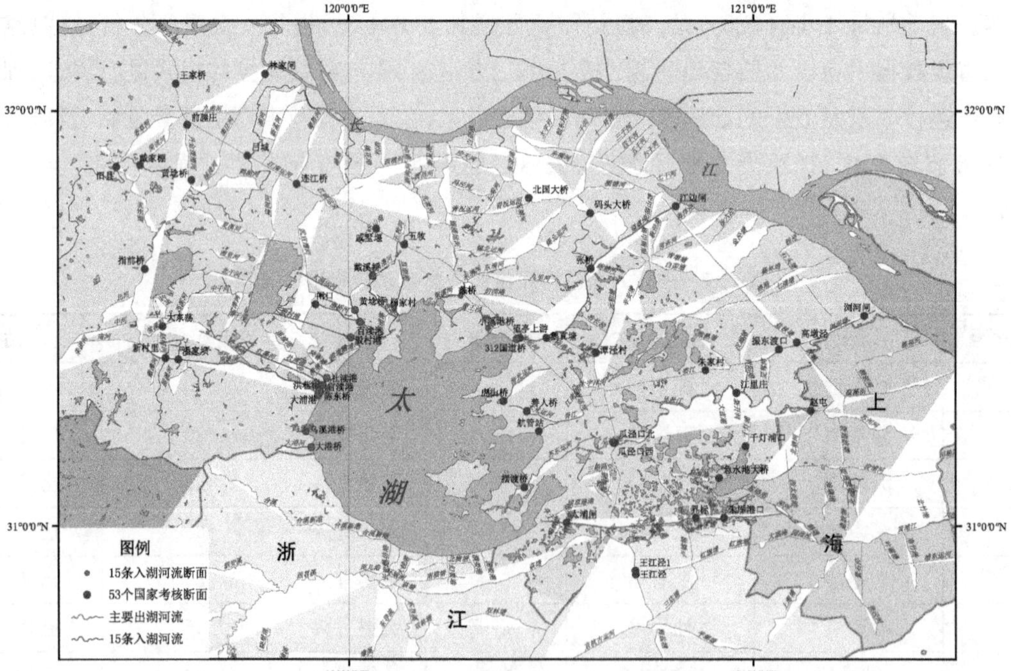

图 3-2 主要入太湖河流及其控制断面图

3.1.2 典型汇水通道水环境监测网络存在问题分析

3.1.2.1 入湖污染物通量监控能力不足

江苏省境内环湖 82 条大小环湖河流中，开展例行水质水量监测的 23 条河流仅能控制江苏境内 80%的污染物入湖总量，监控断面还不能全面覆盖太湖入湖河流，无法全面监控入湖污染物通量。为了提升入湖污染物通量监控覆盖率，需再筛选出一部分入湖通量相对在前的次主要入湖河流设置监控断面，提高入湖通量核算的精度，完善太湖监控体系的建设。

3.1.2.2 断面自动站建设运行情况

随着国家和地方环境管理要求的不断提高，现有的常规手工监测手段已不能满足新形势下对水环境管理的需要。常规人工监测投入大量人力精力，工作量大，通常以月为单位进行一次或两次采样分析，监测数据代表性不足。自动监测手段能够更加完整、连续地监测水体的变化情况，与手工监测可以实现优势互补，从而更加科学地评价水质状况，实现环境管理部门对水质状况的实时掌控与预警。水质自动站的建成运行为掌握污染物入湖总量的时空变化提供了有力的技术支持，自动站能够实时在线监测河流断面水质变化情况，减轻人工监测的工作量，弥补以往人工监测数据代表性不足等问题，与人工监测相比自动监测具备更大的发展潜力。

在 23 条主要汇水通道河流中，“十一五”期间已陆续建成 23 个河流断面自动站。但次主要汇水通道河流入湖控制断面自动监测暂未覆盖。

3.1.2.3 污染物通量自动监测工作尚在探索阶段

利用水质自动站对流域内主要污染物入湖通量开展全面监测，目前在国内尚属探索阶段，尤其是当前在对流域污染物通量的自动监测尚无成熟的操作方法、无监测工作规范可依的情况下，需通过摸索取得突破。

3.1.3 典型汇水通道水环境监测网络体系构建

3.1.3.1 断面设置

1. 河流筛选

为进一步扩大入湖总量监控能力，本书根据太湖流域内河流宽度和流量大小，计算主要污染物通量情况，并实地查看各条河流上游是否存在易导致水质污染的集镇、工业园区等敏感污染源，最终筛选出 7 条次主要河流，入湖污染物通量监测河流扩大到 30 条，详见表 3-3。

表 3-3 次主要入太湖河流及其控制断面表

序号	河流名称	断面名称	闸坝类型	河宽(m)	水深(m)	流向
1	油车港	油车港闸	单闸	10	1.5	入湖
2	潭东河	潭东村闸	单闸	6	3	入湖
3	陈墅港	陈墅港口		10	1.5	入湖

续表

序号	河流名称	断面名称	闸坝类型	河宽(m)	水深(m)	流向
4	青店港	青店港桥		5	1.5	入湖
5	张桥港	张桥港闸	单闸	15	3.1	双向
6	高敦港	高敦港闸	单闸	13	1.6	双向
7	双桥港	双桥港		12	2.0	入湖

2. 设置原则

确定太湖流域入湖监测断面设置原则如下：

全面性。最大幅度覆盖太湖流域入湖主要河流，能够全面反映流域水环境质量及变化趋势。

代表性。能准确反映地表水环境质量，避开死水区、回水区、排污口处，尽量选择顺直河段、河床稳定、水流平稳，水面宽阔、无急流、无浅滩处。

交通便利性。考虑实际采样时的可行性和方便性。

长远性。适应国家太湖治理总体方案和省实施方案的阶段性目标要求，监测断面具有相对的长远性和延续性。

自动化。尽可能利用已建水质自动监测站，或选择具备新建水质自动站建设条件的断面，便于增强水质监测的时效性，切实发挥水质自动站的作用。

根据上述原则，每条主要和次主要入湖河流均设置了 1 个入湖控制断面。

3.1.3.2 受闸坝控制河流监测

水文状况受闸坝控制影响的河流被称为受闸坝控制河流。

(1) 在对闸坝控制河流监测断面设置时充分考虑水文特点。设置：①选择在河道上游平直段水流平稳的地方；②避开监测河段排污口污染；③由于闸坝控制河流的流向可能发生变化，在其主导流向的上游设置断面的同时，非主导流向时可根据情况增加辅助断面；④避开闸前的死水区、漂浮物集中区，断面设置在闸坝前一定距离处。

(2) 闸坝控制的河流水位变化较大，采样处设置在最低水位以下，确保采样顺利。

(3) 在监测时间和频次的设计上，考虑丰、平、枯的水期变化，也考虑闸坝的启闭对河流监测断面处水质的影响。①闸坝控制河流客观存在水流正方向流动、逆方向流动与停滞三种状态，监测时间照顾到这三个不同的水文状态，制订监测计划时有意识地选取不同水文状态分别监测；②例行监测计划对于闸坝控制河流的不确定因素无法涵盖。由于闸坝河流状态不仅受自然水文气候条件影响，而且有人为因素，水质监测计划的制订与修订要紧紧围绕此类河流的不确定性因素进行调整，最大限度地把握河流不确定因素对水质的影响。

3.1.3.3 监测项目

1. 监测因子

为了实时监控主要河流的水质状况和入湖污染物变化情况，准确核算主要污染物入湖总量，在开展入湖河流水质监测时，必须列入流向、流量监测指标；同时，由于太湖在夏季蓝藻暴发时易倒灌入西部沿岸的入湖河流，蓝藻对东部出湖河流的水质也产生很大影响，因此有必要在出入湖河流断面上增设叶绿素 a 和蓝绿藻监测指标。30 条主要入湖河流水质自动基本监测项目包括 COD、氨氮、总磷、总氮，并根据污染物排放情况和水质特征在部分断面增加水质五参数、有机碳、气象五参数、总酚、挥发性有机物、重金属等自动监测项目。已建设水质自动监测站的仪器设备配备情况见表 3-4。

① 必测项目

水质五参数(水温、pH、溶解氧、电导率、浊度)、高锰酸盐指数、氨氮、总磷、总氮、流量；饮用水源地已配置的特征监测因子全部开展监测；除黄埝桥(分水)、沙墩港、大港桥外，其余监测点位加测叶绿素 a 和蓝绿藻。

② 水质自动站 VOCs、重金属，试点监测

宜兴大浦港桥、百渎港、陈东桥、沙墩港 4 个水质自动站，开展水质自动站 VOCs、重金属试点监测。

其中 VOCs 监测项目包括：二氯甲烷、反式-1,2-二氯乙烯、顺式-1,2-二氯乙烯、三氯甲烷、1,2-二氯乙烷、苯、1,2-二氯丙烷、三氯乙烯、甲苯、四氯乙烯、氯苯、乙苯、对-间二甲苯、苯乙烯、邻二甲苯、异丙苯、1,4-二氯苯、1,2-二氯苯等 18 项。

重金属监测项目包括：铜、铅、锌、镉、镍、汞、砷等 7 项。

③ 水质自动站生物综合毒性，藻类分类仪试点监测武进港开展生物综合毒性、藻类分析仪试点监测。

蠡桥开展藻类分析仪试点监测。

表 3-4　主要入太湖河流及其控制断面水质自动监测设备配置

序号	河流名称	控制断面名称	水质自动站监测仪器设备
1	陈东港	陈东桥	水质五参数、气象五参数、高锰酸盐指数、氨氮、总磷、总酚、总氮、总有机碳、流量、叶绿素 a、蓝绿藻、挥发性有机物、重金属
2	漕桥河	百渎港	水质五参数、高锰酸盐指数、氨氮、总磷、总酚、总氮、总有机碳、流量、叶绿素 a、蓝绿藻、便携式色谱-质谱联用仪、挥发性有机物、重金属、藻类分类仪
3	大浦港	大浦港桥	水质五参数、高锰酸盐指数、氨氮、总磷、总酚、总氮、总有机碳、流量、叶绿素 a、蓝绿藻、挥发性有机物
4	太滆南运河	殷村港	水质五参数、气象五参数、高锰酸盐指数、氨氮、总磷、总酚、总氮、总有机碳、流量、叶绿素 a、蓝绿藻
5	洪巷港	洪巷桥	水质五参数、气象五参数、高锰酸盐指数、氨氮、总磷、总酚、总氮、总有机碳、流量、叶绿素 a、蓝绿藻
6	社渎港	社渎港	水质五参数、高锰酸盐指数、氨氮、总磷、总酚、总氮、总有机碳、流量、叶绿素 a、蓝绿藻

续表

序号	河流名称	控制断面名称	水质自动站监测仪器设备
7	雅浦港	雅浦港桥	水质五参数、气象五参数、高锰酸盐指数、氨氮、总磷、总酚、总氮、总有机碳、流量、叶绿素 a、蓝绿藻
8	横塘河	沙塘港口	水质五参数、高锰酸盐指数、氨氮、总磷、总酚、总氮、总有机碳、流量、叶绿素 a、蓝绿藻
9	茭渎河	茭渎河桥	水质五参数、气象五参数、高锰酸盐指数、氨氮、总磷、总酚、总氮、总有机碳、流量、叶绿素 a、蓝绿藻
10	武进港	武进港	水质五参数、高锰酸盐指数、氨氮、总磷、总酚、总氮、总有机碳、流量、叶绿素 a、蓝绿藻、生物综合毒性、藻类分类仪
11	太滆运河	黄埝桥	水质五参数、高锰酸盐指数、氨氮、总磷、总酚、总氮、总有机碳、流量
12	乌溪港	乌溪港桥	水质五参数、高锰酸盐指数、氨氮、总磷、总酚、总氮、总有机碳、流量、叶绿素 a、蓝绿藻
13	官渎港	官渎桥	水质五参数、气象五参数、高锰酸盐指数、氨氮、总磷、总酚、总氮、总有机碳、流量、叶绿素 a、蓝绿藻
14	朱渎港	朱渎港	水质五参数、气象五参数、高锰酸盐指数、氨氮、总磷、总酚、总氮、总有机碳、流量、叶绿素 a、蓝绿藻
15	横大江	吴塘门套闸	水质五参数、气象五参数、高锰酸盐指数、氨氮、总磷、总酚、总氮、总有机碳、流量、叶绿素 a、蓝绿藻
16	庙渎港	庙渎港桥	水质五参数、气象五参数、高锰酸盐指数、氨氮、总磷、总酚、总氮、总有机碳、流量、叶绿素 a、蓝绿藻
17	黄渎港	黄渎港桥	水质五参数、气象五参数、高锰酸盐指数、氨氮、总磷、总酚、总氮、总有机碳、流量、叶绿素 a、蓝绿藻
18	大溪港	大溪港	水质五参数、高锰酸盐指数、氨氮、总磷、总酚、总氮、总有机碳、流量、叶绿素 a、蓝绿藻
19	小溪港	小溪港桥	水质五参数、高锰酸盐指数、氨氮、总磷、总酚、总氮、总有机碳、流量、叶绿素 a、蓝绿藻
20	直湖港	杨家村	水质五参数、高锰酸盐指数、氨氮、总磷、总酚、总氮、总有机碳、流量、叶绿素 a、蓝绿藻
21	梁溪河	蠡桥	水质五参数、气象五参数、高锰酸盐指数、氨氮、总磷、总酚、总氮、总有机碳、流量、叶绿素 a、蓝绿藻、藻类分类仪

续表

序号	河流名称	控制断面名称	水质自动站监测仪器设备
22	望虞河	沙墩港	水质五参数、高锰酸盐指数、氨氮、总磷、总酚、总氮、总有机碳、流量、便携式色谱-质谱联用仪、挥发性有机物、重金属
23	大港河	大港桥	水质五参数、高锰酸盐指数、氨氮、总磷、总酚、总氮、总有机碳、流量

2. 方法和仪器

水质五参数：水质自动监测系统中的五参数特指pH、溶解氧、电导率、浊度和水温五个可以使用电极法进行监测的主要参数的简称，其中水温通常可以通过pH或溶解氧电极上的温度电极进行检测。原理符合《pH水质自动分析仪技术要求》(HJ/T 96—2003)、《电导率水质自动分析仪技术要求》(HJ/T 97—2003)、《浊度水质自动分析仪技术要求》(HJ/T 98—2003)、《溶解氧(DO)水质自动分析仪技术要求》(HJ/T 99—2003)目前五参数的主要仪器品牌有：德国WTW、德国科泽、美国哈希、美国YSI、德国E+H、澳大利亚格林斯潘等。

高锰酸盐指数：采用高锰酸盐指数自动分析仪进行测定，分析方法原理为在水样中加入一定量的高锰酸钾和硫酸，在100℃下加热30 min，水样中的某些有机物和无机还原性物质被氧化，然后加入过量的草酸钠还原剩余的高锰酸钾，再用高锰酸钾溶液滴定过量的草酸钠，达到滴定终点后，得到水样的高锰酸盐指数值，与国标方法《GB/T 11892—1989 水质高锰酸盐指数的测定》测量原理一致。目前常用的仪器主要有德国科泽K301高锰酸盐指数分析仪、美国HACH(原日本DKK)公司COD203分析仪、法国SERES2000型高锰酸盐指数分析仪等。

氨氮：氨氮自动在线监测仪主要分为电极法和光度法，光度法又分为纳氏试剂比色法、水杨酸分光光度法。电极法采用氨气敏电极电位感测原理测试水中氨氮值，是目前国内使用较广的测定方法，主要仪器设备有德国WTW公司TresCon系列氨氮分析仪、德国布朗卢比公司PowerMon氨氮分析仪、美国YSI6820型分析仪等。比色法测定原理与国标分析方法一致，除国际品牌仪器外，国产湖南力合、广州怡文、北京捷安捷等品牌也占有一定市场份额。

总磷和总氮：总磷总氮在线分析仪以光度法为主选方法，其原理符合国标方法《水质总磷的测定钼酸铵分光光度法》(GB 11893—1989)和《水质总氮的测定碱性过硫酸钾消解紫外分光光度法》(GB 11894—1989)的要求。目前国内使用较多的仪器主要有日本岛津公司TNP-4110分析仪、美国HACH(原DKK)公司NPW-150分析仪等。

总有机碳(TOC)：总有机碳(TOC)在线自动监测仪多采用燃烧氧化-非分散红外吸收法，原理方法符合《水质总有机碳的测定燃烧氧化—非分散红外吸收法(HJ 501—2009)》的要求。目前国内使用较多的的仪器商有：日本岛津、法国seres、美国HACH等，江苏省在太湖流域自动站中应用的主要为日本岛津TOC-4100总有机碳分析仪。另有一种紫外催化氧化-非分散红外吸收法，与燃烧氧化-非分散红外吸收法并无本质的区别，只是氧化方式的不同,一般来讲紫外催化法的氧化效率较燃烧法要低。目前使用该方法的仪器主要是SERES 2000总有机碳分析仪。

流速流量:流速流量自动监测多采用声学多普勒测硫法。多普勒法测量原理是依据声波中的多普勒效应,其检测量为漂移频率。原理符合《声学多普勒流量测验规范》(SL 337—2006)的要求。目前自动监测站常用的流速流量自动监测仪器是美国 TRDI 公司 CM1200系列和美国 YSI SL 系列:

已安装的自动在线监测设备仪器型号和方法原理见表 3-5。

表 3-5　太湖流域安装自动在线监测设备型号原理一览表

序号	仪器、系统类型	仪器型号	仪器原理
1	水质五参数	WTW IQ Sensor Net、科泽 K100	电极法
2	水质多参数	YSI6600	电极法
3	氨氮分析仪	WTW TresCon、科泽 K301	电极法、比色法
4	高锰酸盐指数分析仪	科泽 K301、DKK COD203	酸性高锰酸盐指数-氧化还原电极法、酸性高锰酸盐指数-比色法
5	总磷总氮分析仪	日本岛津 TNP-4110、DKK NPW-150	过硫酸钾氧化-钼蓝比色法;过硫酸钾氧化-比色法
6	总有机碳分析仪	日本岛津 TOC4100	燃烧氧化-非红外散射法
7	总酚分析仪	瑞士万通 Alert2004、布朗卢比 powermon	4-氨基安替比林比色法
8	挥发酚分析仪	Yanako	在线蒸馏-4-氨基安替比林比色法
9	生物毒性分析仪	Toxcontroll	发光细菌法
10	流速流量测定仪	美国 Trdi CM1200、YSI SL-1500	声学多普勒测硫法
11	重金属分析仪	avvor9000	阳极溶出伏安法
12	挥发性有机物分析仪	美国 INFICON CMS5000	气相色谱-微氩离子检测法
13	藻类分类测定仪	德国 BBE AOA	荧光法
14	叶绿素、蓝绿藻测定仪	美国 YSI 6820、德国 TRIOS、HACH HydrolabDS5	荧光法

3.1.3.4　监测时间

根据水质自动监测相关规定,正常情况下每天 0:00、4:00、8:00、12:00、16:00 和20:00进行采样分析,即每 4 小时监测一次,遇水质变化异常等特殊情况下可根据需要增加至每 2 小时进行一次采样分析。

同时所有断面每月开展一次手工监测,监测因子包括《地表水环境质量标准》(GB 3838—2002)表 1 中 24 项指标,并加测电导率、流量和流向,出入湖河流口加测透明度和叶绿素 a。

3.1.3.5　质量保障措施

按照《国家地表水自动监测站运行管理办法》(总站水字〔2007〕182 号)、《江苏省水质自动监测质量管理暂行规定》(苏环监〔2012〕6 号)、《江苏省环境水质(地表水)自动监测预警系统运行管理办法(试行)》(苏环办〔2009〕416 号)有关要求,主要采取以下质量控制和质量保证措施:

仪器定期校准。运维单位按照仪器的操作手册对自动监测仪器定期进行校准,部分仪器带有自动校准功能。仪器校准所使用的试剂和标准溶液均须在有资质的实验室配置,并按规定周期更换。仪器长时间停机后重新启动、更换电极、泵管或不同批号的试剂等,必须进行仪器的校准。

标液或质控样核查。运维单位使用国家认可的质控样或按规定方法配置的标准溶液,定期(一般为每周一次)对自动监测仪器进行标准溶液核查,测定的相对误差一般不大于推荐值的±10%,相对标准偏差不大于±5%。检查结果相对误差超过 20%,必须对仪器重新进行校准。通过国家认可的质控样进行的标液核查可直接溯源至国家计量标准,按照规定方法在实验室配置的标准溶液也可以间接溯源。

水样比对。由质控单位在自动站取水口处采集水样,保证所取样品与仪器所测样品相同,在采样的同时记录自动监测仪器的测定值,采用国家规定的标准监测分析方法进行实验室分析,与自动监测的测试结果相比对。比对实验结果相对误差不大于±20%(江苏省规定为 30%),样品测定结果在检出限 3 倍以内依据绝对误差判定,该方法可以通过经过认证的实验室对整个水质自动监测系统进行考核。

有证标样考核。质控单位使用国家认可的标准样品对水质自动监测仪器的准确性进行考核,测定的相对误差一般不大于推荐值的±10%。该方法可以直接溯源至国家计量标准。

加标回收考核。质控单位使用国家认可的标准样品对水质自动监测仪器进行加标回收考核,测试其在实际水样测定中的准确度,加标回收率控制在 85%~115%。

空白实验值。检验通过对空白实验值的控制,可以相对消除纯溶剂和试剂中的杂质、分析过程中环境仪器带来的污染等。采用蒸馏水或去离子水配制相关溶液,控制空白实验值大小、分散程度。

数据检查与审核。监测数据的检查与审核工作是整个质量保证体系中最后的、有效的质量控制手段。建立数据审核制度,确保数据的准确性。在出现异常数值时,通过对形成原因的分析,对异常数据进行不同处理,并经过三级审核,确保数据可信度。

管理制度。建立水质自动监测系统的技术人员持证上岗制度、工作人员岗位责任制、日常运行维护制度、现场巡检制度、系统运行和值班记录制度、运转情况及事故报告制度、水质周报三级审核制度等规章制度,制定采样和预处理系统的维护规程、仪器操作和维护规程、校准规程、仪器定期考核规程、仪器性能测试规程、比对实验规程等操作规程,保证水质自动监测系统管理的规范化。

3.1.3.6 典型汇水通道入湖通量监测方案

1. 通量监测方案

(1) 监测对象

竺山湖示范区内入湖通量较大的河流主要有太滆南运河、漕桥河和太滆运河,均建有水质自动监测站(见表 3-6)。本书选择河流宽度最大的太滆南运河殷村港断面作为典型汇水通道,开展入湖总量分析。

表 3-6　主要入太湖河流及其控制断面表

序号	河流	站点名称	地区	河流宽度(m)	自动站
1	漕桥河	百渎港	无锡宜兴、常州武进	35	已建
2	太滆南运河	殷村港	无锡宜兴	55	已建
3	太滆运河	黄埝桥	常州	40	已建

(2) 监测项目与频次

监测项目:高锰酸盐指数、总氮、总磷、氨氮、流量。

频次:自动监测 4 小时监测一次,手工监测每月监测一次。

2. 殷村港入湖通量变化分析

(1) 流量分析

太滆南运河常年流量变化较为规律,基本符合丰、平、枯水期的变化特征。从 2015 年情况看,4 月份开始流量明显增多,7 月份流量为最高峰,达到 9.0 m^3/s,其月平均流量变化见图 3-3。与 2014 年相比,2015 年总体流量有较大幅度下降。

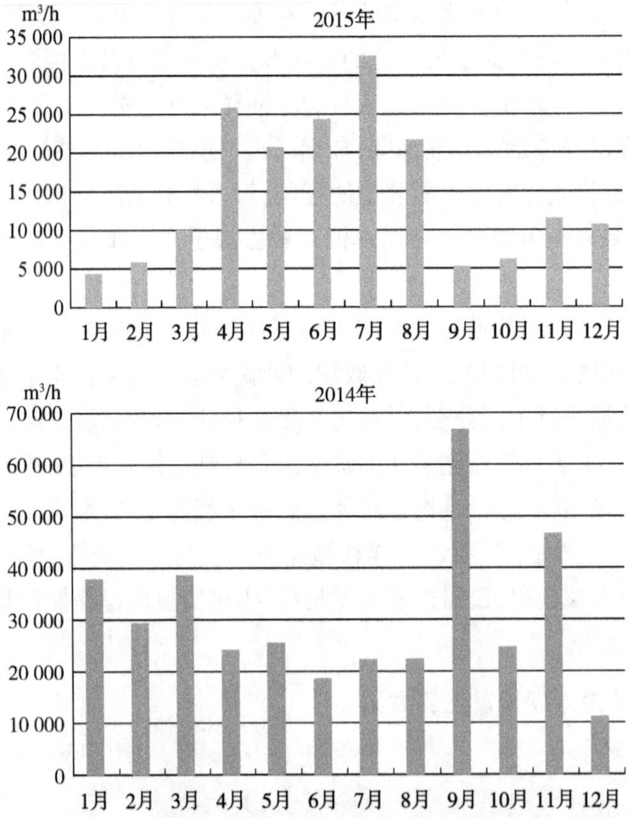

图 3-3　2014 年和 2015 年太滆南运河殷村港控制断面流量

(2) 浓度分析

太滆南运河殷村港 2015 年氨氮月均浓度为 0.258～2.547 mg/L,其中三个月劣于Ⅴ类标准;总氮月均浓度为 2.309～7.448 mg/L,可以看出影响河流水质的首要污染因子大部分是氨氮(总氮无评价标准),氨氮是总氮的重要组成部分;因此氨氮及总氮是需要控制削减的重要因子。

(3) 通量计算

根据 2014、2015 年太滆南运河殷村港断面水质监测数据分析,高锰酸盐指数月均浓度均达到地表水Ⅲ类标准;氨氮月均浓度在 0.258～2.873 mg/L 之间,其中近 1/3 的月份劣于Ⅴ类标准;总磷月均浓度为 0.143～0.293 mg/L,多数时间超过Ⅲ类标准要求,可以看出影响河流水质的主要污染因子为氨氮(总氮因无河流评价标准,未参与评价)和总磷,因此氨氮(总氮)、总磷是需要控制削减的重要因子,详见表 3-7 和表 3-8。

表 3-7　2015 年太滆南运河殷村港控制断面浓度评价

月份	浓度均值(mg/L)				评价				
	高锰酸盐指数	氨氮	总磷	总氮	高锰酸盐指数	氨氮	总磷	总氮	综合
1 月	2.959	2.154	0.283	7.448	Ⅱ	劣Ⅴ	Ⅳ	/	劣Ⅴ
2 月	4.092	2.547	0.268	6.382	Ⅲ	劣Ⅴ	Ⅳ	/	劣Ⅴ
3 月	2.952	2.03	0.203	4.982	Ⅱ	劣Ⅴ	Ⅳ	/	劣Ⅴ
4 月	2.568	1.118	0.259	3.177	Ⅱ	Ⅳ	Ⅳ	/	Ⅳ
5 月	2.497	1.224	0.217	3.34	Ⅱ	Ⅳ	Ⅳ	/	Ⅳ
6 月	3.701	0.623	0.269	4.199	Ⅱ	Ⅲ	Ⅳ	/	Ⅳ
7 月	4.055	0.511	0.143	4.315	Ⅲ	Ⅲ	Ⅲ	/	Ⅲ
8 月	4.587	0.455	0.19	3.05	Ⅲ	Ⅱ	Ⅲ	/	Ⅲ
9 月	3.66	0.258	0.182	2.309	Ⅱ	Ⅱ	Ⅲ	/	Ⅲ
10 月	3.363	0.343	0.18	2.993	Ⅱ	Ⅱ	Ⅲ	/	Ⅲ
11 月	3.757	1.018	0.221	4.246	Ⅱ	Ⅳ	Ⅳ	/	Ⅳ
12 月	3.858	1.227	0.223	6.313	Ⅱ	Ⅳ	Ⅳ	/	Ⅳ

表 3-8　2014 年太滆南运河殷村港控制断面浓度评价

月份	浓度均值(mg/L)				评价				
	高锰酸盐指数	氨氮	总磷	总氮	高锰酸盐指数	氨氮	总磷	总氮	综合
1 月	5.115	2.464	0.253	7.038	Ⅲ	劣Ⅴ	Ⅳ	/	劣Ⅴ
2 月	4.926	2.873	0.276	7.333	Ⅲ	劣Ⅴ	Ⅳ	/	劣Ⅴ
3 月	4.892	2.831	0.247	7.526	Ⅲ	劣Ⅴ	Ⅳ	/	劣Ⅴ
4 月	5.09	2.214	0.277	5.964	Ⅲ	劣Ⅴ	Ⅳ	/	劣Ⅴ

续表

月份	浓度均值(mg/L)				评价				
	高锰酸盐指数	氨氮	总磷	总氮	高锰酸盐指数	氨氮	总磷	总氮	综合
5月	4.566	1.171	0.206	3.463	Ⅲ	Ⅳ	Ⅳ	/	Ⅳ
6月	3.804	1.125	0.19	2.67	Ⅱ	Ⅳ	Ⅲ	/	Ⅳ
7月	4.082	0.737	0.167	3.307	Ⅲ	Ⅲ	Ⅲ	/	Ⅲ
8月	2.623	0.5	0.171	3.101	Ⅱ	Ⅲ	Ⅲ	/	Ⅲ
9月	2.178	0.482	0.146	4.341	Ⅱ	Ⅱ	Ⅲ	/	Ⅲ
10月	2.527	0.61	0.181	3.286	Ⅱ	Ⅲ	Ⅲ	/	Ⅲ
11月	3.875	1.085	0.233	4.561	Ⅱ	Ⅳ	Ⅳ	/	Ⅳ
12月	4.201	1.726	0.293	6.07	Ⅲ	Ⅴ	Ⅳ	/	Ⅴ

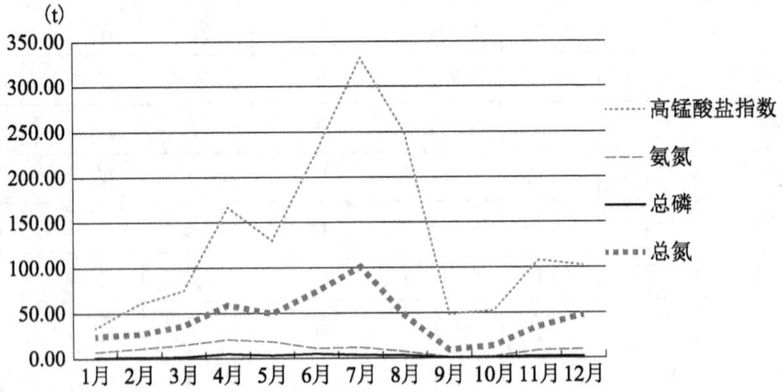

图 3-4 2015 年太滆南运河殷村港控制断面主要污染物通量逐月变化趋势

与“十一五”末相比，“十二五”末殷村港主要污染物 COD_{Mn}、氨氮、总磷、总氮入湖通量下降明显，降幅均在 80%以上，详见表 3-9。

表 3-9 2015 年与 2010 年殷村港入湖污染物总量对比

序号	项目名称	2010 年(t)	2015 年(t)	变化幅度
1	COD_{Mn}	3 565.33	452.13	−87.32%
2	氨氮	1 096.89	121.35	−88.94%
3	总磷	173.54	27.51	−84.15%
4	总氮	3 446.68	521.69	−84.86%

汇水通道自动监测体系的建设运行为环境保护部门及时掌握水环境质量、主要污染物入湖总量的动态变化提供了第一手资料，随着自动监测体系的不断完善以及水质自动站建设和运行管理水平的提升，水质自动监测体系在有效监控太湖入湖河流污染物总量变化、动态跟踪水环境质量变化、及时预警预报水质异常情况等方面将发挥出重要作用。

3.1.4 典型汇水通道的主要水污染物入湖总量核定

污染物总量控制是一种控制太湖流域水体污染的科学管理方法，其含义是将排入太湖流域水体的污染物总量控制在环境容量允许的范围之内。它是从定量的角度出发，把太湖流域水体看作一个整体系统，按其功能要求，确定水环境质量标准，据此来反推计算和拟定太湖流域水体内各种污染负荷的允许总量及其应削减量，并研究和确定各污染源的合理负荷分摊，再通过行政、经济和技术措施加以实施，达到保护和改善太湖水环境，满足水环境质量标准要求的目的。污染物的总量控制相比传统的浓度控制更能真实地反映污染物进入环境的实际情况；有利于防止浓度控制中不合理的稀释排放现象，有效保护水资源；有利于进一步实现在总量控制基础之上的总量削减。根据河道的水文特征、入河排污口分布、设定目标水质和一定保证率下的设计流量，确定水环境容量模型，计算河流的水环境容量，确定污染物削减量，是实现水环境功能区水质目标的主要手段，也是水污染总量控制的基础和核心。

水污染物排放是动态变化的，污染物的浓度和排放量也具有波动性。污染源排放的动态变化特性决定了监测时间不同、监测方式不同，监测数据也会有波动。因此，在无法记录河流每个瞬间的流量值和浓度值的情况下，应该尽可能地依靠离散分布的、时间跨度较大的水质和水文数据来核算污染物排放(入湖)总量(通量)。理论上监测的频次越高，时间间隔越短，所具有的数据代表性越大，核算结果受瞬时数据随机性影响产生的误差越小。

根据《环境统计管理办法》，计算污染物排放量的主要方法有实测法、物料衡算法和排污系数法，其中优先使用实测法，并且优先采用实时监测数据。但一般来说实测法运用并不多，原因在于：一方面，由于技术困难和可能存在人为干扰等因素，在线监测系统不稳定；另一方面，人工监测的频次不高，数据缺乏代表性。这是总量核算实际面临的数据质量控制问题。但江苏地区的水质自动在线监测站点管理一直走在全国前列，2011 年我省对太湖流域水质自动监测与手工监测数据进行了比对分析，结论是太湖流域水质自动在线监测站点的氨氮和总磷数据比对合格率均在 74%以上，自动监测与手工监测数据在测量范围内均无显著性差异，自动监测数据翔实、稳定、可靠。自动监测与手工监测数据偏差基本呈正态分布，二者无显著的系统性偏差。这说明太湖流域水质自动在线监测站点产生的水质自动监测数据具有良好的稳定性，结合自身监测频率高的特性，太湖流域水质自动在线监测数据可以作为典型汇水通道的主要水污染物入湖总量核定使用的基础数据。

3.1.4.1 典型汇水通道水污染物总量核算方案

1. 污染物总量排放核定监测对象、项目及频次

监测对象：殷村港、漕桥河、太滆运河 3 条重点河流。该 3 条河流均有水质自动站。

项目：高锰酸盐指数、总磷、总氮、氨氮、流量（污染物浓度单位为 mg/L，流量计监测结果单位为 m^3/h）。

频次：自动监测 4 小时监测一次，手工监测每月监测一次。

2. 主要水污染物排放总量核算方法

原始公式：

$$每日污染物通量(t) = 10^{-6} \times 污染物浓度日均值(mg/L) \times 流量日均值(m^3/h) \times 24$$

$$每月污染物通量(t) = \sum 每日污染物通量$$

3.1.4.2 典型汇水通道水污染物总量校验及修正规则

1. 利用自动站数据校验

水质自动站可以得到高密度的水质、流量数据。理想状况下，每 4 小时监测一次数据，每天可以得到 6 组数据，每月 180 组左右数据。实际情况因仪器故障等客观原因会导致监测数据少于理想情况，需要对数据进行校正，即补齐数据。按照《水污染源在线监测系统数据有效性判别技术规范（试行）》（HJ/T 356—2007）处理，缺失监测值以缺失时间段上推至与缺失时间段相同长度的前一时间段监测值的算术均值替代。如前一时间段有数据缺失，再依次往前类推。缺失瞬时流量值以缺失时间段上推至与缺失时间段相同长度的前一时间段瞬时流量值算术均值替代，累计流量值以推算出的算术均值乘以缺失时间段内的排水时间获得。如前一时间段有数据缺失，再依次往前类推。

目前自动站在监测污染物指标时，采取了有效的“两级质控，第三方运维”的方式，污染物浓度监测准确可靠，数据在线率超过 90%。但流量监测存在一定的不足，受客观条件影响，江苏省环保部门在建设水站时选择的河段不能完全符合流量监测规范要求，部分河道中存在乱石、土堆、水草等杂物，由于协调困难，河道和堤岸无法进行整治；流量计安装位置水深无法保证，枯水期常露出水面；河道中船只过往频繁，常受到水流干扰和船只碰撞；太湖流域雷击频繁、农村用电电压不稳定，流量计受脉冲电流影响故障频发。这些因素都影响到了水站流量计的正常运行，研究利用手工数据进行修正。

2. 利用手工数据的修正

手工数据与自动监测数据形成互补关系，手工监测每月开展一次。通过历史数据资料收集和实际监测，得出每条主要入湖河流每月的多年平均流量（见表 3-10），利用该平均流量对缺失的流量数据进行核算。

表 3-10 15 条主要入湖河流手工监测流量多年均值

（单位：m^3/h）

序号	河流名称	断面名称	1 月	2 月	3 月	4 月	5 月	6 月	7 月	8 月	9 月	10 月	11 月	12 月
1	梁溪河	蠡桥	30 132	25 956	41 292	17 676	21 672	33 984	40 392	20 412	13 068	25 452	23 724	48 564
2	小溪港	小溪港桥	15 660	11 124	6 228	4 860	29 160	9 144	9 144	4 536	5 688	10 152	3 420	3 780
3	直湖港	杨家村	16 560	23 004	30 888	41 472	69 876	30 888	42 480	97 380	76 572	12 996	35 604	21 276
4	漕桥河	百渎港	30 816	31 464	36 936	35 424	32 220	37 008	44 028	55 044	50 256	40 608	35 820	34 560
5	陈东港	陈东桥	89 028	89 460	82 620	88 488	94 248	89 208	133 128	135 108	165 528	116 964	99 576	86 004
6	大港河	大港桥	1 656	1 368	1 476	1 224	1 800	1 728	3 960	2 988	3 960	3 780	1 944	1 620
7	大浦港	大浦港	40 860	44 856	40 932	42 300	41 868	42 552	59 652	68 256	57 960	53 424	45 252	43 236
8	官渎港	官渎桥	4 680	3 816	4 644	4 788	4 680	5 040	6 120	10 116	7 200	6 408	5 436	4 608
9	洪巷港	洪巷桥	15 192	7 200	9 540	8 028	7 416	7 524	10 620	12 456	10 224	8 388	7 416	6 516
10	社渎港	社渎港	5 652	4 860	8 244	4 968	5 976	5 436	7 272	12 168	9 072	6 912	5 688	5 112
11	乌溪港	乌溪港桥	8 892	8 568	7 092	7 632	8 784	8 424	12 096	17 244	9 900	10 476	11 664	8 100
12	殷村港	殷村港	47 257	43 384	38 606	40 259	40 010	47 131	68 098	66 877	60 595	53 197	41 810	41 418
13	太滆运河	黄埝桥	18 036	21 204	43 452	35 820	34 740	56 412	65 196	44 532	35 172	39 132	41 292	22 428
14	武进港	戴溪桥	23 616	20 844	15 480	42 300	40 212	62 028	65 304	50 184	34 560	31 824	18 576	24 480
15	望虞河	312 国道桥	135 000	91 008	56 880	75 132	225 360	224 928	338 940	259 812	330 840	231 696	191 844	52 668
16	殷村港	和桥水厂	17 928	17 388	29 016	25 560	32 400	24 552	29 484	33 228	24 048	27 360	22 860	20 124

3. 修正校核规则

正常监测情况下,对自动站每日开展总量动态监控,每月进行累加统计。若流量数据受客观条件影响导致数据丢失。根据国家和省级有关自动站管理规范,确定“当流量数据连续缺少超过 18 天时,采用历年手工流量进行测算。”

3.2 重要控制断面主要水污染物排放总量监控体系构建

3.2.1 重要控制断面水环境监测网络现状

重要控制断面,系指在一定的规划期内,经过污染源及水环境的综合治理,检验水域水质是否达到规划目标而规定的考核断面。根据国家太湖流域水环境综合治理总体方案和江苏省实施方案,为全面完成“十一五”太湖流域水污染治理各项任务,省人民政府与省环保厅于 2010 年 2 月签订了“太湖水污染治理目标责任书”,在流域范围内设置了河流水质重要控制断面 53 个。分布情况见图 3-5,具体信息详见表 3-11。

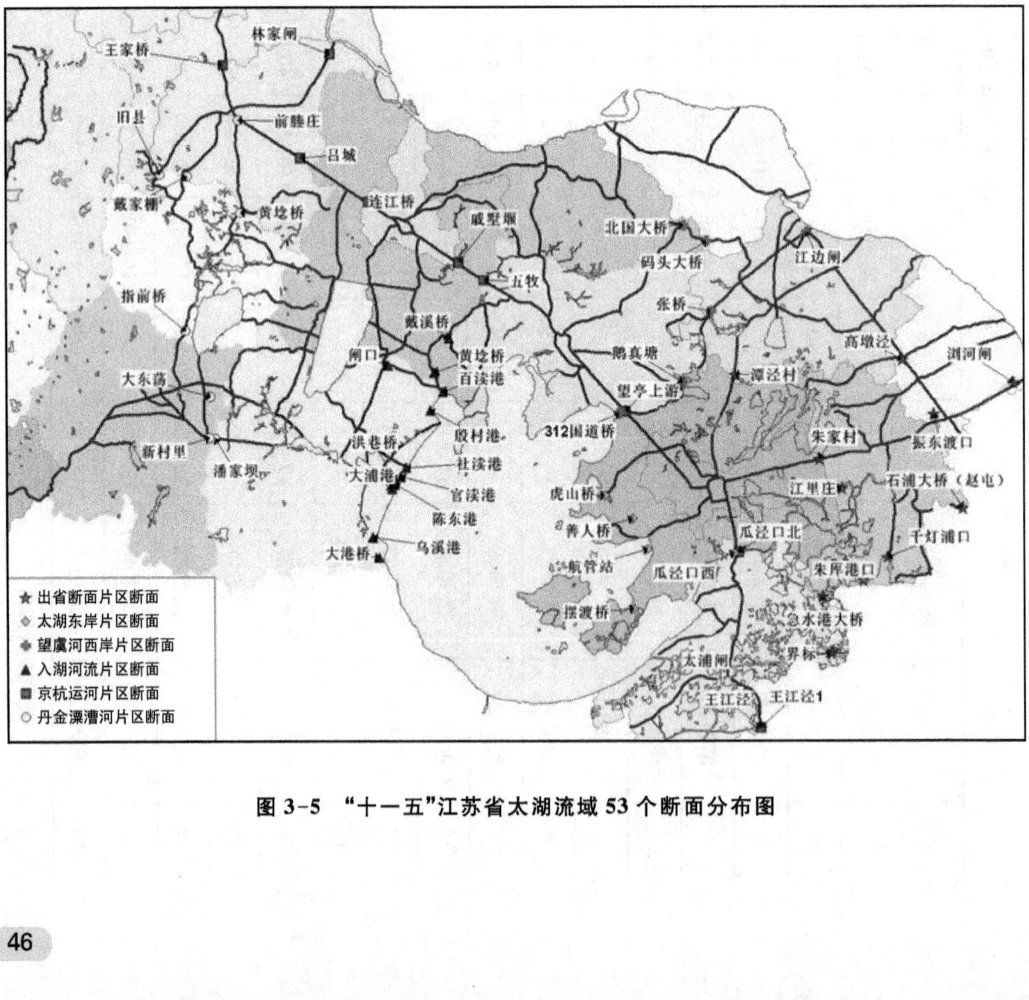

图 3-5 “十一五”江苏省太湖流域 53 个断面分布图

表 3-11　“十一五”江苏省太湖流域水质重要控制节点

所在地区	编号	河流名称	断面名称	断面性质	是否建成自动站	2010 年水质目标
无锡市	1	漕桥河	百渎港	入湖	是	3
	2	太滆南运河	殷村港	入湖	是	3
	3	社渎港	社渎港	入湖	是	3
	4	官渎港	官渎桥	入湖	是	3
	5	大浦港	大浦港	入湖	是	3
	6	乌溪港	乌溪港桥	入湖	是	3
	7	大港河	大港桥	入湖	是	3
	8	洪巷港	洪巷桥	入湖	是	3
	9	陈东港	陈东桥	入湖	是	3
	10	张家港河	北国大桥	苏州—无锡	是	4
	11	京杭运河	望亭上游	无锡—苏州	是	4
	12	张家港河	码头大桥	无锡—苏州	是	4
常州市	13	武进港	戴溪桥	常州市区	是	4
	14	太滆运河	黄埝桥	常州—无锡	是	4
	15	京杭运河	连江桥	常州市区	是	4
	16	京杭运河	戚墅堰	常州市区	是	4
	17	丹金溧漕河	指前桥	金坛区	是	4
	18	常溧河	大东荡	溧阳市	否	4
	19	丹金溧漕河	新村里	常州—无锡	否	4
	20	京杭运河	五牧	常州—无锡	是	4
	21	武宜运河	闸口	常州—无锡	是	4
	22	南溪河	潘家坝	常州—无锡	是	3
	23	漕桥河	百渎港	入湖	是	3

续表

所在地区	编号	河流名称	断面名称	断面性质	是否建成自动站	2010年水质目标
苏州市	24	太浦河	太浦闸	出湖	是	3
	25	吴淞江	瓜泾口西	出湖	是	4
	26	苏东河	摆渡桥	出湖	是	3
	27	胥江	航管站	出湖	否	3
	28	木光河	善人桥	出湖	是	3
	29	浒光河	虎山桥	出湖	是	3
	30	望虞河	312 国道桥	苏州常熟	是	4
	31	京杭运河	瓜泾口北	吴中—吴江	是	4
	32	京杭运河	王江泾 1	江苏—浙江	是	4
	33	京杭运河	王江泾	在浙江境内	是	4
	34	太浦河	界标	江苏—浙江	是	3
	35	吴淞江	江里庄	吴中—昆山	是	3
	36	吴淞江	赵屯	江苏—上海	是	4
	37	娄江	朱家村	园区—昆山	是	4
	38	浏河	振东渡口	昆山—太仓	是	4
	39	元和塘	潭泾村	常熟—市区	是	4
	40	望虞河	张桥	苏州常熟	是	3
	41	望虞河	江边闸	无锡—苏州	是	3
	42	望虞河	鹅真塘	无锡—苏州	是	3
	43	盐铁塘	高墩泾	常熟—太仓	是	4
	44	浏河	浏河闸	江苏—上海	是	4
	45	千灯浦	千灯浦口	江苏—上海	是	3
	46	朱厍港	朱厍港口	江苏—上海	是	3
	47	急水港	急水港大桥	江苏—上海	是	4
镇江市	48	京杭运河	王家桥	镇江丹阳	是	3
	49	京杭运河	吕城	镇江—常州	是	3
	50	丹金溧漕河	前塍庄	长江出口	是	3
	51	九曲河	林家闸	入长江	是	2
	52	丹金溧漕河	黄埝桥	镇江—常州	是	4
	53	简渎河	戴家棚	镇江—常州	否	3
	54	通济河	旧县	镇江—常州	否	4

注：漕桥河百渎港同时考核无锡、常州。

3.2.2　重要控制断面水环境监测网络存在问题分析

尽管“十一五”太湖流域水质重要控制断面的设置以及目标考核责任书的签订对于明确各地方政府水污染防治工作责任，遏制太湖流域水环境质量恶化的趋势，促进水环境质量改善发挥了重要作用，但在城市化推进进程中，部分断面设置已不能完全满足环境管理的需要，存在以下方面的问题。

3.2.2.1　行政交界断面覆盖度不全

根据《江苏省骨干河道名录表》(苏政复〔2010〕27 号)对太湖流域一级、二级河道行政交界及断面设置情况进行系统汇总分析，原有 53 个水质重要控制节点尚未完全覆盖主要一级、二级河道以及相关行政交界区域，在胥河(南京—常州)、小夏溪河(镇江—常州)、鹤溪河(镇江—常州)、邮芳河(常州—无锡)、北溪河(常州—无锡)、锡北运河(无锡—苏州)、嘉菱荡(无锡—苏州)等跨市河流上缺少行政交界断面，难以达到界定区域污染责任以及对地区总量减排的要求。

3.2.2.2　部分断面代表性不强

随着近年来城镇化进程的加快，水利施工工程建设的影响等多重因素影响，原有部分考核断面逐渐丧失其代表性，部分考核断面的位置与当时设置的宗旨已不相符合，主要表现为：

(1) 断面设置较为密集。如京杭运河王江泾 1 断面和王江泾断面相距仅几百米，两个断面间河段水质变化不大，且王江泾断面位于浙江省境内，其断面水质目标要求严于王江泾 1 断面；京杭运河镇江段设置 2 个断面；吴淞江瓜泾口西与京杭运河瓜泾口北断面相距很近；张家港河北国大桥和码头大桥断面相距较近。

(2) 断面位置不能客观反映考核目的。如武进港戴溪桥断面位于武进港中段，不能反映武进港入湖河流的整体水质；

吴淞江的赵屯断面位于上海境内，不能完全代表江苏省出境水质，故调整为石浦大桥断面；

(3) 同一断面使用不同断面名称。如太浦河的庙港断面和太浦闸断面本身就是同一个断面，用了两个不同的名称，选取其中比较确切的名称(庙港断面)；相同问题的还有苏东河的渡水桥和摆渡桥，胥江的胥口枢纽和航管站，望虞河的沙墩港和 312 国道桥断面。

(4) 断面不具备监测条件。如简渎河戴家棚受水利工程影响，下游筑坝已长期断流，既不具备监测条件，也不能代表河流行政交界水质状况。

3.2.2.3　调水通道水质监控不足

“引江济太”是太湖流域水环境综合治理的重要手段之一，但“十一五”考核断面设置中未全面考虑对调水通道的水质监控，难以全面监控调水通道沿线水质，厘清相关行政区域责任，保障调水水质安全。

3.2.2.4 水质自动监测能力尚未全面形成

53 个重要控制断面中，除简渎河戴家棚外尚有 4 个断面未建成水质自动监测站，仍采用手工监测方式进行采样分析。虽然手工监测方法更符合地表水环境质量标准国标分析方法要求，数据更加准确可靠。但从时效性来看，每月一次的监测频次则与自动监测每天 6 次的频次相差甚远，不能及时发现水质异常波动和变化，通过上下游水质变化情况分析污染物迁移状况，及时为环境管理部门提供数据支撑。

"十一五"以来，太湖流域水环境和主要污染源自动监测(控)系统建设有很大进展，水环境自动监测系统覆盖了流域内主要入湖河流、城市交界断面和国家考核断面，但监控指标大多只涉及 COD_{Mn}、总磷和氨氮及一些其他常规项目，受地表水未建立河流总氮标准的影响，无论在例行监测还是自动监测体系中都没有建立完善的总氮监测与评价技术体系，53 个重要控制节点中，除 5 个手工监测点位外，48 个自动监测站安装总氮在线监测设备的仅有 12 个。而"十一五"以来，太湖水质虽然持续改善，但受总氮影响，2010 年太湖湖体总体水质仍劣于Ⅴ类。为全面掌握太湖流域氮、磷时空分布及营养状态，有效控制入湖总量，亟须建立完整的总氮技术评估体系，在河流断面特别是入湖控制断面的水环境监测项目中需要补充总氮项目。

3.2.3 重要控制断面水环境监测网络体系构建

在原有重要控制断面的基础上，对太湖流域水系进行全面调查，通过增补、删减、优化调整，筛选确定"十二五"太湖流域主要污染物重要控制节点，明确监测技术方法，构建重要控制断面自动在线监测体系。

3.2.3.1 重要控制断面设置

1. 断面设置原则

确定太湖流域重要控制断面设置原则如下：

全面性。重要控制断面全面覆盖太湖流域各行政区域和主要水体，能全面反映流域水环境质量及变化趋势；

针对性。充分体现国家太湖治理总体方案和省实施方案的阶段性目标要求，充分考虑上、下游地区水体交界关系，能够明确落实地方政府责任；

总量化。增加主要出、入太湖河流断面设置，便于更加准确地核算主要污染物总量；

自动化。尽可能利用太湖流域已建水质自动监测站，或选择具备新建水质自动站建设条件的断面，便于增强水质监测的时效性，切实发挥水质自动站的作用。

2. 断面设置结果

按照水质目标断面设置原则，对太湖流域一级、二级流域性骨干河道进行全面梳理，划清行政区域目标考核责任，在流域内 45 条主要河流上，共设置 65 个重要控制断面(详见表 3-12)。其中，入太湖控制断面 16 个，主要分布在太湖西北部的宜兴市及无锡市区；出太湖控制断面 7 个，主要分布在太湖东、南部的苏州市区及吴江区；行政交界断面 28 个，入长江控制断面 2 个，其他控制断面 12 个，涉及流域范围内南京、无锡、常州、苏州和镇江等 5 个省

辖市行政区及所属的县(市、区)。断面设置情况见图 3-6。具体如下:

南京市:设置 1 个重要控制断面,为胥河的落棚湾断面,断面设在常州溧阳市境内,考核南京至常州的水质情况。

无锡市:共设置重要控制断面 20 个。有 3 个断面设在苏州市境内,分别是锡北运河的王庄北新桥、京杭运河的望亭、张家港河的凤凰断面;漕桥河的漕桥断面设在常州市境内;12 个断面属于入太湖控制断面,分布在宜兴市及无锡市市区;4 个断面属于无锡市内县(市、区)的行政交界断面。

常州市:共设置重要控制断面 15 个。有 9 个断面设在无锡市境内,其中百渎港百渎港断面、漕桥河裴家断面、中干河芳家村断面、太鬲运河分水断面、武宜运河钟溪大桥断面、南溪河潘家坝断面、邮芳河塘东桥等 7 个断面设在宜兴市境内;京杭运河五牧断面及横港卫东桥断面设在无锡市区;其余 6 个断面属于常州市内县(市、区)的行政交界断面。

苏州市:共设置重要控制断面 23 个,全部位于苏州市境内,其中 7 个为出太湖控制断面;9 个为省界断面;7 个是市内行政交界断面。

镇江市:共设置重要控制断面 7 个,其中丹金溧漕河黄埝桥断面和通济河旧县断面设在常州金坛区;其他 5 个断面均分布在镇江丹阳境内。

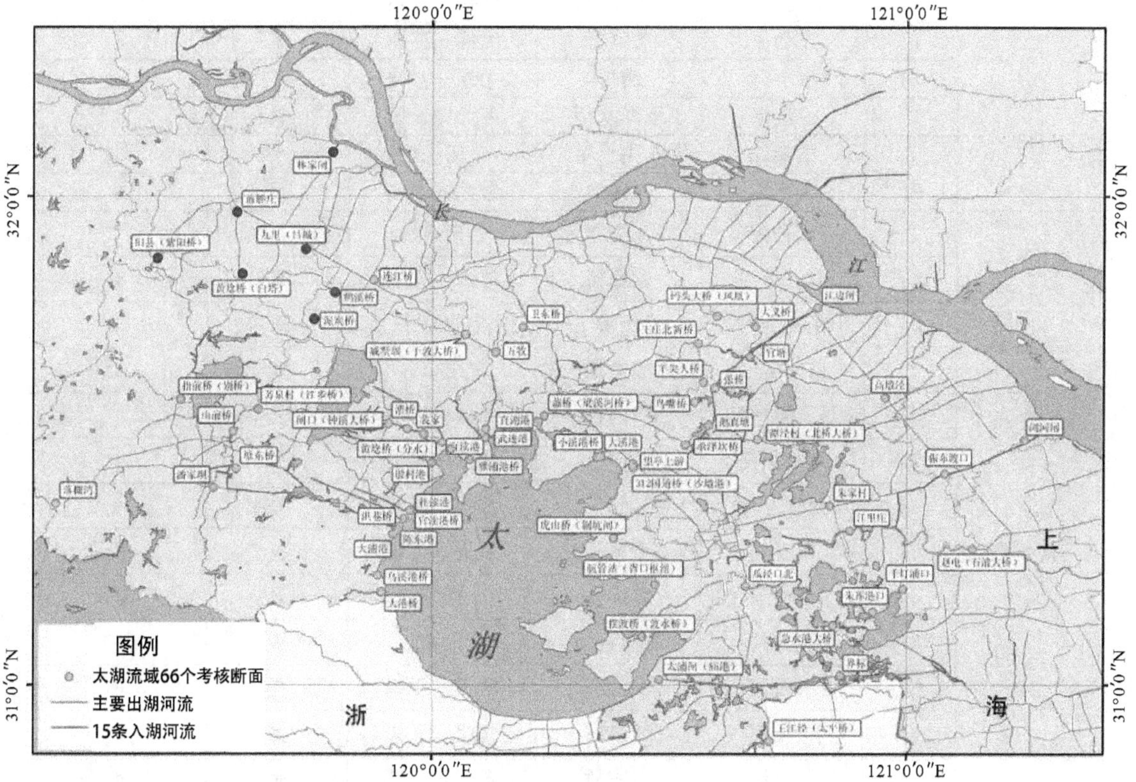

图 3-6　“十二五”太湖流域重要控制断面分布图

表 3-12 "十二五"太湖流域重要控制断面设置一览表

考核地区	编号	河流名称	断面名称	断面性质	是否建成自动站	"十二五"水质目标
南京	1	胥河	落棚湾	南京—常州	是	3
无锡市	2	漕桥河	百渎港	入湖	是	3
	3	太滆南运河	殷村港	入湖	是	3
	4	社渎港	社渎港	入湖	是	3
	5	官渎港	官渎桥	入湖	是	4
	6	大浦港	大浦港桥	入湖	是	3
	7	乌溪港	乌溪港桥	入湖	是	3
	8	大港河	大港桥	入湖	是	3
	9	洪巷港	洪巷桥	入湖	是	3
	10	陈东港	陈东桥	入湖	是	3
	11	张家港河	凤凰	无锡—苏州	是	4
	12	京杭运河	望亭上游	无锡—苏州	是	4
	13	梁溪河	蠡桥	入湖	是	3
	14	小溪港	小溪港桥	入湖	是	3
	15	直湖港	杨家村	入湖	是	3
	16	锡北运河	王庄北新桥	无锡—苏州	是	3
	17	嘉菱荡	鸟嘴桥	无锡—苏州	是	3
	18	漕桥河	漕桥	无锡—常州	是	3
	19	伯渎港	承泽坎桥	考无锡新区	是	3
	20	羊尖塘	羊尖大桥	考锡山区	是	3
	21	大溪港	大溪港	考无锡新区	是	3
常州市	22	武进港	武进港	常州市区	是	4
	23	太滆运河	黄埝桥	常州—无锡	是	4
	24	京杭运河	连江桥下	常州市区	是	4
	25	京杭运河	戚墅堰	常州市区	是	4
	26	丹金溧漕河	指前桥	金坛区	是	4
	27	京杭运河	五牧	常州—无锡	是	4
	28	武宜运河	闸口	常州—无锡	是	4
	29	南溪河	潘家坝	常州—无锡	是	3
	30	漕桥河	百渎港	入湖	是	3
	31	雅浦港	雅浦港桥	入湖	否	4
	32	漕桥河	裴家	常州—无锡	是	3
	33	中干河	芳泉村	常州—无锡	是	3
	34	横港	卫东桥	常州—无锡	是	4
	35	北溪河	山前桥	常州—无锡	是	3
	36	邮芳河	塘东桥	常州—无锡	是	3

续表

考核地区	编号	河流名称	断面名称	断面性质	是否建成自动站	“十二五”水质目标
苏州市	37	太浦河	庙港	出湖	是	3
	38	苏东河	渡水桥	出湖	是	3
	39	胥江	胥口枢纽	出湖	否	2
	40	浒光河	虎山桥	出湖	是	3
	41	望虞河	沙墩港	调水通道	是	4
	42	京杭运河	瓜泾口北	吴中—吴江	是	4
	43	京杭运河	王江泾 1	江苏—浙江	是	4
	44	太浦河	界标	江苏—浙江	是	3
	45	吴淞江	江里庄	吴中—昆山	是	3
	46	吴淞江	石浦大桥	江苏—上海	是	3
	47	娄江	朱家村	园区—昆山	是	4
	48	浏河	振东渡口	昆山—太仓	是	4
	49	元和塘	潭泾村	常熟—市区	是	4
	50	望虞河	张桥	苏州常熟	是	3
	51	望虞河	江边闸	无锡—苏州	是	3
	52	望虞河	鹅真塘	无锡—苏州	是	3
	53	盐铁塘	高墩泾	常熟—太仓	是	4
	54	浏河	浏河闸	江苏—上海	是	4
	55	千灯浦	千灯浦口	江苏—上海	是	3
	56	朱厍港	朱厍港口	江苏—上海	是	3
	57	急水港	急水港大桥	江苏—上海	是	4
	58	锡北运河	官塘	入望虞河	是	3
	59	张家港河	大义光明村	调水通道	是	4
镇江市	60	京杭运河	吕城	镇江—常州	是	3
	61	丹金溧漕河	前塍庄	长江出口	是	3
	62	九曲河	林家闸	入长江	是	2
	63	丹金溧漕河	黄埝桥	镇江—常州	是	4
	64	通济河	旧县	镇江—常州	否	4
	65	鹤溪河	殷家桥	镇江—常州	是	3
	66	小夏溪河	泥炭桥	镇江—常州	是	4

注：漕桥河百渎港同时考核无锡、常州市。

3. 与“十一五”控制断面比较

与“十一五”重要控制断面设置相比(见表 3-13),本书设置的重要控制断面保留了大部分的原有断面(46 个),可以较好地保持对太湖流域水质目标考核的延续性,在此基础上,根据太湖治理实施方案要求,对与湖体水质密切相关的主要入湖河流及其上游连接河流、望虞河调水通道、重点出湖河流等涉及的行政区域目标考核情况进行全面梳理,增设了 20 个重要控制断面,对原有 6 个断面位置进行调整,进一步扩大流域水环境考核范围,进一步明确地方污染责任界定,更加客观反映考核结果。同时,对原有断面设置较密、长期断流等不具备的代表性的 8 个断面予以取消。具体如下:

表 3-13 “十二五”重要控制断面设置与“十一五”比较

单位:个

地区	“十一五”断面数	原有保留	位置调整	原有取消	新增	调整后“十二五”断面数
南京	0	0	0	0	1	1
无锡	12	11	0	1	9	20
常州	11	9	1	2	6	15
苏州	24	21	5	3	2	23
镇江	7	5	0	2	2	7
总计	54	46	6	8	20	66

注:因漕桥河百渎港同时考核无锡、常州,故表中总数较实际总数增加 1 个。

新增断面 20 个:主要新增了入湖控制断面、行政交界断面以及调水通道及其支流断面,其中入湖控制断面增加了 4 个,分别为梁溪河蠡桥、小溪港小溪港桥、直湖港杨家村、雅浦港雅浦港桥;行政交界断面增加了 14 个,其中南京—常州 1 个,常州—无锡 5 个,无锡—苏州 2 个,无锡—常州 1 个,镇江—常州 2 个,无锡市内 3 个;调水通道及其支流断面增加了 2 个,分别为张家港河大义光明村断面(调水通道)和锡北运河官塘断面(入望虞河)。

调整断面 6 个:将武进港戴溪桥断面调整为武进港断面、太浦河太浦闸断面调整为庙港断面、苏东河摆渡桥断面调整为渡水桥断面、胥江航管站断面调整为胥口枢纽断面、望虞河 312 国道桥断面调整为沙墩港断面(调水通道)、吴淞江赵屯断面调整为石浦大桥断面,更好地适应考核需要,断面位置也能更客观地反映水体状况,区分行政责任。

取消断面 8 个:京杭运河王江泾、王家桥断面、吴淞江瓜泾口西断面、张家港河北国大桥断面、常溧河大东荡断面、丹金溧漕河新村里断面、木光河善人桥断面因原有设置较密予以取消、简渎河戴家棚断面因下游筑坝,长期断流不再具备监测条件予以取消。

3.2.3.2 自动在线监测因子

根据调查,筛选确定的 65 个重要控制断面中有 62 个已建成水质自动站,其已安装的自动监测设备包括流量、水质五参数(水温、pH、溶解氧、电导率、浊度)、高锰酸盐指数、氨氮、总磷、总氮、总有机碳等,全部纳入自动在线监测因子,其中高锰酸盐指数、氨氮、总磷、总氮四项主要污染物作为重点监测因子。

胥江胥口枢纽、雅浦港雅浦港桥、通济河旧县 3 个断面尚未建设水质自动站,目前仍采用手工监测方式进行监测,监测因子包括《地表水环境质量标准》(GB 3838—2002)表 1 中 24 项指标,并加测电导率、流量和流向,出入湖河流口加测透明度和叶绿素 a。其后可根据需要申请新建水质自动站,或者从原有取消断面的自动站中进行迁建。

3.2.3.3　自动在线监测方法

高锰酸盐指数:采用高锰酸盐指数自动分析仪进行测定,其分析方法原理与国标方法《水质高锰酸盐指数的测定》(GB/T 11892—89)测量原理一致。目前常用的仪器主要有德国科泽 K301 高锰酸盐指数分析仪、美国 HACH(原日本 DKK)公司 COD203 分析仪、法国 SERES2000 型高锰酸盐指数分析仪等。

氨氮:氨氮自动在线监测仪主要分为电极法和光度法,光度法又分为纳氏试剂比色法、水杨酸分光光度法。电极法采用氨气敏电极电位感测原理测试水中氨氮值,是目前国内使用较广的测定方法,主要仪器设备有德国 WTW 公司 TresCon 系列氨氮分析仪、德国布朗卢比公司 PowerMon 氨氮分析仪、美国 YSI6820 型分析仪等。比色法测定原理与国标分析方法一致,除国际品牌仪器外,国产湖南力合、广州怡文、北京捷安捷等品牌也占有一定市场份额。

总磷和总氮:总磷总氮在线分析仪以光度法为主选方法,其原理符合国标方法《水质总磷的测定钼酸铵分光光度法》(GB 11893—1989)和《水质总氮的测定碱性过硫酸钾消解紫外分光光度法》(GB 11894—1989)的要求。目前国内使用较多的仪器主要有日本岛津公司 TNP－4110 分析仪、美国 HACH(原 DKK)公司 NPW－150 分析仪等。

3.2.3.4　自动在线监测时间

根据水质自动监测相关规定,正常情况下每天 0:00、4:00、8:00、12:00、16:00 和 20:00进行采样分析,即每 4 小时监测一次,遇水质变化异常等特殊情况下可根据需要增加至每 2 小时进行一次采样分析。

3.2.3.5　自动在线监测质量保证

由于江苏省太湖流域水质自动站站点多、分布广,仅仅依靠监测站人员在人力、物力、技术方面难以保证站点的正常运行,因此,在省财政的保障下,通过公开招标方式选择有资质有实力的运维企业对自动站点进行日常运行维护,省监测中心对水站实行统一管理,水站所在地方站协助省中心做好相关运行管理、质控等工作,以确保水质自动站运行正常,数据有效,真正发挥其在水环境管理中的作用。

为保证水质自动站的数据质量,按照国家和省有关地表水自动监测质量管理规定,主要采取以下质量控制和质量保证措施:

仪器自校。运维单位按照仪器的操作手册对自动监测仪器定期进行校准,部分仪器带有自动校准功能。仪器校准所使用的试剂和标准溶液均须在有资质的实验室配置,并按规定的周期更换。

标准溶液核查。运维单位使用国家认可的质控样或按规定方法配置的标准溶液,定期(一般为每周一次)对自动监测仪器进行标准溶液核查,测定的相对误差一般不大于推荐值的±10%，相对标准偏差不大于±5%。通过国家认可的质控样进行的标液核查可直接溯源至国家计量标准，而按照规定方法在实验室配置的标准溶液也可以间接溯源。

水样比对。由质控单位在自动站取水口处采集水样，采用实验室方法同步分析实际水样，与自动监测的测试结果相比对，比对实验结果相对误差不大于±20%(江苏省规定为30%)，样品测定结果在检出限3倍以内依据绝对误差判定，该方法可以通过经过认证的实验室对整个水质自动监测系统进行考核。

有证标样考核。由质控单位使用国家认可的标准样品对水质自动监测仪器的准确性进行考核，测定的相对误差一般不大于推荐值的±10%。该方法也可以直接溯源至国家计量标准，是较为常用的一种考核方法。

加标回收考核。质控单位使用国家认可的标准样品对水质自动监测仪器进行加标回收考核，测试其在实际水样测定中的准确度，加标回收率应控制在85%～115%。

3.2.4 重要控制断面的主要水污染物排放总量核定

重要控制断面的主要水污染物排放总量核算方案、总量校验与修正规则，与典型汇水通道主要水污染物入湖总量监控体系中的总量核定技术一致。

3.3 控制单元的主要水污染物排放总量监控体系构建

2016年，根据《江苏太湖流域水生态环境功能分区》，江苏太湖流域共划设出49个水生态环境功能分区。在此基础上，根据水生态功能区、主导水系分布、主导水系流向、乡县行政界线、污染源类型与分布、控制断面分布六个因素，结合流域内部水文走向、污染物总量的河道输送情况，又将太湖流域划分为70个控制单元，制定了《太湖流域基于水生态功能分区的面向排污许可证的控制单元划分方案》。

污染控制单元是对重要水质控制断面影响的主要污染负荷所在区域，它为水质目标管理提供了基本的空间管理单元，可以兼顾行政区划和流域的特点，克服单一区域水质管理的局限性，为污染质量提供具体的、具有可操作性的建设方案，促进水生态系统健康。

控制单元的主要水污染物排放总量研究难度较典型汇水通道、重要控制断面总量研究更大，主要是由于各控制单元内部的情况更为复杂多变，难以建立统一的、利于计算机自动计算的核算方法，且控制单元的排放总量核算更依赖监测数据的全面性、准确性，对数据的来源和质量要求更高。本章节尝试建立了基于控制单元的主要水污染物排放总量监控体系，以期为地区污染物排放总量的监控管理提供技术支撑。

3.3.1 太湖流域水生态功能分区及控制单元划分情况

1. 生态功能分区情况

水生态环境功能分区是基于流域水生态系统空间特征差异，结合人类活动影响因素而提出的一种分区方法。根据“十二五”水专项课题“太湖流域(江苏)水生态功能分区与标准管理工程建设(课题编号 2012ZX07506－001)”的研究成果,《江苏太湖流域水生态环境功能分区》提出,在江苏太湖流域共划设出 49 个水生态环境功能分区(陆域 43 个＋水域 6 个),见图 3-7。根据生态功能综合评价将 49 个分区分类设置为 4 个等级:

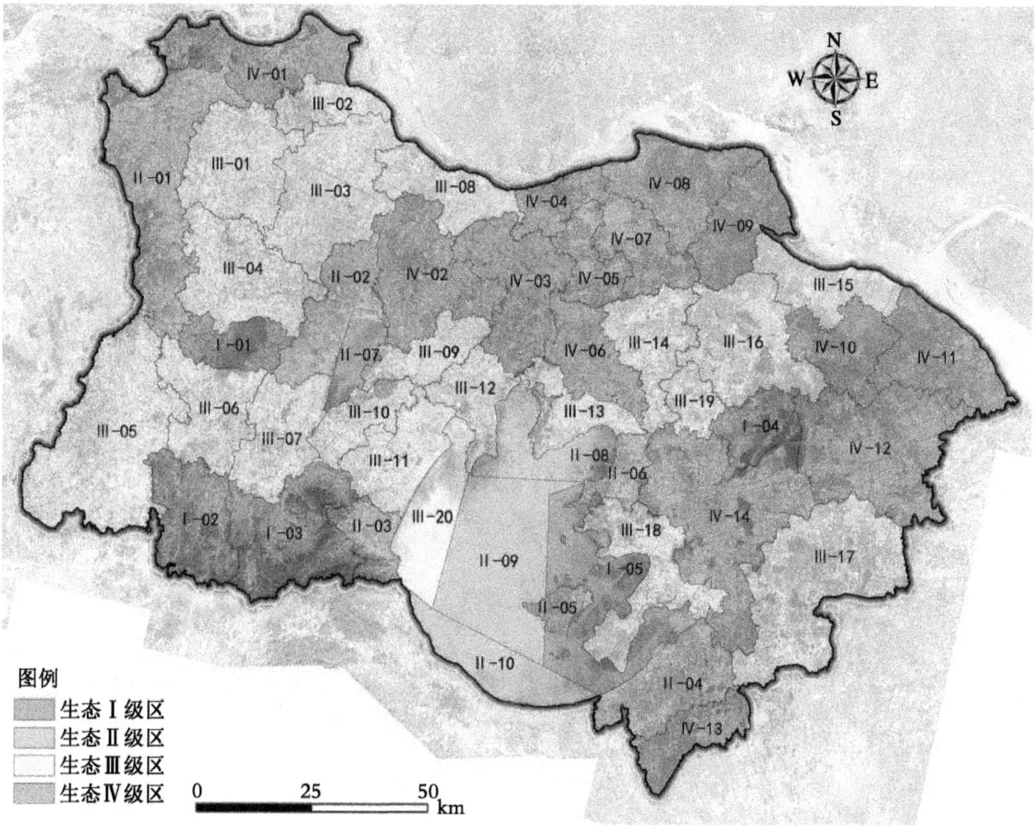

图 3-7 江苏太湖流域水生态环境功能分区

生态Ⅰ级区:水生态系统保持自然生态状态,具有健全的生态功能,需全面保护的区域。

生态Ⅱ级区:水生态系统保持较好生态状态,具有较健全的生态功能,需重点保护的区域。

生态Ⅲ级区:水生态系统保持一般生态状态,部分生态功能受到威胁,需重点修复的区域。

生态Ⅳ级区:水生态系统保持较低生态状态,能发挥一定程度生态功能,需全面修复的区域。

2. 控制单元划分情况

根据“十二五”水专项课题“太湖流域(江苏)控制单元水质目标管理与水污染排放许可证实施(课题编号 2012ZX07506－002)”的研究成果,在平原河网地区根据水生态功能区、主导水系分布、主导水系流向、乡县行政界线、污染源类型与分布、控制断面分布等六个因素,结合流域内部水文走向、污染物总量的河道输送情况,将太湖流域划分为 70 个控制单元。

各个控制单元内部水污染负荷(水污染物产生量)对控制单元边界断面水质产生的影响大于控制单元外部水污染负荷(外部水污染物输入量),从而有利于进一步将整个太湖流域拆分为更小的基本单元,并结合水文情势(河道流速、流向、通量、水位高低等因子),判断水污染物主要来源和去向,从而采取有针对性的总量控制措施,最终制定了《太湖流域基于水生态功能分区的面向排污许可证的控制单元划分方案》,图 3-8 为太湖流域水污染控制单元划分情况。

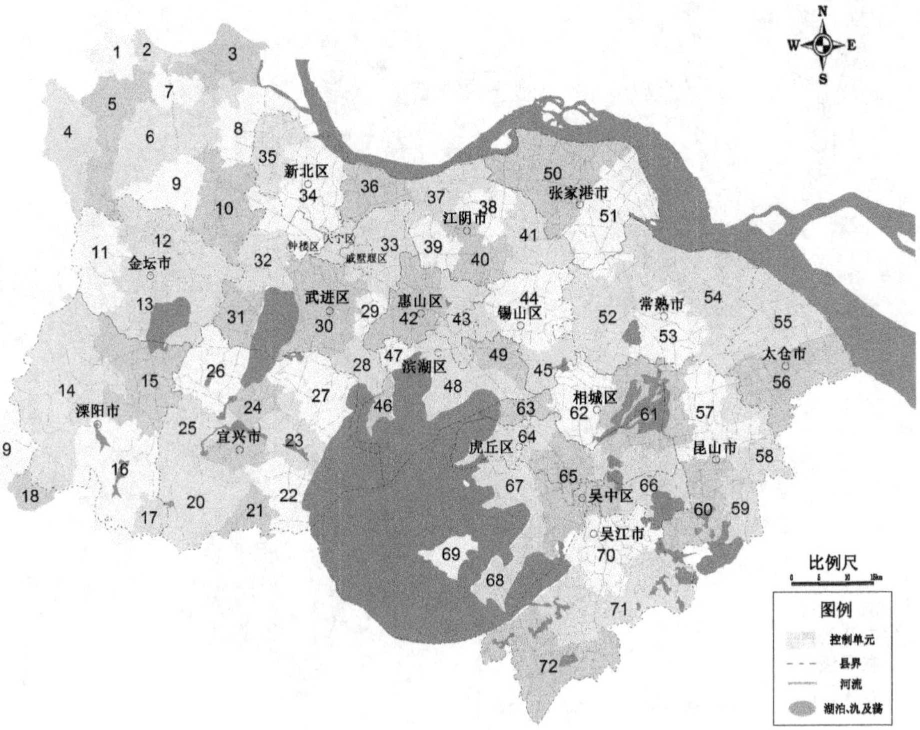

图 3-8 江苏太湖流域水污染控制单元划分情况

3.3.2 基于控制单元的总量减排监测体系构建

3.3.2.1 监测断面设置

1. 设置原则

断面设置总体以水生态环境功能区划(控制单元)为基本范围,在河流汇水通道、水质目标考核监测体系构建的基础上,结合污染源分布,完善监测网络,补充必要的断面,实现流域、区域和控制单元的总量监测覆盖。太湖流域处于水网地区,水污染总量控制需要在不同级别的河流水系上加以研究,确保水污染总量监测的精度,其中,河流级别、流量大小按照《省政府关于江苏省骨干河道名录的批复》(苏政复〔2010〕27 号)规定的河道名录执行,该名录将太湖流域河道分为三个等次,分别为流域性骨干河道、区域性骨干河道、县域及跨县河道,分别控制太湖流域 80%、90%、95%以上的地表水通量(含前等次河道流量)。据此,在省政府认定的流域性、区域性骨干河道上设置一级控制断面,在重要县域河道、重要跨县河道上设置二级控制断面，在一般县域河流上设置三级断面。断面设置总体原则包括以下四条：

(1) 代表性：基于控制单元的流域水污染物总量监测点位(断面)要能够代表所在汇水区、控制单元内水系或区域的水环境质量状况，力求以较少的断面获取最具有代表性的样品，全面、真实、客观地反映所在区域水污染物总量的时空分布状况及汇总出境特征，如在入湖控制单元的主干汇水通道上，一般在入湖口布设一个断面监控入湖汇水通道水污染总量状况；某一控制区域内存在多个常规性监测断面，选取河道流量较大的流域性骨干河道、区域性骨干河道设置最有代表性的监测断面，或者选择最能反映最大污染总量的监测断面作为汇水通道上的控制断面。断面不能设在靠近排污口的混合区内或过渡区内，要设置在充分混合均匀的位置，以反映水体的客观情况，同时更加精密地获取水污染总量排放情况。

(2) 针对性：污染总量环境管理优先原则。环境监测是为环境管理服务，监测数据是评价环境质量、污染物排放状况和各级政府环境保护工作成效的基本依据，因此，基于控制单元的流域水污染物总量监测点位(断面)设置优先满足环境管理需求，能够兼顾流域规划考核、政府水污染目标责任考核等，同时，为了确保满足新环保法对地方政府水污染防治责任考核的要求，选择相关断面工作过程中，专门对断面所在位置行政区域、应承担水污染行政责任的行政区域进行了区分，以便于管理部门寻找污染来源，判定污染责任。

(3) 连续性：基于控制单元的流域水污染物总量监测点位(断面)与现有的监测网络对接整合，重点省控、国控监测断面继续保留，确保科研监测能够与例行监测保持同步。为此，调整断面要监管现有的省控监测点位(断面)基础，保证环境监测数据的历史延续性、系统性。

(4) 全覆盖：政府批复的流域性骨干河道之上的各省辖市区、县(市)涉农区出、入境控制断面，即跨行政区域交接断面必须100%全覆盖，河道是否属于流域性骨干河道、区域性骨干河道详见《省政府关于江苏省骨干河道名录的批复》(苏政复〔2010〕27号)规定。此外，某一个行政区域内某条一级、二级河道长度超过30～50 km，可以设置1个以上控制断面，用以评价河道在某个区域内的中段水污染排放情况；二级断面总体设置在《省政府关于江苏省骨干河道名录的批复》(苏政复〔2010〕27号)认定的跨县主要河道、县域河道上。对于高功能水域、重要水域上游汇水区以及距离较长的水域，根据需要，可以设置多个断面来控制功能区的水质；作为控制单元主要水污染物总量监测的必要断面，可以在一般县域河道上设置二级控制断面；二级控制断面数量不能设在靠近排污口的混合区内或过渡区内，要设置在充分混合均匀的位置，以反映水体的客观情况，同时更加精密地获取水污染总量排放情况，另外控制断面还要反映敏感点的水质，以保证功能区真正达标。

2. 断面设置结果

根据控制单元监测断面设置原则和国家、省流域管理要求，对太湖流域各控制单元内水环境监测断面进行优化调整，调整后共设置147个基于控制单元的流域主要水污染物总量监测断面，其中水污染总量一级控制断面77个，二级控制断面39个，二级以下控制断面20个，其余11个为太湖上、下游汇水区域湖库水污染负荷总量监测点位，其中已建成水质自动站 98 个。图 3-9 为控制单元设置示意图,红色断面表示流域内水污染总量一级、二级控制断面所处的位置。各断面所在河流已全部覆盖《省政府关于江苏省骨干河道名录的批复》(苏政复〔2010〕27 号)中太湖流域的一级、二级河流,根据省水利厅发文期间对相关名录的论证结果,上述名录中的一级、二级河流可实现覆盖设区市跨境水量交换的 85%,实现覆盖县市区水量交换的 80%以上,表明本书所设置断面、所监控的河流已覆盖了太湖流域设区市区域交换水污染总量的 85%以上、覆盖县市区水污染总量交换的 80%,能够满足省级流域污染物总量控制的管控要求。考虑到进一步提高流域水污染总量控制精度需要加密布设更多的三级、三级以下的河道监测断面,将导致政府公共支出的大幅提高,为此,更高精度的总量控制只在典型区域内进行研究。

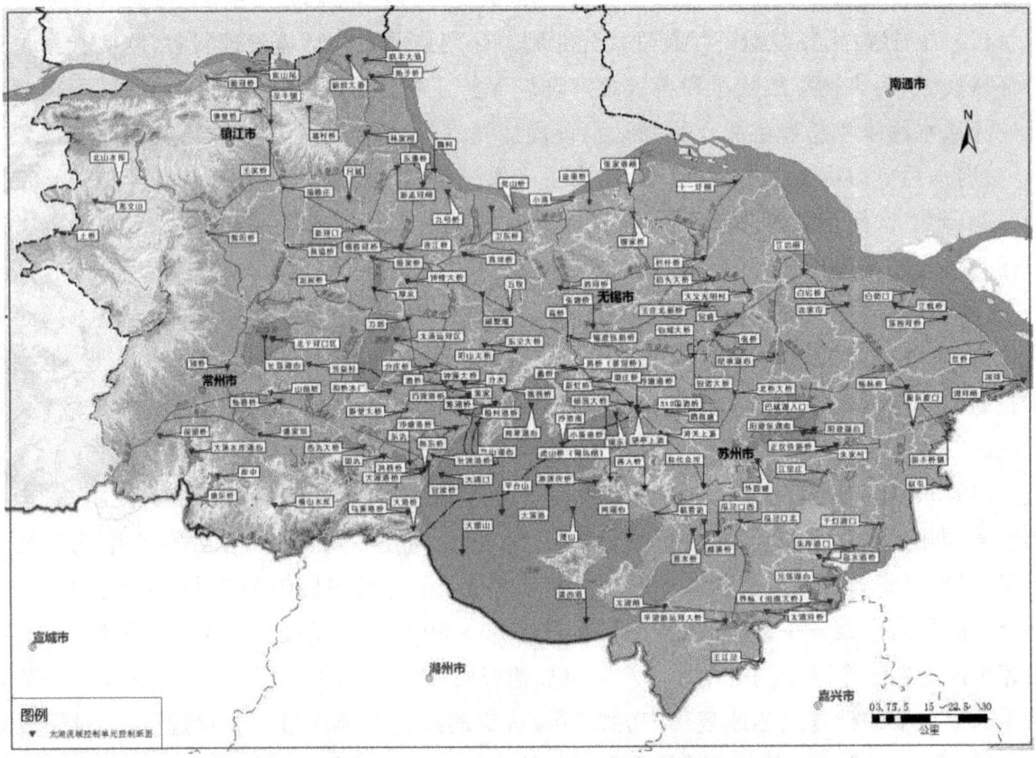

图 3-9 太湖流域基于控制单元的流域主要水污染总量排放监测断面设置示意图

3.3.2.2 监测因子

主要水污染物(COD、氨氮、总磷、总氮)、流量、电导率等因子,相关标准按照《地表水环境质量标准》(GB 3838—2002)中规定执行,属于湖库的出入湖河流口加测透明度和叶绿素 a;湖库内的点位加测水位、透明度、叶绿素 a。

3.3.2.3 监测方法

COD、氨氮、总磷 3 项监测技术方法参照国家水和废水监测技术规范(第四版)有关要求执行;总氮参照执行《碱性过硫酸钾消解紫外分光光度法》(GB/T 11894—1989)执行。

3.3.2.4　质量保证与质量控制

按照《地表水和污水监测技术规范》(HJ/T 91—2002)及《环境水质监测质量保证手册(第二版)》有关要求执行。

3.3.3　典型控制单元总量监测体系构建

选取殷村港控制单元,从点位优化、技术规范、项目指标、技术方法以及监督管理机制等方面,对主要水污染物(COD、氨氮、总磷、总氮)总量监测体系构建进行示范。一是提出控制单元水污染物(总量指标 COD、氨氮、总磷、总氮)环境质量监测体系建设方案,并进行监测断面优化、监测方案优化,经过试运行,计算太湖流域水环境监测效率提升情况;二是根据汇水区走向以及辖区污染源状况,提出主要污染物总量监测体系构建方案,并开展运行示范,三是根据示范监测的结果,根据理论模型,优化计算殷村港控制单元汇水区水环境容量,优化计算控制单元概化排污口主要水污染物排放总量;四是完善殷村港控制单元排污总量监测管理制度,提出水环境和重点水污染源监测方案。

3.3.3.1　殷村港控制单元概况

宜兴市殷村港控制单元(控制单元编号 27)西起滆湖,东至太湖,位于东经 119.833 9°至 120.008 6°、北纬 31.515 5°至 31.446 1°之间。控制单元内包括和桥、万石、芳桥、周铁 4 个乡镇,面积 239 km^2,人口约 10.9 万人。控制单元共有武宜运河、太滆南运河、漕桥河、横塘河等主要河流,本控制单元在太湖流域控制单元中的位置如图 3-10 所示。

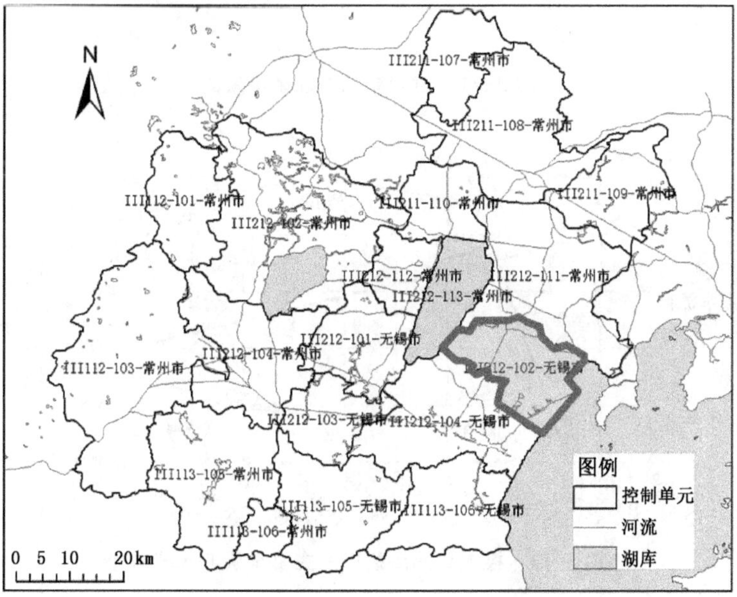

图 3-10　殷村港控制单元在太湖流域西岸控制区域中所处位置

控制单元属于西高东低地形,根据自然汇水特征,主要流向是由武宜运河向南,经漕桥河、殷村港、烧香港向东南汇入竺山湖,另有一部分继续向南进入官渎港后汇入太湖,其中主要入湖河流共 2 条，见图 3-11、图 3-12。

图 3-11　控制单元内水系示意图

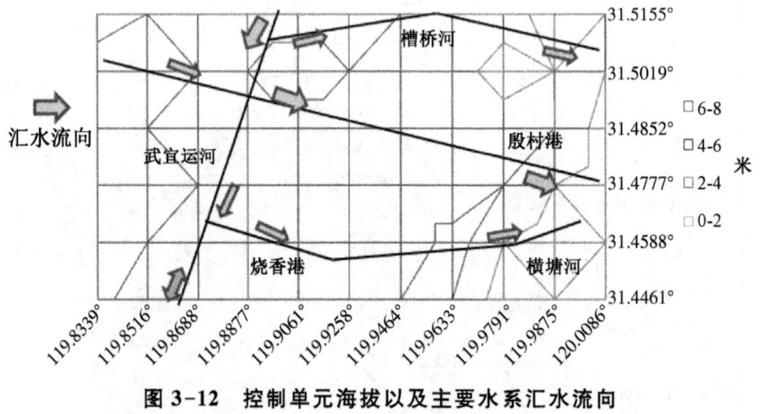

图 3-12　控制单元海拔以及主要水系汇水流向

控制单元内共有入湖河流 18 条，其中主要河流 3 条，分别为漕桥河、殷村港、横塘河，占控制单元入湖通量 95%～97%；3 条流量较小的入湖河流，分别为陈墅港、小金港、青店港，占入湖总量 1%～2%；还有 14 条入湖河流长期处于关闸状态。具体名单见表 3-14。

表 3-14　控制单元入湖河流清单

序号	地区(城市区县)	所属河流名称	入湖断面	河宽(m)	水深(m)	备注	入湖水量
1	宜兴市周铁(分水)镇	百渎港	百渎港桥(分水)	55	3～5	直通太湖	95%～97%
2	宜兴市周铁镇	殷村港	殷村港(湣溪桥)	55	3～5	直通太湖	
3	宜兴市周铁镇	横塘河	沙塘港口	75	3～4	直通太湖	
4	宜兴市周铁(分水)镇	陈墅港	陈墅港口	10	1.5	直通太湖	1%～2%
5	宜兴市周铁镇	小金港	小金港桥	6	1.5	直通太湖	
6	宜兴市周铁镇	青店港	青店港桥	5	1.5	直通太湖	
7	宜兴市周铁镇	符渎	符渎港	5	1.2	闸坝长期关闭	小于 1%
8	宜兴市周铁镇	欧渎港	欧渎港桥	4	1		
9	宜兴市周铁镇	午干渎	午干渎河桥	5	1.3		
10	宜兴市周铁镇	彭渎港	彭渎港河桥	4	1.2		
11	宜兴市周铁镇	毛渎港	毛渎港河桥	5	1		
12	宜兴市周铁镇	葛渎港	葛渎港桥	4	1		
13	宜兴市周铁镇	赵渎港	赵渎港桥	4	1		
14	宜兴市周铁镇	郑渎港	郑渎港桥	6	1.5		
15	宜兴市周铁镇周铁师渎村	师渎港	师渎港桥	7～10	1.6		
16	宜兴市周铁镇周铁师渎村	龙渎港	龙渎港桥	6～8	1.2		
17	宜兴市周铁镇周铁师渎村	黄柑渎	黄柑渎桥	7	1		
18	宜兴市周铁镇周铁师渎村	旧渎	旧渎港	6	1.2		

3.3.3.2　控制单元总量监测断面设置

(1) 入境断面

围绕控制单元的入境河流，设置殷村港入控制单元入境断面、武宜运河入控制单元入境断面、沙塘港入控制单元入境断面、烧香港入控制单元、漕桥河滆湖入境断面。

(2) 出境断面

围绕控制单元的出境河流，设置槽桥河出控制单元出境断面、殷村港出控制单元出境断面、沙塘港出控制单元出境断面。

(3) 控制单元内的断面

在槽桥河上设置出无锡入武进、出武进入无锡的两个控制断面，以及殷村港中段控制水质断面。

共设置 14 个水质监测断面，见表 3-15 和图 3-13。

表 3-15　控制单元水质监测断面设计表

序号	县(区)	断面名称	河流湖库	性质
1	宜兴市	和桥水厂	殷村港	入境
2	宜兴市	钟溪大桥	武宜运河	入境
3	宜兴市	静堂大桥	烧香港	入境
4	宜兴市	棉堤桥上	横塘河	入境
5	宜兴市	滆湖南出口	槽桥河	入境
6	宜兴市	闸口	百渎港—漕桥河	内部
7	宜兴市	槽桥	漕桥河	出境
8	宜兴市	裴家	漕桥河	交界
9	宜兴市	南新桥	殷村港	内部
10	宜兴市	周铁桥	周铁河	内部
11	宜兴市	沙塘港桥	沙塘港	出境
12	宜兴市	殷村港	殷村港	出境
13	宜兴市	百渎港(分水)*	百渎港	出境
14	宜兴市	武宜运河出控制单元巡测断面	武宜运河	出境

* 备注:百渎港(分水)断面为殷村港控制单元、常州武进区有关控制单元共同的汇水通道控制断面,漕桥河槽桥断面在该断面上游,殷村港控制单元漕桥河出境断面以漕桥更为合适。

图 3-13　殷村港控制单元内水质监测断面示意图

殷村港控制单元 14 个断面中，已有 8 个断面建成水质自动站，占控制单元内设计监测断面的 57%，基本实现了水环境自动监测站系统集成。

3.3.3.3 示范区水质监测业务化运行设计方案

(1) 手工监测内容

监测项目：COD_{Mn}、COD(化学需氧量)、氨氮、总磷、总氮、水量。

监测频次：出入境例行监测断面每个月监测 1 次，未开展例行监测的断面每双月监测 1 次。

(2) 基于汇水通道自动监测站网的监测方案

监测项目：COD_{Mn}、COD(化学需氧量)、氨氮、总磷、总氮、水量。

监测频次：24 小时连续监测。

3.3.3.4 控制单元主要工业水污染总量监测体系构建与示范

(1) 污染源在线监控示范

殷村港控制单元重点污染源在线监控全部实现了水环境自动监测站系统集成，配有 COD、NH_3—N、总磷、总氮、流量等五项指标在线监控设备。

(2) 重点污染源监督监测示范

制定了示范区排污总量监测制度，并对殷村港控制单元重点污染源进行了水污染物监督监测，包括污染物排放状况监测、自动监测设备比对监测两个部分：污染源排放监测主要监测废水污染物排放浓度及流量，比对监测主要对已通过环保部门验收的污染源自动监测设备的进、出口进行自动监测的同时，开展手工监测并与自动检测结果进行比对。

实现联网的重点污染源监督监测系统界面如下图：

图 3-14 控制单元重点污染源总量监控集成数据库

控制单元内29家排水量超过1 t/a的企业,除1家停产、1家排入槽桥河外,其他27家全部接管至污水处理厂,对控制单元内污染源进行水量平衡测算,统计得出各家废水排放情况,92%的污水总量进入污水处理厂。安装在线监控设备企业数占63%,其中国控重点源安装在线监控设备数达100%,在线监控废水量占90%,超过15家企业在COD在线监测仪基础上,实现了氨氮、总磷在线监测。见图3-15。

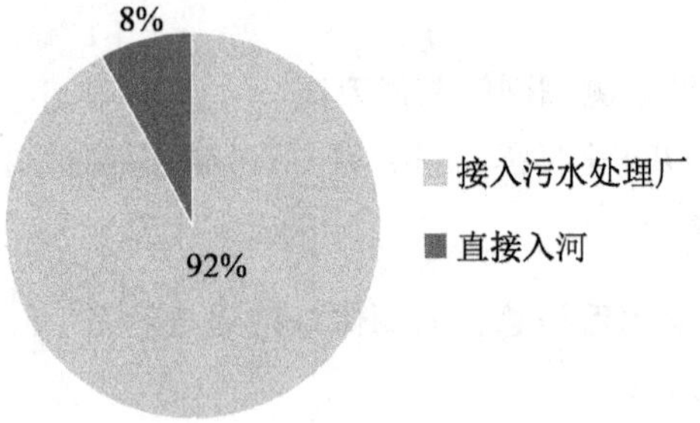

图3-15 2013年殷村港控制单元内工业废水排放处理情况统计示意图

3.3.3.5 控制单元农村生活水污染总量监测体系构建及示范

对控制单元内"十一五"期间建设的农村连片综合整治设施进行监督性监测,按照污染源分级、分类监管的原则,将农村污水处理设施排放污染物监督性监测工作逐步纳入污染源例行监测计划,明确并落实监测任务。乡镇生活污水处理厂每个季度监测一次,监测项目和评价标准原则上执行《城镇污水处理厂污染物排放标准》(GB 18918—2002)表1要求,有工业废水接入的监测项目增加相关特征污染物。村庄生活污水处理设施和畜禽养殖集中治理设施一般抽测20%～30%,兼顾不同处理工艺类型和处理规模。根据纳污水体的环境敏感程度确定监测频次,一般要求上下半年各监测一次。在太湖一级保护区和集中式饮用水源地保护区陆域范围内的,以及直接影响地表水考核断面的农村污水处理设施要求全部监测,每季度监测一次。监测项目为化学需氧量、氨氮、总磷、总氮;畜禽养殖集中治理设施增测粪大肠菌群数。评价标准按照《江苏省农村环境连片整治示范工作考核验收暂行办法》(苏环办〔2011〕160号)相关规定执行。

对控制单元内农村连片综合整治项目中示范投资建设的9个农村污水处理设施进行监督性监测。

分别为周铁镇分水村沈家塘微动力处理设施、分水村张家边微动力处理设施(下表序号1)、欧毛渎村彭渎河北组微动力生活污水处理设施(序号5)、洋溪村旧渎微动力生活污水处理设施、洋溪村向阳微动力生活污水处理设施(序号8)、金兰村3套无动力设施(序号10)以及漕东村1套有动力设施(序号11),控制单元内农村连片综合整治措施的污水处理能力合计为353 t/d,详见表3-16。

表 3-16 控制单元内农村连片综合整治污水处理项目一览表

序号	镇名称	河流	人口（万人）	控制单元	污水排放原去向	处理规模	接管至污水处理厂水量（t/d）	农村设施排水处理量（t/d）	排放目标
1	分水村	无锡市/宜兴市	6 768	殷村港控制单元	生活污水直排百渎港、漕桥河	里山头、柏枝墩、分水墩、我师巷、里渎亭、南下庄、河南边、朱砂沟、大巷头、西沟上、黄庄上、黄泥沟、沙田里、涅溪里、双垛浜、马家桥、南漕上、周墅上、陈墅、河头上、堵区、太湖头、上墅 23 个规划保留自然村接管入周铁镇污水处理厂，日收集水量 387 t；中和、沈家塘合建 1 套微动力处理设施、张家边建设 1 套微动力处理设施，共 2 套微动力处理设施，总规模为 19 t/d	387	19	达到《城镇污水处理厂污染物排放标准》一级 B 标准，生活污水处理率≥60%
2	东湖村	无锡市/宜兴市/周铁镇	1 881	殷村港控制单元	生活污水直排殷村港	陈桥、三干、史埂、黄暮、荷花浜、邹家塘、钱家、马塔、西庄、盛渎、东亚洲 11 个规划保留自然村接管入周铁镇污水处理厂，日收集水量 131 t	131	/	达到《城镇污水处理厂污染物排放标准》一级 B 标准，生活污水处理率≥60%
3	周铁村	无锡市/宜兴市/周铁镇	5 141	殷村港控制单元	生活污水直排横荡河、殷村港、烧香港	浯溪、夏村、冯家、路埂、里渎古、马行、水井、后塘、头庄、周家、小街、丁埂、水产、建湖、红湖 15 个规划保留自然村接管入周铁镇污水处理厂，日收集水量 317 t	317	/	达到《城镇污水处理厂污染物排放标准》一级 B 标准，生活污水处理率≥60%
4	彭干村	无锡市/宜兴市/周铁镇	4 627	殷村港控制单元	生活污水直排烧香港	宋庄、前庄町、祝塘浜、墩头圩、下边、管庄、堰下圩、堰下、市桥、下干、南塘、西后彭、余家桥、魏家圩、毛渎圩、史家、前彭、中巷、干上、新桥头、东彭干、西彭干、华埝、栈大、大西干、芳田、李家 27 个规划保留自然村接管周铁镇污水处理厂，日收集水量 304 t	304	/	达到《城镇污水处理厂污染物排放标准》一级 B 标准，生活污水处理率≥60%

续表

序号	镇名称	河流	人口（万人）	控制单元	污水排放原去向	处理规模	接管至污水处理厂水量（t/d）	农村设施排水处理量（t/d）	排放目标
5	欧毛渎村	无锡市/宜兴市/周铁镇	2 851	殷村港控制单元	生活污水直排烧香港	葛渎村、毛渎村、欧渎村、午干渎村、彭渎村5个规划保留自然村接管至周铁镇污水处理厂，日收集水量221 t;在彭渎河北组建设1套微动力生活污水处理设施，总规模为10 t/d	221	10	达到《城镇污水处理厂污染物排放标准》一级B标准，生活污水处理率≥60%
6	下邾村	无锡市/宜兴市/周铁镇	4 566	殷村港控制单元	生活污水直排横荡河	前庄、儒芳、壕上、陆家边、社大、周庄、莫家、潘家、上巷、下邾、芳田、张巷、东庄、下圩、渡头、蒋家边、下邾桥、马祥、赵渎19个规划保留自然村接管周铁镇污水处理厂，日收集水量377 t	377	/	达到《城镇污水处理厂污染物排放标准》一级B标准，生活污水处理率≥60%
7	徐渎村	无锡市/宜兴市/周铁镇	4 470	殷村港控制单元	生活污水直排烧香港	邾渎、和渎、徐渎、师渎4个规划保留自然村接管周铁镇污水处理厂，日收集水量361 t	361	/	达到《城镇污水处理厂污染物排放标准》一级B标准，生活污水处理率≥60%
8	洋溪村	无锡市/宜兴市/周铁镇	3 703	殷村港控制单元	生活污水直排横荡河	洋溪、横柑渎、龙渎、龙渎圩4个规划保留自然村接管至周铁镇污水处理厂，日收集水量172 t;在旧渎、向阳2个规划保留的自然村建设2套微动力生活污水处理设施，总规模为94 t/d	172	94	达到《城镇污水处理厂污染物排放标准》一级B标准，生活污水处理率≥60%

续表

序号	镇名称	河流	人口（万人）	控制单元	污水排放原去向	处理规模	接管至污水处理厂水量（t/d）	农村设施排水处理量（t/d）	排放目标
9	中新村	无锡市/宜兴市/周铁镇	4 800	殷村港控制单元	生活污水直排横荡河	北准、溪南、新渎、洋坝、中准、马家圩、谈家村、徐家村 8 个规划保留自然村接管周铁镇污水处理厂，日收集水量 389 t	389	/	达到《城镇污水处理厂污染物排放标准》一级 B 标准，生活污水处理率≥60%
10	金兰村	无锡市宜兴市芳桥镇	1 408	殷村港控制单元	生活污水直排烧香港	建设配套主干管网 4 016 m，建设 3 套微动力生活污水处理设施，采取净化沼气池 + 人工生态湿地技术。1 套设施处理能力25 t/d，2 套设施处理能力 30 t/d	/	55	
11	漕东村	无锡市宜兴市万石镇	2 698	殷村港控制单元	生活污水直排槽桥河	建设 1 套微动力生活污水处理装置，应用立体循环一体化污水处理装置结合气升循环平板式膜生物反应器处理工艺，设计处理能力 175 t/d，占地约 4 000 m^2，同时实施配套污水管网建设，建设管网长度 5 500 m	/	175	
		合计	42 913				2 659	353	

3.3.4 控制单元的主要水污染物排放总量核定

太湖流域属于平原河网地区，水系繁多，水情复杂，因此控制单元的污染物排放总量核定技术一直是技术难点。本文采用较直观的核定思路，即先分析控制单元水系情况，采用下游出境断面通量与上游入境断面通量之差作为该控制单元的主要水污染物排放总量。上游、下游断面通量核定方法同典型汇水通道总量核定技术部分。

第四章
太湖流域主要水污染入湖总量动态评估

在流域污染源、通量和水质监测体系的基础上，选择典型控制单元和主要污染物指标为研究对象，完成了殷村港、漕桥河、太滆运河等主要入湖河流典型水质及水文响应关系测试，根据流域减排量可推求河流入湖水质响应，反之根据河流入湖水质可推求流域减排总量。建立了符合水生态功能分区水质目标管理的基于控制单元主要水污染物总量控制与水环境质量响应关系模型，及时跟踪新老污染增减动态变化情况和流域、区域重大减排治理工程在控制和削减高锰酸盐指数、氨氮、总磷、总氮排放情况，通过模型应用，动态实时预警总量减排对水环境质量变化的影响。

主要研究内容：着重分析太湖殷村港主要污染物，高锰酸盐指数、总磷、总氮、氨氮动态变化规律。依据河流水动力学模型和水质模型，对太湖殷村港等主要河流开展污染扩散、迁移的响应关系测试，以先进水质、水量计算一体化软件为平台，构建示范区域总量水质响应模型系统。依托水质在线监控系统的实测数据调整和优化模型参数。具体分解为：

(1) 分析太湖殷村港主要污染物，高锰酸盐指数、总磷、总氮、氨氮动态变化规律。

(2) 依据河流水动力学模型和水质模型，构建太湖殷村港等主要河流污染扩散、迁移的响应关系。

(3) 以先进的水质、水量一体化软件计算平台，构建示范区域总量—水质响应模型系统。

(4) 依托水质在线监控系统的实测数据调整和优化模型参数。

(5) 提出示范区域的总量减排—水质响应关系模型。

技术路线如下图 4-1。

4.1 模型构建

4.1.1 模型结构

总量减排—水质响应模型由水动力模型和水质模型两部分组成。河道中污染物的迁移运动计算需通过河流水力学和水质模拟两个分离的模拟过程来完成。首先，运行水动力模型，模拟河流水动力状况，求得河网的流场，之后在此流场的水动力条件下模拟此河网的水质。水动力模拟与水质模拟的相关关系见图 4-2。

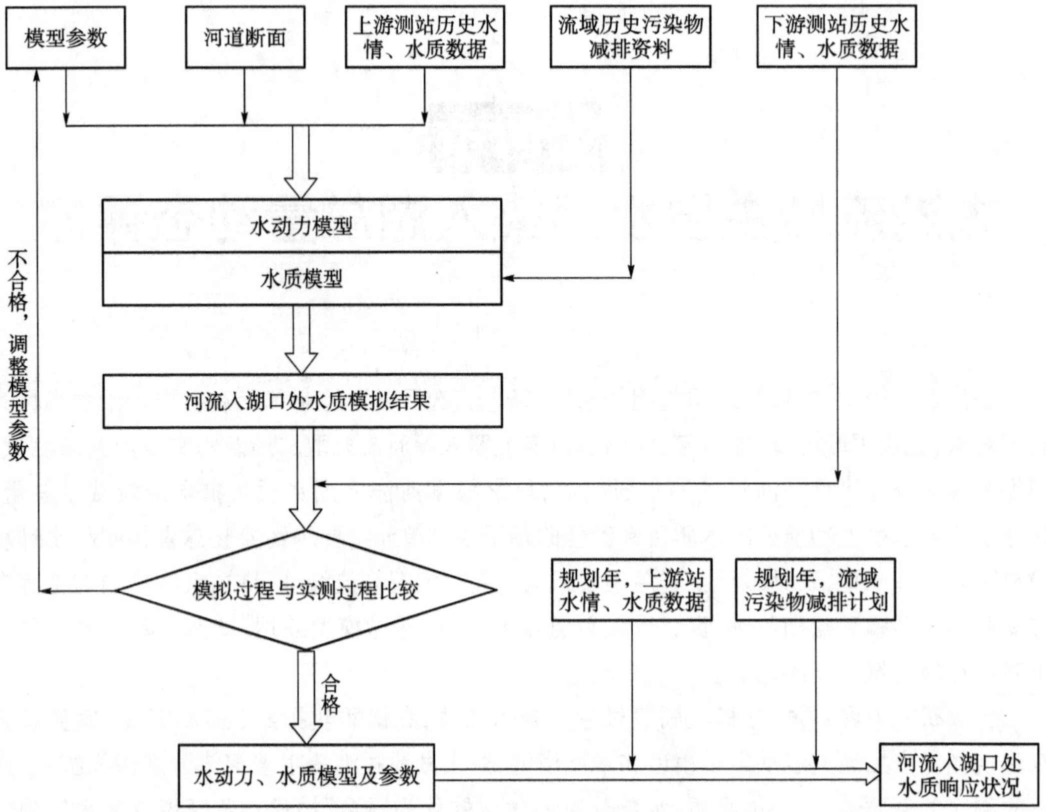

图 4-1　总量减排—水质响应模型构建技术路线图

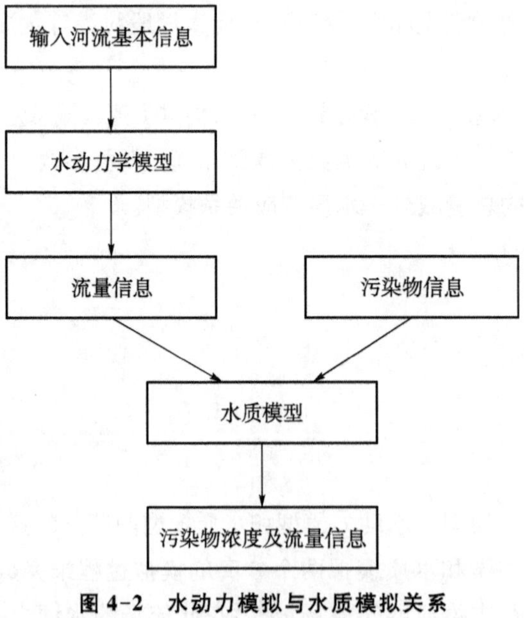

图 4-2　水动力模拟与水质模拟关系

4.1.2　水动力模型

水动力模型包括河流、外部控制以及内部控制的相互作用,同时要考虑水量的质量守恒和动力守恒等必要条件。

(1) 基本方程。水流运动可以由圣维南方程组来表示质量和动力的守恒。质量守恒引出连续方程,该方程建立了水位上升率和楔状体以及棱状体贮藏量之间的平衡。动力守恒引出动力方程,该方程建立了惯性、扩散、地心引力以及摩擦力之间的平衡。

连续方程:

$$\frac{\partial Q}{\partial x}+\frac{\partial A}{\partial t}=q \tag{4-1}$$

其中 q 为旁侧入流(m^3/s)。

动力方程为:

$$\frac{\partial Q}{\partial t}+\frac{\partial}{\partial x}\left(\frac{\beta Q^2}{A}\right)+gA\frac{\partial H}{\partial x}-gAS_f=0 \tag{4-2}$$

其中 S_f 就是所谓的摩擦比降,公式如下:

$$S_f=\frac{Q|Q|}{K^2} \tag{4-3}$$

其中 K 由河道流量因数和相应曼宁数组成的方程得到。

$$K^2=\frac{A^2R^{\frac{4}{3}}}{n^2} \tag{4-4}$$

$$R=\frac{A}{P} \tag{4-5}$$

其中:R 为水力半径;P 为润周长度;n 为曼宁粗糙系数。

圣维南方程组通常采用数值法求解。利用 Preissmann 四点加权隐式差分格式求解圣维南方程组。

(2) 水力边界。其边界条件被设定为流量过程线、水位过程线或者是水位-流量关系曲线(流量特性曲线)。

一般情况下,边界条件需要被正确的指定,因为它决定了方程解的唯一性。资料的不规则会导致流量摆动,因此一般使用平滑水位曲线,特别是下游的边界条件。

4.1.3　水质模型

运用一维平流扩散方程模拟污染物在河道中的移动。并采用有限差分法求解一维平流扩散方程。

(1) 一维平流扩散方程。一维平流扩散方程表述为如下形式:

$$\frac{\partial(CA)}{\partial t}+\frac{\partial(uCA)}{\partial x}-\frac{\partial}{\partial x}\left(DA\frac{\partial C}{\partial x}\right)=S \tag{4-6}$$

其中：C 为污染物浓度(kg/m^3)；A 为代表性流动区域(m^2)；μ 为代表性平均流速(m/s)；D 为扩散系数(m^2/s)；x 为距离(m)；t 为时间(s)；S 为源/汇项，表现衰减、增长、侵蚀以及沉积作用等(kg/m · s)。

上式是一个带有源项 S 的有效的质量守恒方程。第一项表现的是污染物在某一点的变化率。第二项为平流，它与第一项合并在一起表现了污染物在流线上液态单位内的变化率(不考虑液态压缩流动)。通过第三项即扩散项达到质量守恒。

采用有限差分近似方程为：

$$\frac{\phi_i^{n+1}-\varphi_i^n}{\Delta t}=-\frac{\mu\phi_{i+1/2}^n-\mu\phi_{i-1/2}^n}{\Delta x}+ D\left[\frac{(A_{i+1}^n+A_i^{n+1})(C_{i+1}^n-C_i^n)-(A_i^n-A_{i-1}^n)(C_i^n+C_{i-1}^n)}{2\,(\Delta x)^2}\right]+S \tag{4-7}$$

其中：n 为时间指标；I 为位置指标；Δx 为节点 I 的单元长度(m)；Δt 为时间步长(s)；$\phi = C\times A$ 为标量变量(kg/m)。

使用 SMART 法求解上述方程。

(2) SMART 运算法则。由 Gaskell 和 Lau(1988)发展的 SMART 运算法则是根据连贯性将 Upwinding 和 QUICK 两种运算法则修补、整合在一起，从而吸收了它们的最优特性。

SMART 运算法则的标准变量形式为：

$$\Phi_m=\begin{cases}\Phi_c & \Phi_c\notin[0,\ 1]\\ 3\Phi_c & \Phi_c\in[0,\ 1/6)\\ 1 & \Phi_c\in(5/6,\ 1]\\ \dfrac{3}{4}-\dfrac{3}{4}\left(\Phi_c-\dfrac{1}{2}\right) & \Phi_c\in[1/6,\ 5/6]\end{cases} \tag{4-8}$$

非标准变量的复杂形式为(所有的数值都是同时计算的)：

$$\phi_m=\begin{cases}\phi_c & \phi_c<\phi_u \text{ 或 } \phi_c>\phi_d\\ 3\phi_c-2\phi_u & 1/6(\phi_d+5\phi_u)>\phi_c\geqslant\phi_u\\ \phi_d & 1/6(\phi_u+5\phi_d)<\phi_c\leqslant\phi_d\\ 1/8(3\phi_d+6\phi_c-\phi_u) & 1/6(\phi_u+5\phi_d)\leqslant\phi_c\leqslant 1/6(\phi_d+5\phi_u)\end{cases} \tag{4-9}$$

式中：ϕ_u 、ϕ_c 和 ϕ_d 分别代表上游、中心点和下游的浓度值；ϕ_m 为上游节点和中心点之间的中间点的浓度值或中心点和下游节点之间的中间点的浓度值；Φ_m 为 ϕ_m 的标准值。

使用 SMART 法优势主要表现在下述两方面：

① 在维持高度的精确性的时候，SMART 运算法则保存有界性并且排除假性空间摆动的发生。它基于合理的物理论证并严格遵守对流边界规范。

② SMART 运算法则可导致相关数字化扩散的低水平，并在不强调和创建任意最大值或最小值的情况下保持陡坡。

4.1.4　水质边界及初始条件

除了实际河道、水工建筑物以及由水力引擎计算的流量信息，水质模型还需要相关的水质信息。

在入流上游边界，需要输入污染物浓度边界条件。在河口有逆流的情况下，还需输入下游边界的污染物浓度边界条件。

一般而言，需要正确指定边界条件以及根据它们确定的方程解的唯一性。数据的不规则会导致计算摆动，因此，通常情况下需要采用平滑的浓度/时间数据。

4.2　模型概化及初始化设置

4.2.1　模型概化

太湖流域水网密布，河道纵横交织，且属平原低洼河网区，水文条件复杂，水流较慢，流向不定，相当多的河道为双向流；河网区城市集中、经济发达，人口和产业集聚程度较高，污染源多，污染负荷大，水体自净能力相对较弱。根据殷村港、漕桥河和太滆运河区域水网特性及水质监测站点的布设情况，将 3 条河分 2 个区域进行概化计算。太滆运河和漕桥河在入太湖前汇合并设有百渎港水质自动监测站，这样将漕桥河和太滆运河一起组网计算。殷村港水质响应模型计算组网概化见图 4-3，太滆运河和漕桥河水质响应模型计算组网概化见图 4-4。

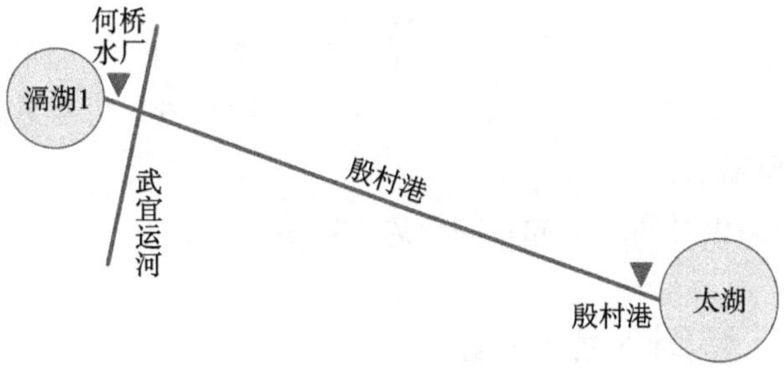

图 4-3　殷村港水质响应模型计算组网概化

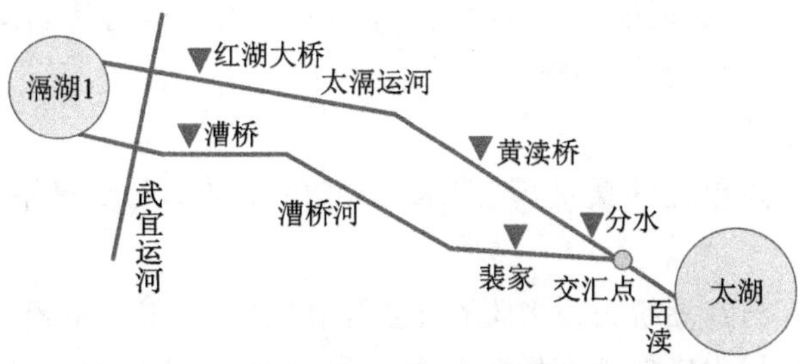

图 4-4　太滆运河和漕桥河水质响应模型计算组网概化

对于殷村港,上游有和桥水厂水质自动站,代表滆湖入殷村港水质。下游有殷村港水质自动站代表入湖口的水质。

对于太滆运河—漕桥河,在太滆运河上,上游有红湖大桥断面代表武宜运河与太滆运河交汇后的水质,分水水质自动站代表漕桥河与太滆运河交汇前太滆运河的水质状况,百渎港代表进入太湖的水质。在漕桥河上,漕桥水质自动站代表上游水质,裴家水质自动站代表下游水质。

4.2.2 初始状况设置

计算时,上边界河道计算的流向总是假定从滆湖向太湖方向流动,实际的流向由计算结果来判断。计算结果为正表示实际流向与假定流向一致,反之,实际流向与假设流向相反。

水质响应动态模拟计算初始状况设置(以殷村港为例),如图 4-5。

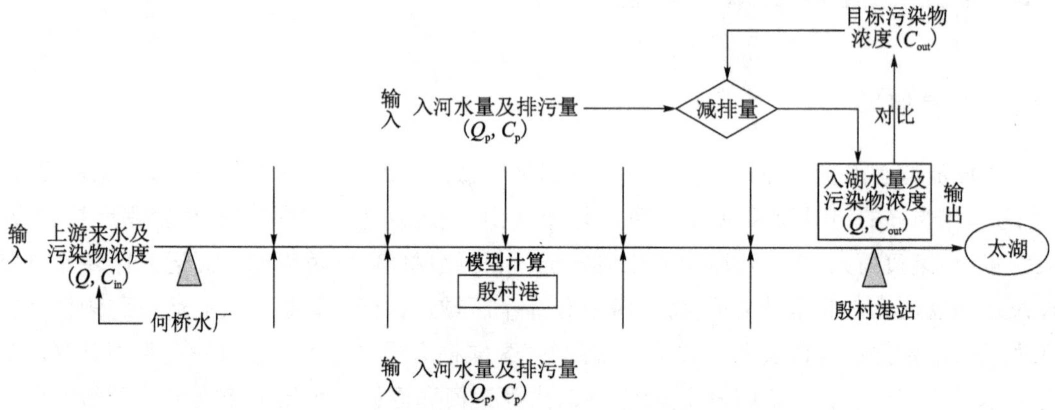

图 4-5　水质响应动态模拟计算初始状况设置

模型输入包括:起始时间,上游何桥水厂站的流量;起始时间,上游何桥水厂站的污染物浓度;起始时间,下游水位(太湖水位);起始时间,下游殷村港站污染物浓度;计划区域减排量,作为负污染的旁侧输入。

模拟计算输出为结束时间入太湖处的污染物浓度。

4.3 交叉节点及旁侧入流处理

太湖流域水网纵横。这里仅考虑,殷村港、漕桥河、太滆运河从滆湖(西)流向太湖(东)与最主要的北南流向的武宜运河的交汇。

(1) 河流交汇节点处理

节点处理原则:节点单元动量平衡,即水位相等;节点单元质量平衡,即污染物浓度相等。如图 4-6。

具体处理:太滆运河红湖断面的水质监测数据作为输入,随水流沿太滆运河演进至与漕桥河交汇点。同样,漕桥水质自动站的监测数据作为输入,随水流沿漕桥河演进至交汇点。

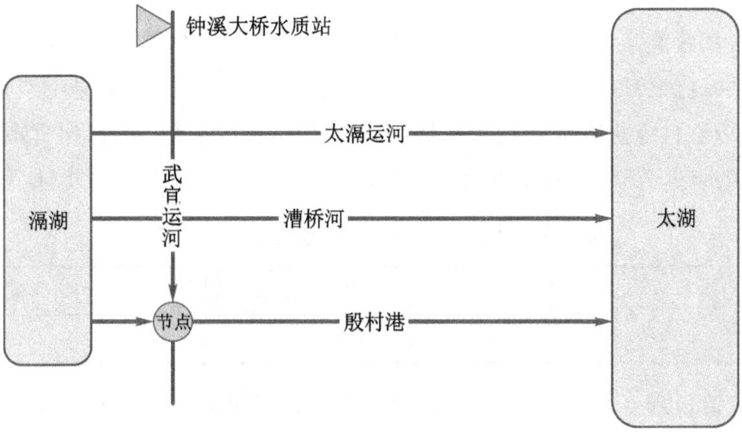

图 4-6　交叉节点处理概化图

汇合点处水位、污染物浓度相等。

(2) 旁侧污染物汇入量处理

旁侧污染物汇入量包括:①河流沿岸厂、矿企业以及村镇生活污水等排污量;②污染物的干湿沉降(主要是湿沉降)。其中:区域逐年减排可在①中体现。污染物的干湿沉降,根据逐月的降雨量,并结合区域面积均匀分配,作为旁侧源汇入项加入模型计算中。旁侧污染物处理:污染物随水流从上游向下游演进,同时均匀吸纳旁侧污染物,如图 4-7。

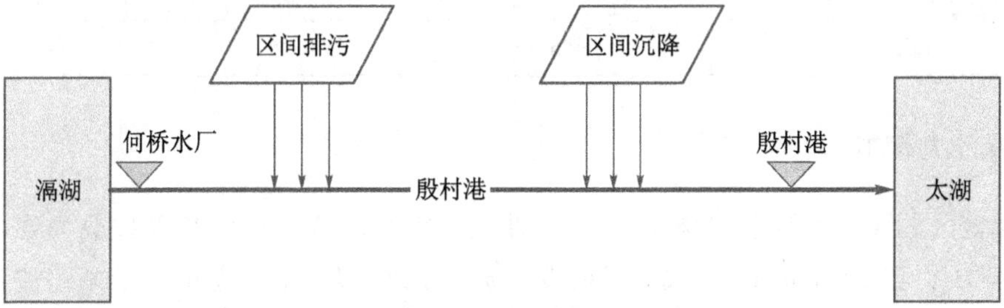

图 4-7　河流沿岸旁侧污染物汇入示意图

4.4　模型参数率定

4.4.1　模型精度评判指标

目前水质响应模拟、预报国家尚没有精度评判指标。本书参照国标 GB/T 22482—2008《水文情报预报规范》及“十一五”国家水体污染控制与治理科技重大专项流域水环境风险评估与预警技术项目研究成果,制定总量减排-水质响应模型精度评判方法。

《水文情报预报规范》中相对误差是对洪峰、洪量而言,规定相对误差小于 20%为许可误差。

水质模拟计算中,仅当发生水污染事故时才出现污染物峰值,难以获取峰值资料。再者,水情洪峰流量数值常在 100～10 000 数量级,而水质污染物数值常在 0.001～10 数量级。可见,如引用洪峰流量预报的允许相对误差不完全适用于水质预报。鉴于"十一五"国家水体污染控制与治理科技重大专项流域水环境风险评估与预警技术项目研究成果及模拟计算与实测数据间的误差分析,提出总量减排-水质响应模型模拟允许误差指标,如表 4-1。

表 4-1　总量减排-水质响应模型模拟允许误差

预报项目允许误差(%)	总磷	总氮	氨氮	高锰酸盐指数
	25	25	25	25

依据《水文情报预报规范》和"十一五"国家水体污染控制与治理科技重大专项流域水环境风险评估与预警技术项目研究成果,提出总量减排-水质响应模型模拟合格率的概念,并参照《水文情报预报规范》合格率的计算公式如下:

$$QR = \frac{n}{m} \times 100\% \tag{4-10}$$

式中:QR 为合格率(取 1 位小数); n 为合格预报次数; m 为预报总次数。

总量减排-水质响应模型模拟按合格率评定标准如表 4-2。

表 4-2　总量减排-水质响应模型模拟合格率评定标准

合格率(%)	甲等	乙等	丙等
QR	≥85	70～85	60～70

4.4.2　水动力模拟

在示范区的 4 条河流中,殷村港设站条件及收集到的资料对调整参数最为理想。收集了 2014 年 1 月至 2014 年 11 月底的殷村港上游何桥站、殷村港下游殷村港站的流量资料及 2014 年全年的太湖水位资料,模拟殷村港河网的流场。在计算中,上游边界为何桥站的流量过程;下游边界为太湖水位过程。计算采用变步长迭代,设定平均时间步长为 120 s、最小时间步长为 60 s、最大时间步长为 400 s,存储时间为 4 600 s,模拟计算结果,计算过程与实测过程吻合,平均水位相对误差 4.02%,如图 4-8,模型参数取值如表 4-3。

鉴于太滆运河、漕桥河的流域气候及地理环境与殷村港相似,其水动力参数借用殷村港的水动力参数。

表 4-3　水动力学模型计算参数

水流收敛系数 Flow convergence parameter	0.01
水位收敛系数 Water stage convergence parameter	0.01
Preissmann 正方形权重 Preissmann Box Weighting	0.1
缓修正因子 Under relaxation factor	0.7

续表

矩阵哑元系数 Matrix dummy coefficient	0
最小迭代数 Minimum Number of Iterations	2
最大迭代数 Maximum Number of Iterations	6
最小佛汝得数 Lower Froude limit	0.75
最大佛汝得数 Upper Froude limit	0.9
最小水深 Minimum water depth	0.1
河网糙率系数 Roughness	0.4～0.5

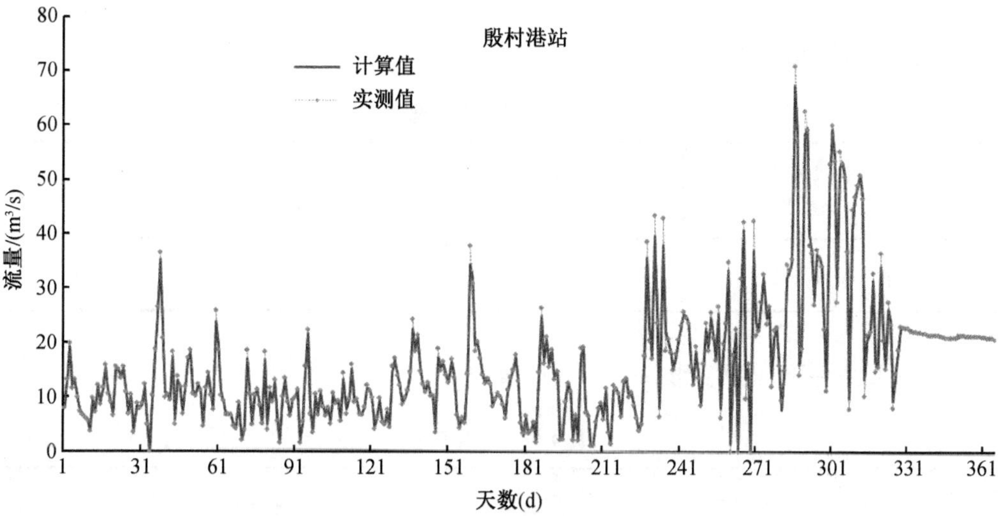

图 4-8 水动力模拟计算结果

4.4.3 水质模拟

本书中 2011—2013 年殷村港流域高锰酸盐指数和氨氮排放量的减排指标是通过收集到实际数据，依据宜兴、武进地区统计年鉴，按照示范区所在 3 个镇的国土面积占比测算该示范区域的减排量。2014、2015 年的减排量采用《太湖流域水环境综合治理总体方案》(2014)中的减排指标控制量，即 2015 年较 2010 年下降比例(%)：高锰酸盐指数 12，氨氮 11.6，平均分配到各年，如表 4-4。

表 4-4 2011—2014 年殷村港流域污染物排放量减少百分数(%)

减排量 污染物	2011 比上一年	2012 比上一年	2013 比上一年	2014 比上一年	2015 比上一年
高锰酸盐指数	10.40	8.28	4.44	2.4	2.4
氨氮	10.56	5.86	5.64	2.42	2.42

在水动力计算的基础上输入上游何桥水厂站的实测高锰酸盐指数和氨氮浓度数据及流域总减排量，模拟殷村港的污染物的传播与变化过程。

用平流方程描述污染物的扩散过程，采用 SMART 法则求解，计算时间步长选取 20 s，存储步长为 86 400 s(即一天)。污染物变化模拟中采用降解模型，其中总氮(TN)、总磷(TP)、高锰酸盐指数的降解系数、氨氮的硝化系数均与水温有关，水温越高、活性越强，模型对河道水温同步进行了模拟，在此基础上采用 Arrhenius 经验公式(即速率常数与温度之间的关系式)来描述上述反应系数与水温之间的关系，以 20℃为中心(20℃时值为 1)，随温度升高而增加，反之亦反。Arrhenius 公式如下：

$$F(T)=\Theta\hat{}(T-20)$$

温度系数 Θ 取值如下。

表 4-5　温度系数取值

	总磷的降解系数	总氮的沉降系数	高锰酸盐指数的降解系数	氨氮的硝化系数
Θ	1.047	1.047	1.023	1.043

温度 20℃条件下，各污染物降解系数取值如下。

表 4-6　降解系数

污染物	降解系数(day^{-1})
总磷	0.005
总氮	0.003
氨氮	0.05
高锰酸盐指数	0.10

4.4.4　模型精度验证

殷村港的高锰酸盐指数和氨氮的模拟与实测过程比较，如图 4-9 至图 4-20 及表 4-7，验证模型精度。

将 2013 年 1 月至 2013 年 12 月实测污染物浓度数据输入，模拟殷村港、太滆运河、漕桥河的污染物的传播与变化过程。

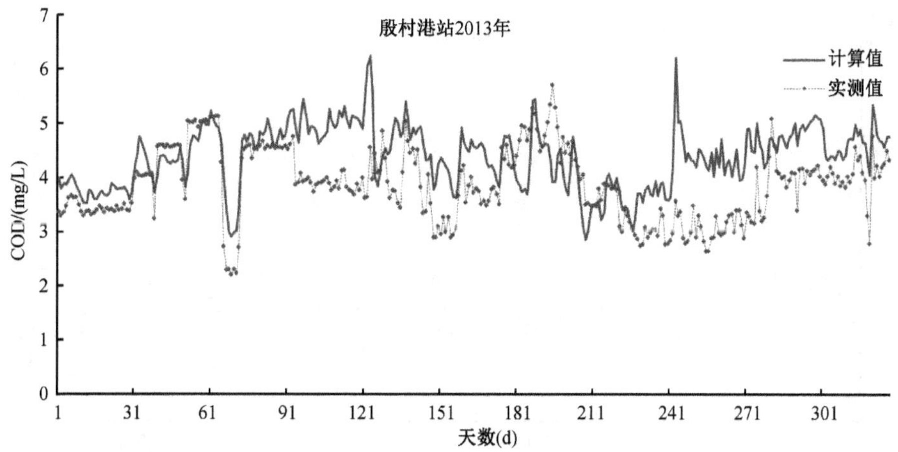

图 4-9　殷村港 COD 模拟计算结果

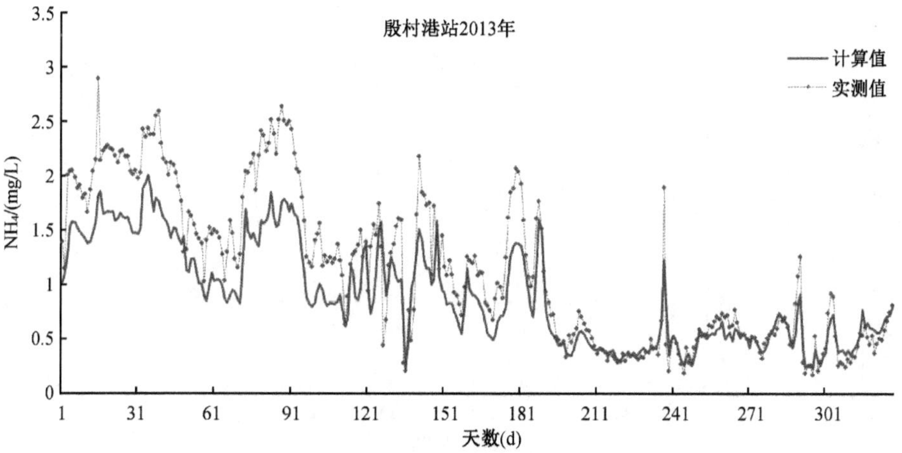

图 4-10　殷村港 NH_4 模拟计算结果

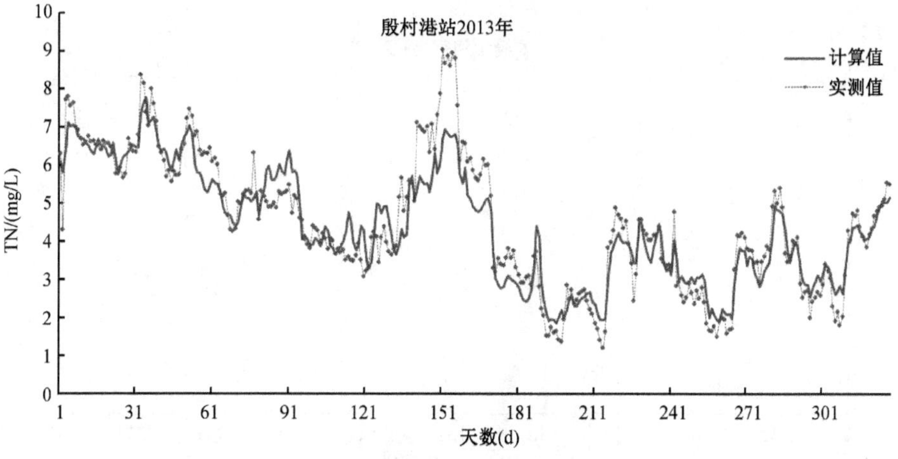

图 4-11　殷村港 TN 模拟计算结果

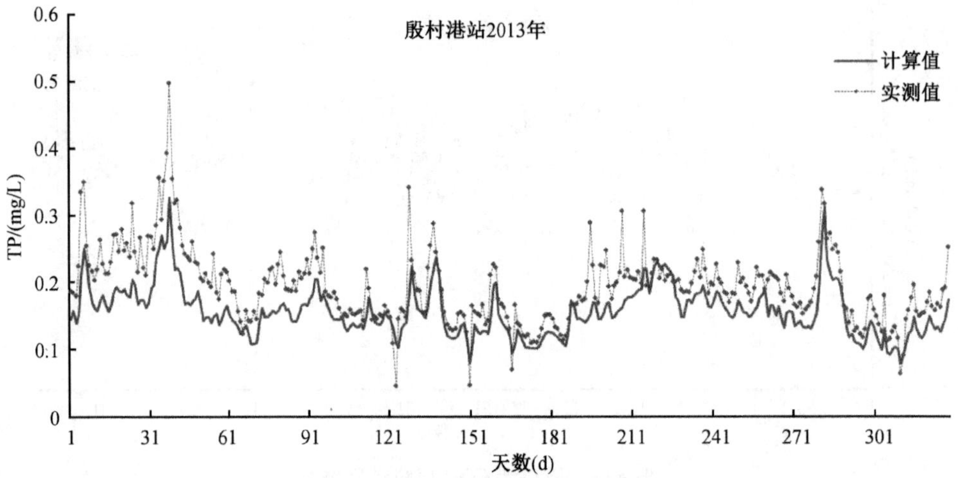

图 4-12 殷村港 TP 模拟计算结果

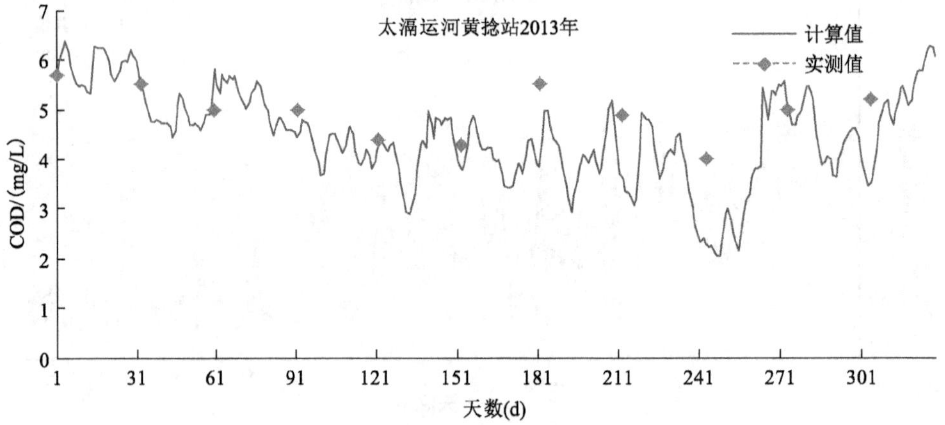

图 4-13 太滆运河 COD 模拟计算结果

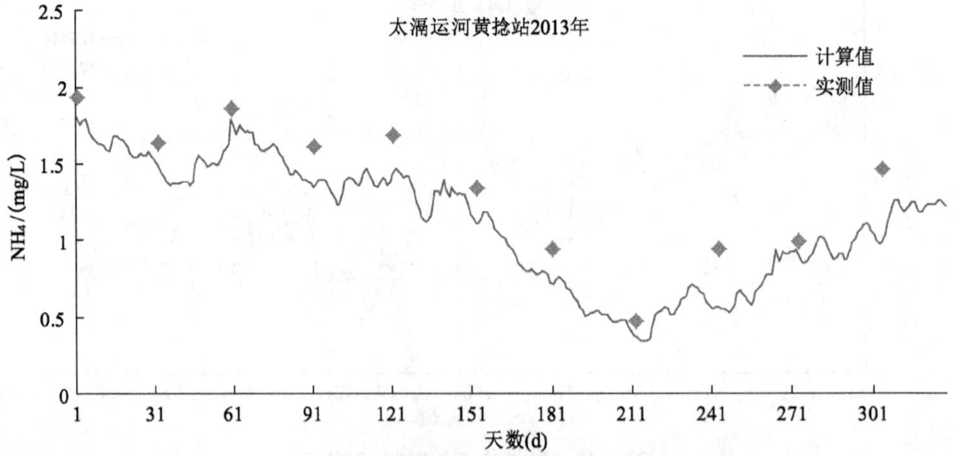

图 4-14 太滆运河 NH_4 模拟计算结果

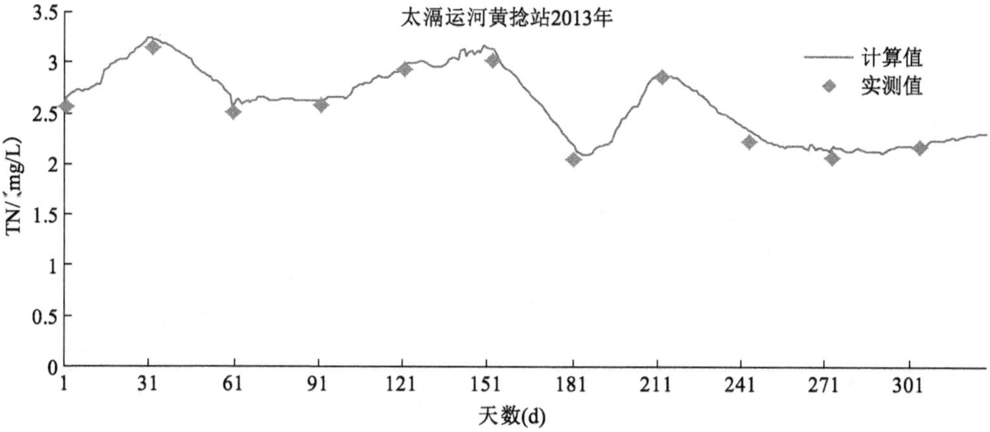

图 4-15　太滆运河 TN 模拟计算结果

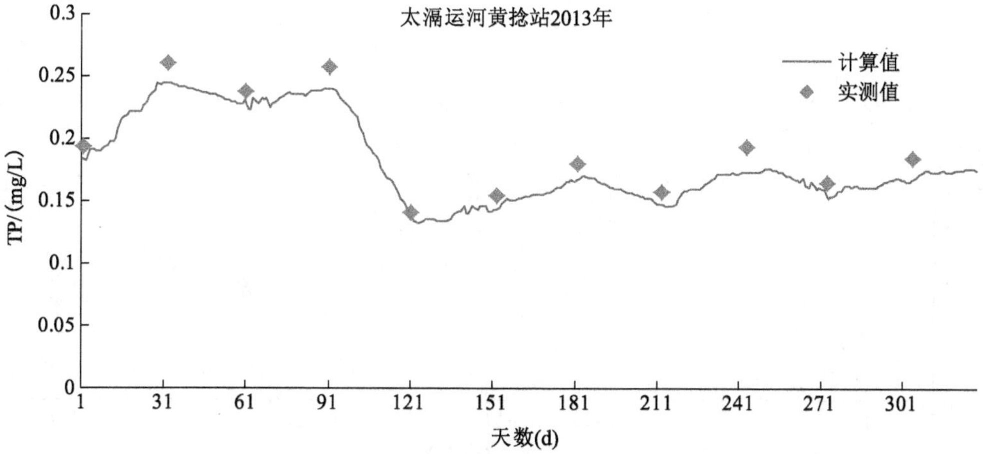

图 4-16　太滆运河 TP 模拟计算结果

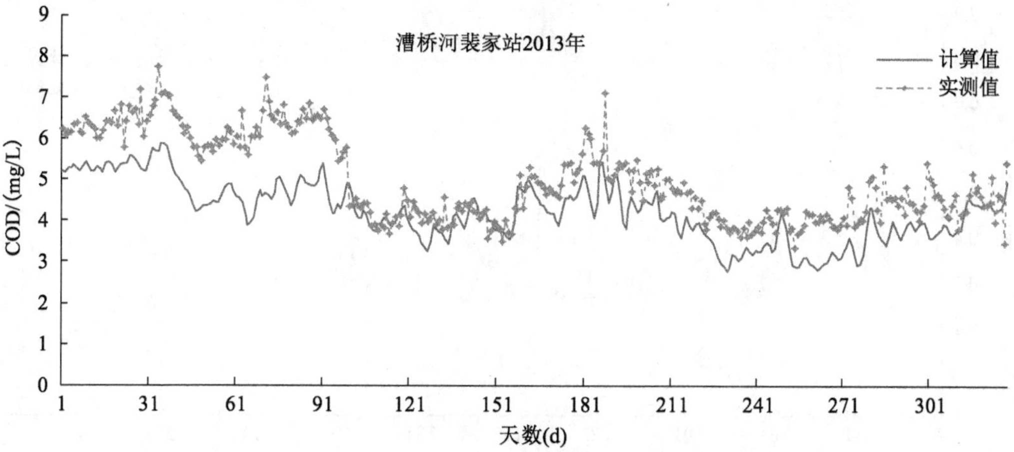

图 4-17　漕桥河 COD 模拟计算结果

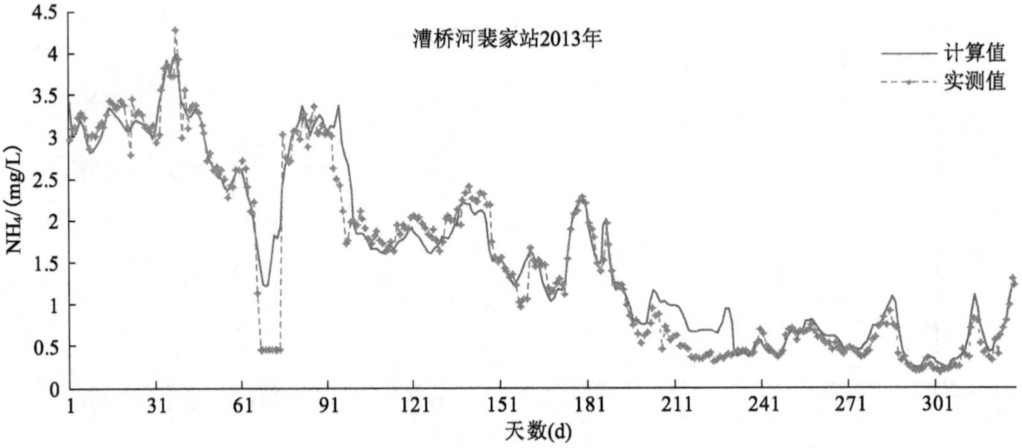

图 4-18 漕桥河 NH_4 模拟计算结果

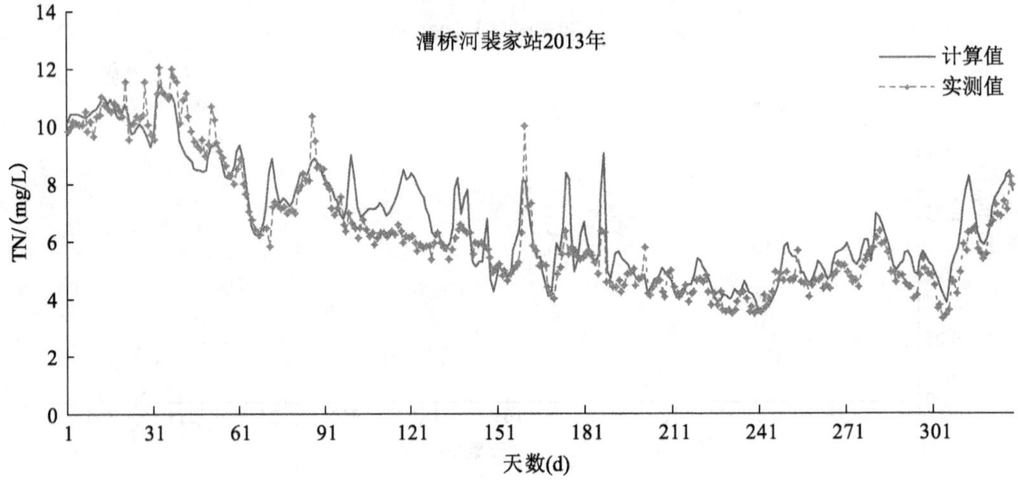

图 4-19 漕桥河 TN 模拟计算结果

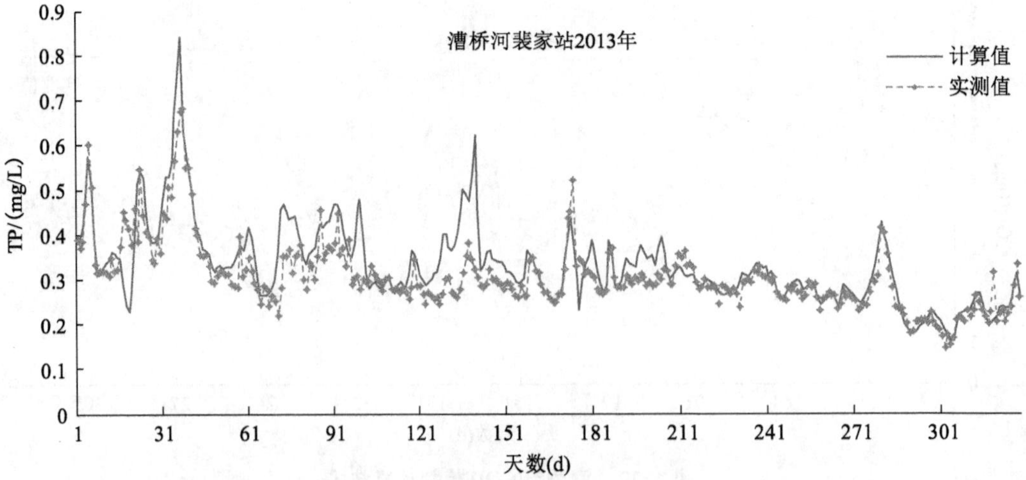

图 4-20 漕桥河 TP 模拟计算结果

表 4-7　各河流水质指标水质模拟计算值与实测值比较

河流名称		COD(mg/L)	NH_4(mg/L)	TN(mg/L)	TP(mg/L)
殷村港	实测(平均)	3.864	1.142	4.489	0.193
	计算(平均)	4.384	0.902	4.409	0.157
	相对误差(%)	13.47	−21.00	−1.80	−18.91
太滆运河	实测(平均)	5.009	1.352	2.540	0.193
	计算(平均)	6.166	1.553	2.138	0.236
	相对误差(%)	23.10	14.87	−15.83	21.93
漕桥河	实测(平均)	4.993	1.544	6.341	0.306
	计算(平均)	4.278	1.566	6.753	0.322
	相对误差(%)	−14.31	1.38	6.50	5.25

殷村港 4 种污染物模拟计算误差均小于 25%，在 4 种污染物模拟计算中氨氮模拟值与实测值比较误差最大为−21%；太滆运河 4 种污染物模拟计算误差最大的是高锰酸盐指数，误差为 23.10%；漕桥河 4 种污染物模拟计算误差均小于 15%，在 4 种污染物模拟计算与实测值比较误差最大是高锰酸盐指数，误差−14.31%，达到乙等标准，可投入应用。

表 4-8　2015—2020 年各污染物减排指标

污染物	高锰酸盐指数	氨氮	总磷	总氮
减排指标(%)	6.1	7.9	17.9	15

4.5　模型应用

通过模型计算，即可根据不同年份的区域总量减排指标模拟出河流入湖口断面的各水质指标的浓度值，评估其减排的效果；也可根据入湖口断面的各水质指标的目标浓度值，通过模型计算获得区域的减排指标值，从而推算出减排量。

4.5.1　规划年份模拟

(1) 基准年选取

收集到最近年份—2015 年，殷村港、漕桥河、太滆运河的水情及污染浓度过程资料(如图 4-21～图 4-23)。但 2015 年太湖流域年降雨量达 1 522.3 毫米，较常年同期偏多 31%，位列 1951 年以来历史第 3 位，仅次于 1954、1999 年两个流域性大洪水年份。可见，2015 年的水情不适合作为基准年。

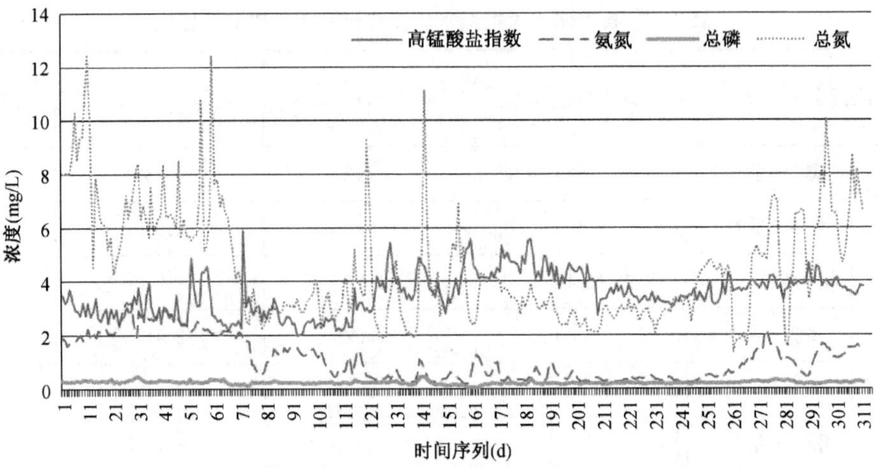

4-21 殷村港基准年(2015 年)逐日污染物入湖浓度

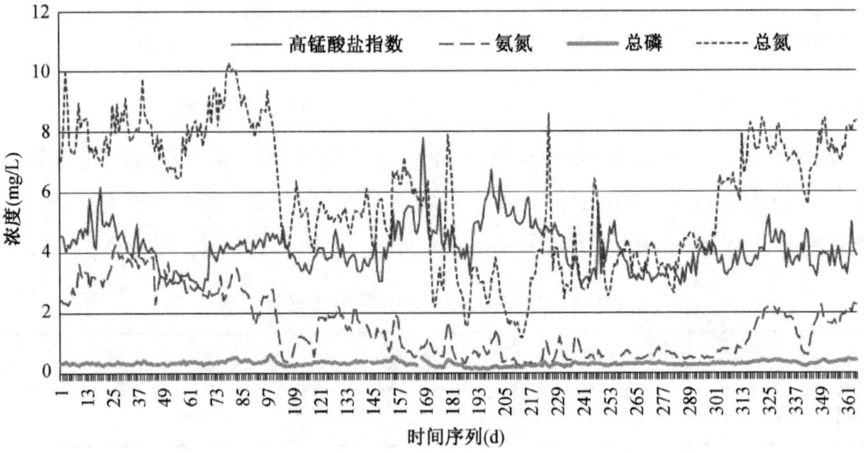

图 4-22 漕桥河基准年(2015 年)逐日污染物入湖浓度

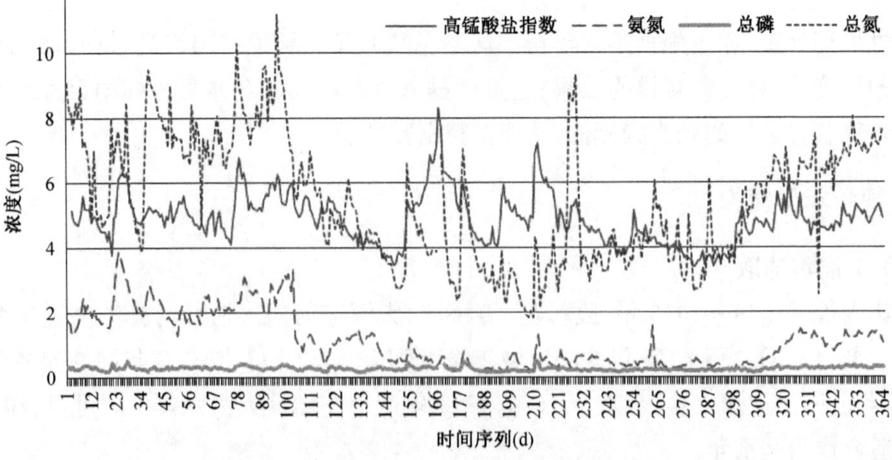

图 4-23 太滆运河基准年(2015 年)逐日污染物入湖浓度

2013 年，太湖流域年降水量 1 091 mm，比常年少 7.4%，年降水频率约 66%，即中等干旱偏不利水文年份，适合选择作为水文基准年。组合 2013 年水情过程和 2015 年污染物的浓度过程作为规划年计算的基准年输入资料。

计算得规划年(2020 年)殷村港、太滆运河和漕桥河的逐日高锰酸盐指数、氨氮、总磷、总氮浓度如图 4-24 至图 4-26。

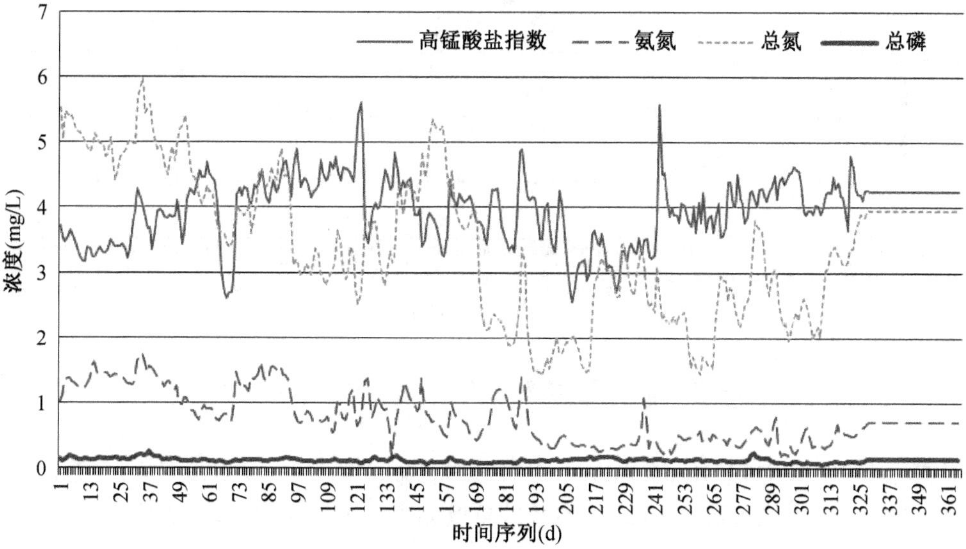

图 4-24　殷村港规划年(2020 年)逐日污染物入湖浓度

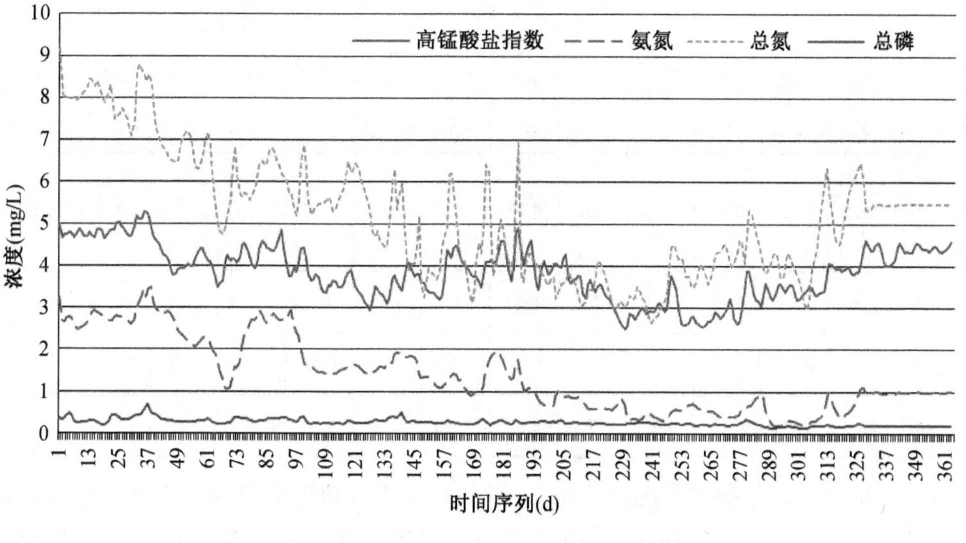

图 4-25　太滆运河规划年(2020 年)逐日污染物入湖浓度

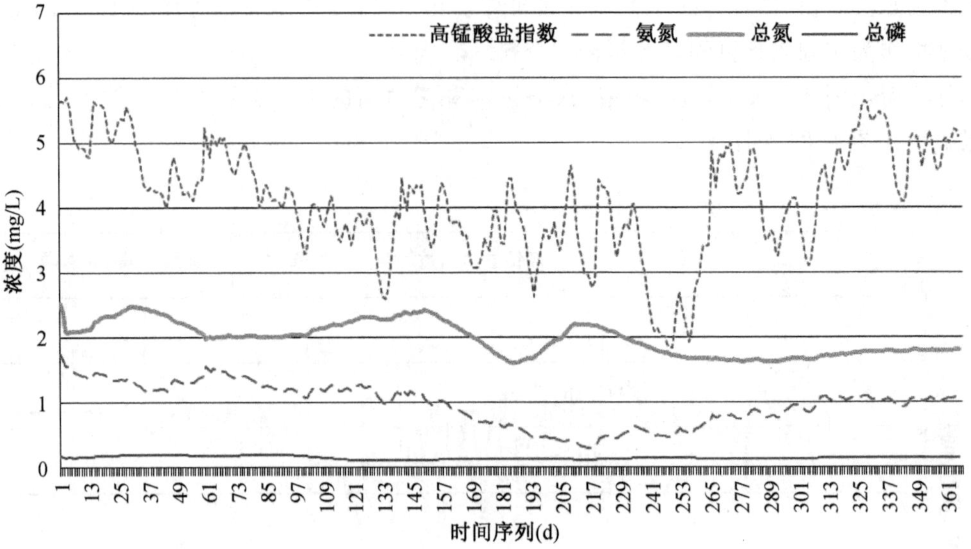

图 4-26 漕桥河规划年(2020 年)逐日污染物入湖浓度

规划年(2020 年)殷村港、太滆运河和漕桥河高锰酸盐指数、氨氮、总磷、总氮的年均入湖浓度、入湖污染物总量及较 2015 年的减排总量如表 4-9 所示,总体达Ⅳ类水。

表 4-9 规划年(2020 年)均污染物入湖浓度、总量及较 2015 年的减排总量

河流	殷村港					漕桥河					太滆运河				
流量	0.45(m^3/s)					0.21(m^3/s)					0.21(m^3/s)				
年份	2015		2020		减排量(万 t)	2015		2020		减排量(万 t)	2015		2020		减排量(万 t)
	浓度(mg/L)	总量(万 t)	浓度(mg/L)	总量(万 t)		浓度(mg/L)	总量(万 t)	浓度(mg/L)	总量(万 t)		浓度(mg/L)	总量(万 t)	浓度(mg/L)	总量(万 t)	
高锰酸盐指数	4.971	7.05	4.516	6.41	0.64	4.94	3.27	4.844	3.21	0.06	4.14	2.74	4.121	1.81	0.93
氨氮	1.091	1.55	0.78	1.11	0.44	1.556	1.03	1.469	0.97	0.06	1.556	1.03	0.977	0.69	0.34
总磷	0.216	0.31	0.129	0.18	0.13	0.42	0.28	0.261	0.17	0.11	0.42	0.28	0.147	0.14	0.14
总氮	4.489	6.37	4.444	6.31	0.06	5.841	3.87	5.194	3.44	0.43	5.841	3.87	1.987	3.21	0.66

流域总量减排必然导致入湖河流水质趋好,如希望规划年水质改善到某一程度时,则需确定减排量。按年减排 0.5%~5%每 0.5%为一等级计算下一年度(2016 年)殷村港、太滆运河和漕桥河的高锰酸盐指数、总氮、氨氮和总磷入太湖年平均污染物浓度,如表4-10~表4-12。

表 4-10　殷村港减排效果

减排量(%)	高锰酸盐指数(mg/L)	氨氮(mg/L)	总氮(mg/L)	总磷(mg/L)
5.0	4.410	0.847	4.294	0.149
4.5	4.415	0.849	4.402	0.150
4.0	4.420	0.842	4.411	0.150
4.5	4.426	0.845	4.420	0.151
4.0	4.441	0.847	4.429	0.151
2.5	4.447	0.850	4.448	0.152
2.0	4.442	0.854	4.447	0.152
1.5	4.447	0.855	4.456	0.154
1.0	4.454	0.858	4.465	0.154
0.5	4.458	0.861	4.474	0.154

表 4-11　太滆运河减排效果

减排量(%)	高锰酸盐指数(mg/L)	氨氮(mg/L)	总氮(mg/L)	总磷(mg/L)
5.0	4.405	1.057	2.492	0.172
4.5	4.419	1.060	2.497	0.174
4.0	4.444	1.064	2.501	0.174
4.5	4.446	1.066	2.505	0.174
4.0	4.460	1.069	2.510	0.174
2.5	4.474	1.072	2.514	0.174
2.0	4.487	1.075	2.519	0.175
1.5	4.401	1.077	2.524	0.175
1.0	4.415	1.080	2.527	0.176
0.5	4.428	1.084	2.542	0.176

表 4-12　漕桥河减排效果

减排量(%)	高锰酸盐指数(mg/L)	氨氮(mg/L)	总氮(mg/L)	总磷(mg/L)
5.0	4.078	1.505	6.501	0.411
4.5	4.088	1.508	6.514	0.411
4.0	4.098	1.511	6.525	0.412

续表

减排量(%)	高锰酸盐指数(mg/L)	氨氮(mg/L)	总氮(mg/L)	总磷(mg/L)
4.5	4.107	1.514	6.548	0.412
4.0	4.117	1.517	6.550	0.414
2.5	4.127	1.520	6.562	0.414
2.0	4.147	1.524	6.574	0.414
1.5	4.146	1.526	6.587	0.414
1.0	4.156	1.529	6.599	0.415
0.5	4.166	1.542	6.611	0.416

4.5.2 江苏省环太湖河流入湖污染物浓度计算

除了殷村港、漕桥河、太滆运河外，江苏省境内入太湖的还有梁溪河、小溪港、直湖港、陈东港、大港河、大浦港、官渎港、洪巷港、社渎港、乌溪港、武进港、望虞河 12 条主要河流，特性如表 4-13。

表 4-13　12 条主要入太湖的河流特性

序号	河名	入湖站	河流长(km)
1	梁溪河	蠡桥	5.08
2	小溪港	小溪港桥	5.9
3	直湖港	杨家村	14.54
4	陈东港	陈东桥	2.24
5	大港河	大港桥	9.91
6	大浦港	大浦港	28.91
7	官渎港	官渎桥	4.48
8	洪巷港	洪巷桥	5.45
9	社渎港	社渎港	14.01
10	乌溪港	乌溪港桥	2.52
11	武进港	姚巷桥	11.6
12	望虞河	412 国道桥	14.18

以 2015 年为基准年，根据《太湖流域水环境综合治理总体方案》(2013 修编)确定的总量减排指标。计算得规划年(2020 年)环太湖其他 12 条河的逐日高锰酸盐指数、氨氮、总磷、总氮浓度如表 4-14。

表 4-14　2020 年江苏省环太湖 12 条主要河流污染物入湖浓度

河道	高锰酸盐指数(mg/L)	氨氮(mg/L)	总氮(mg/L)	总磷(mg/L)
陈东港	4.40	0.69	4.41	0.15
大港河	1.52	0.20	4.25	0.01
大浦港	4.57	0.68	4.12	0.11
官渎港	4.49	1.00	4.10	0.12
洪巷港	4.26	0.84	4.07	0.16
梁溪河	4.77	0.62	2.08	0.08
社渎港	4.55	1.12	4.61	0.12
望虞河	2.84	0.25	1.81	0.10
武进港	4.14	1.12	4.98	0.11
乌溪港	4.17	0.96	4.81	0.14
小溪港	4.77	0.62	2.09	0.08
直湖港	4.66	0.99	4.69	0.11

第五章
太湖流域主要水污染物总量减排环境绩效评估方法

为了更好地支撑总量减排研究,促进其在环境管理工作中的实际应用,为环境管理服务,在调研国内外污染物减排、治理效果环境绩效评估方法的基础上,结合总量减排政策目标、环境管理措施及总量减排工程等情况,对总量减排体系和效果进行系统分析,科学选取了社会经济发展指标、污染物排放指标、环境质量指标、总量减排考核指标等,构建评估模式,建立流域内主要水污染物总量减排的环境绩效评估指标体系与评估方法。本书的太湖流域(江苏)主要水污染物总量减排环境绩效评估是一种内部管理工具,实施的主体是流域管理部门,目的是帮助决策者提高管理水平。它要根据国家、地区、行业的有关法律法规、标准和规范确定环境绩效准则,并依据准则确定环境绩效评估指标体系,之后利用收集到的资料和数据进行评价,它是一个持续改进的过程,其技术路线见图 5-1。

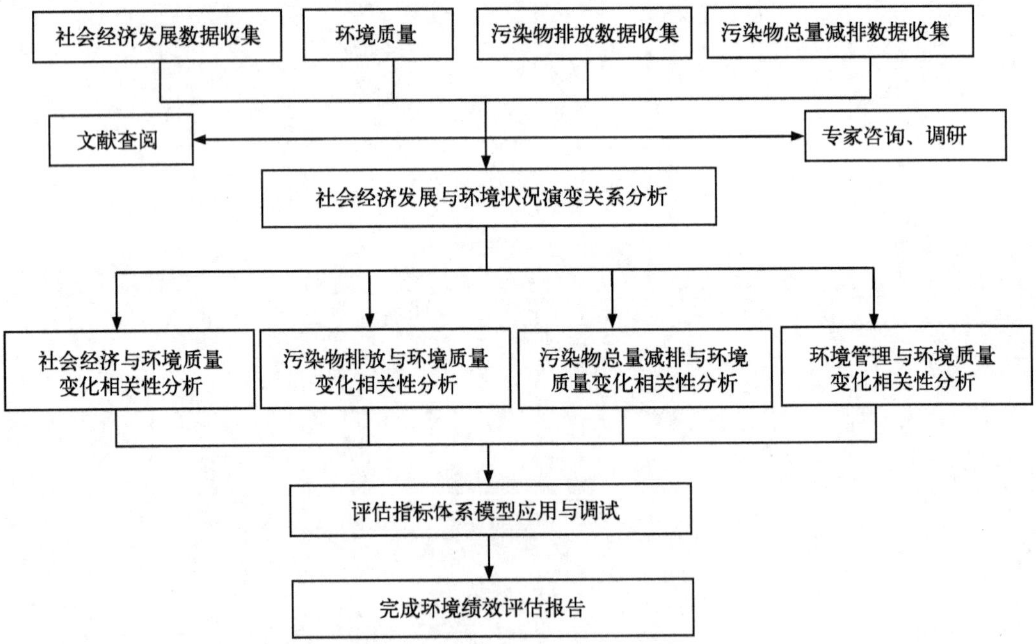

图 5-1　技术路线

5.1 太湖流域污染物排放与环境质量状况分析

5.1.1 水污染物排放情况

1. 全流域分析

根据江苏省“十一五”末污染物排放总量统计数据，太湖流域(江苏)化学需氧量排放总量为 21.36 万 t，氨氮排放总量为 3.04 万 t；与 2005 年化学需氧量排放总量 58.60 万 t、氨氮排放总量 6.42 万 t 相比，分别减少了 63.55%和 52.65%(表 5-1)。

太湖流域 2011 年主要污染物排放总量比 2010 年总体上有所减少，其中 2011 年化学需氧量排放总量为 20.1 万 t，比 2010 年减少 6%；氨氮 2011 年排放总量为 2.92 万 t，比 2010 年减少 4%。

表 5-1 2005 与 2010 年江苏省太湖流域主要水污染物排放情况对比

分类	2005 年				2010 年			
	化学需氧量		氨氮		化学需氧量		氨氮	
	排放量（万 t）	比重（%）	排放量（万 t）	比重（%）	排放量（万 t）	比重（%）	排放量（万 t）	比重（%）
工业	20.57	35.10	2.64	41.10	7.53	35.24	0.49	15.97
城镇生活	14.46	24.70	1.23	19.10	8.55	40.03	1.97	64.86
农业面源	23.56	40.20	2.56	39.80	5.28	24.73	0.58	19.17
小计	58.60	100	6.42	100	21.36	100	3.04	100

但由于区域产业发展过程中，产业结构和布局未得到很好规划，高能耗高污染化工、印染等行业依然是部分乡镇的支柱产业；农村面源污染治理滞后，城镇污水处理广度和深度不够等种种历史原因，太湖流域水污染形势依然严峻，总体呈现出工业结构性污染突出、农业面源污染难以控制和城镇生活污染比重增加等特点。

2. 区域分析

(1) 主要污染物排放量

29 个地区主要污染物排放量对比分析表明，主要污染物排放量的区域差异性十分显著。从化学需氧量排放量来看：2010 年 12 个地区的化学需氧量排放量较大，按排放量递减依次为吴江市(区)、张家港市、江阴市、常州市武进区、常熟市、丹阳市、太仓市、宜兴市、溧阳市、昆山市、苏州市吴中区、金坛市(区)，合计 17.04 万 t，占总排放量的 80%；2011 年化学需氧量排放量依然主要集中在吴江市(区)、张家港市、江阴市、常州市武进区、常熟市、丹阳市、太仓市、宜兴市、溧阳市、昆山市、苏州市吴中区、金坛市(区)12 个地区，合计 16.22 万 t，占总排放量的 81%。从氨氮排放量来看：2011 年吴江市(区)、张家港市、常州市武进区、常熟市、昆山市、丹阳市、苏州工业园区、太仓市、宜兴市、苏州市吴中区、江阴市、溧阳市、苏州市虎丘区、苏州平江区 14 个地区氨氮排放量较高,共计 2.24 万 t,占总排放量的 77%。将化学需氧量和氨氮排放量合并来看,吴江市(区)、张家港市、常州市武进区、常熟市 4 个地区的污染物排放量最高,见表 5-2。

这种污染物排放量的地区性差异与行业空间分布的差异性一致。太湖流域污染密集型行业中,纺织业以吴江市(区)污染物排放量最大,江阴市、常州市武进区、张家港市、常熟市等区域污染也比较大;化工污染最为严重的区域主要位于常州市武进区;冶金污染最为密集的区域主要有常州市武进区、张家港市等。

吴江市(区)、张家港市、常州市武进区、常熟市这 4 个地区的污染密集型行业较多,因此污染物排放量也在太湖流域位于前列。

表 5-2　2011 年太湖流域各地区主要污染物排放量

单位:万 t/a

序号	县(市、区)	化学需氧量排放量	氨氮排放量
1	无锡市崇安区	659.72	39.22
2	无锡市南长区	1 164.3	65.39
3	无锡市北塘区	1 143.62	66.7
4	无锡市锡山区	3 862.54	566.98
5	无锡市惠山区	4 500.8	364.09
6	无锡市滨湖区	2 931.07	347.07
7	无锡市新区	4 248.56	374.54
8	江阴市	14 766.78	1 098.11
9	宜兴市	10 893.73	1 410.21
10	常州市天宁区	2 202.14	694.31
11	常州市钟楼区	1 343.64	670.49
12	常州市戚墅堰区	406.29	146.05
13	常州市新北区	4 081.24	614.46
14	常州市武进区	17 425.41	2 126.91
15	溧阳市	10 797.26	1 157.99
16	金坛市	9 295.78	736.69
17	苏州市沧浪区	377.28	798.37
18	苏州市平江区	233.82	1 060.07
19	苏州市金阊区	356.23	521.06
20	苏州市虎丘区	3 500.88	1 014.18

续表

序号	县(市、区)	化学需氧量排放量	氨氮排放量
21	苏州市吴中区	9 528.49	1 407.88
22	苏州市相城区	6 081.48	716.63
23	苏州工业园区	1 715.96	1 639.45
24	常熟市	15 500.43	1 737.46
25	张家港市	17 337.19	2 127.3
26	昆山市	9 099.47	1 720.38
27	吴江市	21 754.47	2 762.38
28	太仓市	12 505.48	1 474.91
29	丹阳市	13 284.21	1 707.82
合计		200 998.27	29 167.1

(2) 主要污染物单位国土面积排放强度

各地区主要污染物单位国土面积排放强度见表 5-3。各地区主要污染物单位国土面积排放强度的区域差异性显著。其中化学需氧量排放强度较大的地区有无锡市崇安区、南长区、北塘区、新区，江阴市，常州市天宁区、钟楼区、戚墅堰区，张家港市，吴江市(区)等 10 个地区。而氨氮排放强度大的地区主要为常州市天宁区、钟楼区、戚墅堰区，苏州市沧浪区、平江区、金阊区，苏州工业园区等 7 个地区。由于污染物排放强度的地区差异，除了与污染物排放量有关外，主要还受各区域面积大小的影响，因此与污染物排放量的区域差异并不完全一致。

表 5-3　2011 年太湖流域各地区主要污染物单位国土面积排放强度

单位：t/km^2

序号	县(市、区)	化学需氧量排放强度	氨氮排放强度
1	无锡市崇安区	41.23	2.45
2	无锡市南长区	48.51	2.72
3	无锡市北塘区	36.89	2.15
4	无锡市锡山区	9.68	1.42
5	无锡市惠山区	13.85	1.12
6	无锡市滨湖区	4.66	0.55
7	无锡市新区	19.31	1.7
8	江阴市	14.96	1.11
9	宜兴市	5.46	0.71
10	常州市天宁区	33.88	10.68

续表

序号	县(市、区)	化学需氧量排放强度	氨氮排放强度
11	常州市钟楼区	20.05	10.01
12	常州市戚墅堰区	12.7	4.56
13	常州市新北区	9.01	1.36
14	常州市武进区	13.99	1.71
15	溧阳市	7.03	0.75
16	金坛市	9.52	0.75
17	苏州市沧浪区	13.47	28.51
18	苏州市平江区	10.17	46.09
19	苏州市金阊区	10.79	15.79
20	苏州市虎丘区	10.45	3.03
21	苏州市吴中区	4.66	0.69
22	苏州市相城区	12.41	1.46
23	苏州工业园区	5.96	5.69
24	常熟市	12.15	1.36
25	张家港市	17.51	2.15
26	昆山市	9.76	1.85
27	吴江市	17.57	2.23
28	太仓市	15.19	1.79
29	丹阳市	12.69	1.63

(3) 主要污染物单位 GDP 排放强度

各地区主要污染物单位 GDP 排放强度见表 5-4。对比分析 29 个地区的主要污染物排放强度可知,污染物排放强度同样存在明显的区域差异性。从化学需氧量排放强度来看:无锡市惠山区,宜兴市,常州市天宁区、戚墅堰区、武进区,溧阳市,金坛市(区),苏州市吴中区、相城区,常熟市,张家港市,吴江市(区),太仓市,丹阳等 14 个地区化学需氧量排放强度较大。从氨氮排放强度来看:常州市天宁区、钟楼区、戚墅堰区,溧阳市,金坛市(区),苏州市沧浪区、平江区、金阊区、吴中区、相城区,吴江市(区),太仓市,丹阳市等 13 个地区排放强度较大。

表 5-4 2011 年太湖流域各地区主要污染物单位 GDP 排放强度

单位:kg/万元 GDP

序号	县(市、区)	化学需氧量排放强度	氨氮排放强度
1	无锡市崇安区	0.18	0.01
2	无锡市南长区	0.61	0.03
3	无锡市北塘区	0.55	0.03
4	无锡市锡山区	0.8	0.12
5	无锡市惠山区	0.87	0.07
6	无锡市滨湖区	0.5	0.06
7	无锡市新区	0.39	0.03
8	江阴市	0.63	0.05
9	宜兴市	1.11	0.14
10	常州市天宁区	0.63	0.2
11	常州市钟楼区	0.41	0.21
12	常州市戚墅堰区	0.5	0.18
13	常州市新北区	0.65	0.1
14	常州市武进区	1.27	0.15
15	溧阳市	2.14	0.23
16	金坛市	2.55	0.2
17	苏州市沧浪区	0.21	0.44
18	苏州市平江区	0.17	0.79
19	苏州市金阊区	0.27	0.4
20	苏州市虎丘区	0.45	0.13
21	苏州市吴中区	1.36	0.2
22	苏州市相城区	1.44	0.17
23	苏州工业园区	0.11	0.1
24	常熟市	0.91	0.1
25	张家港市	0.93	0.11
26	昆山市	0.37	0.07
27	吴江市	1.82	0.23
28	太仓市	1.44	0.17
29	丹阳市	1.83	0.24

3. 水污染物排放与经济发展关系分析

(1) 主要污染物排放量与地区产值关系分析

2011 年,根据江苏省太湖流域主要污染物排放量和地区产值可以发现,主要污染物排放量和地区产值曲线基本一致,产值高的地区其污染物排放量也比较高。太湖流域 29 个地区 2011 年主要污染物排放量和地区生产总值的区域性差异对比见图 5-2、图 5-3。

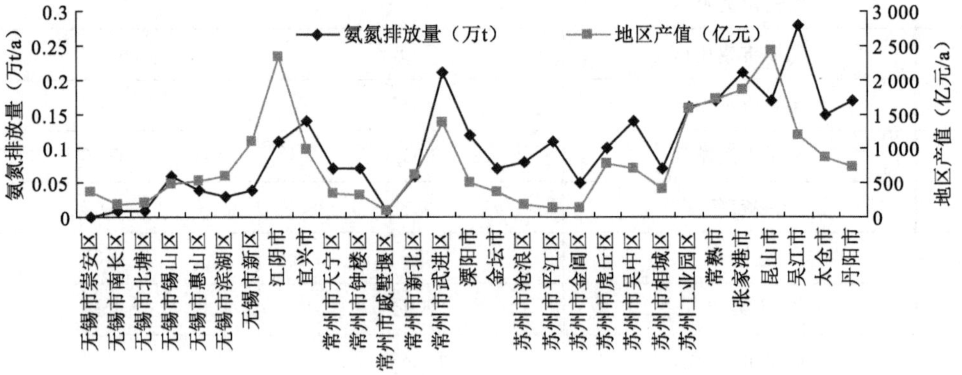

图 5-2 2011 年太湖流域各地氨氮排放量和地区产值

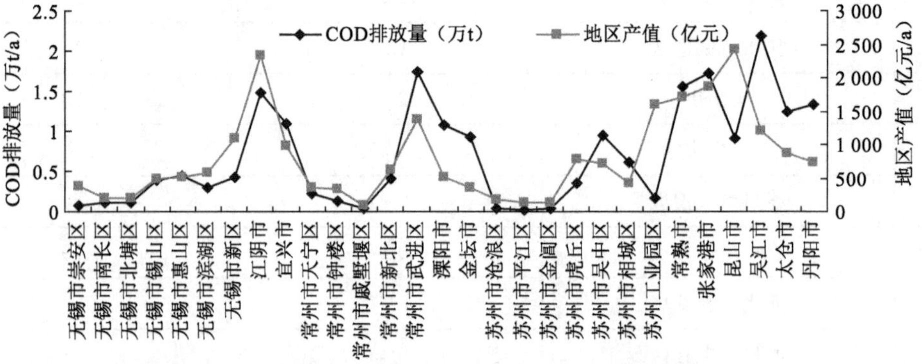

图 5-3 2011 年太湖流域各地 COD 排放量和地区产值

(2) 主要污染物单位 GDP 排放强度与地区产值关系

主要污染物单位 GDP 排放强度是反映随经济发展造成环境污染程度的指标,代表了单位 GDP 所产生的污染物的数量。分析 2011 年江苏省太湖流域主要污染物排放强度和地区产值可以发现,主要污染物排放强度和地区产值基本为相反的趋势,产值高的地区其污染物排放强度比较低,总体上呈现出高产出低污染强度的发展态势(图 5-4、图 5-5)。

究其原因可能是随着经济快速发展,生产方式向低能耗、低污染方面转变,产业结构向更科学合理的方向发展,当地能够投入更多的人力、物力、财力来进行污染防治,改善环境,所以随着产值增加,单位 GDP 产生的污染物反而减少了。

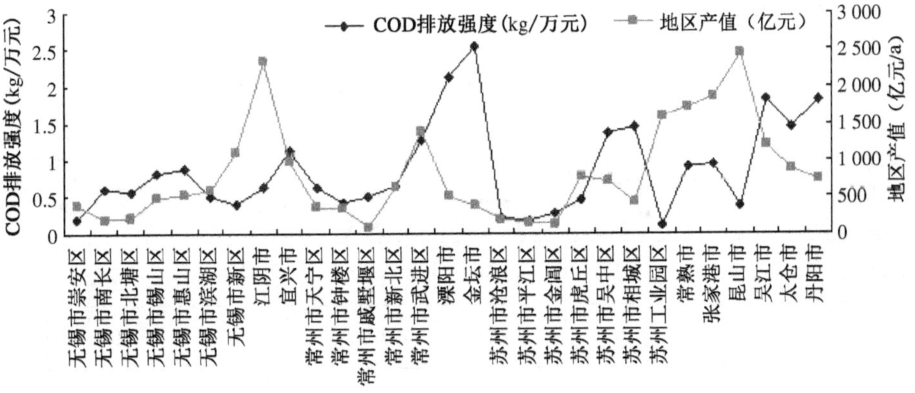

图 5-4　2011 年太湖流域各地 COD 排放强度和地区产值

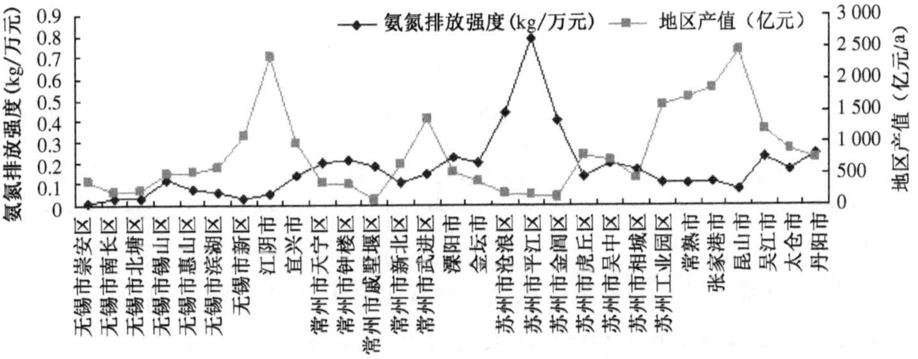

图 5-5　2011 年太湖流域各地氨氮排放强度和地区产值

因此，经济跨入起步阶段后，越是在经济发展水平相对较低时，其单位 GDP 的污染物排放量越大。从长远来看，污染减排并不会制约区域 GDP 的增长速度，在人均收入达到一定水平后，经济发展会有利于环境质量的改善。处于不同发展阶段的地区，只要处理好经济发展与环境保护之间的关系，完全可以避免“先污染，后治理”的老路，以环境保护优化经济发展是可以实现的。

5.1.2　水环境质量变化演变

(1) 水质现状

2011 年，受总氮影响太湖全湖平均水质劣于Ⅴ类，五个湖区中除五里湖水质为Ⅳ类、东部沿岸区水质为Ⅴ类外，其余 3 个湖区(西部沿岸区、梅梁湖和湖心区)水质均劣于Ⅴ类。与 2010 年相比，太湖湖体总体水质略有好转，总氮浓度下降 11.6%，高锰酸盐指数浓度和综合营养状态指数无明显变化，总磷浓度则上升 8.2%。

太湖湖体总体处于轻度富营养状态，综合营养状态指数为 58.5，5 个湖区中西部沿岸区处于中度富营养状态，其余 4 个湖区均处于轻度富营养状态。与 2010 年相比，太湖全湖及五个湖区综合营养状态均无明显变化，见表 5-5。

表 5-5　2011 年太湖湖体水质监测结果

单位：mg/L

湖区名称	氨氮	高锰酸盐指数	总磷	总氮	水质类别	综合营养状态指数	综合营养状态
五里湖	0.10	4.2	0.058	1.08	Ⅳ	55.2	轻富
梅梁湖	0.16	4.8	0.069	2.22	劣Ⅴ	59.0	轻富
西部沿岸区	0.90	5.1	0.125	3.44	劣Ⅴ	62.8	中富
湖心区	0.15	4.1	0.063	2.03	劣Ⅴ	56.4	轻富
东部沿岸区	0.17	3.2	0.048	1.78	Ⅴ	53.2	轻富
全湖	0.37	4.4	0.079	2.37	劣Ⅴ	58.5	轻富
2010 年	0.36	4.4	0.073	2.68	劣Ⅴ	58.5	轻富
变化	2.8%	0	8.2%	−11.6%	—	0	—

(2) 近三十年变化趋势

近三十年来，太湖湖体水质受氮磷污染影响有所恶化，从 80 年代中后期开始，湖体水质受总氮影响恶化为劣Ⅴ类，2007 年以来水质有所改善(见图 5-6)。

1981—1985 年，太湖流域水质Ⅰ—Ⅲ类、劣Ⅴ类断面比例分别在 50%、20%上下浮动。其后水质持续恶化，自“十五”起开始逐渐改善，由重度污染逐渐好转为轻度污染，Ⅰ—Ⅲ类断面比例上升至 30%，劣Ⅴ类断面比例降至 15%。

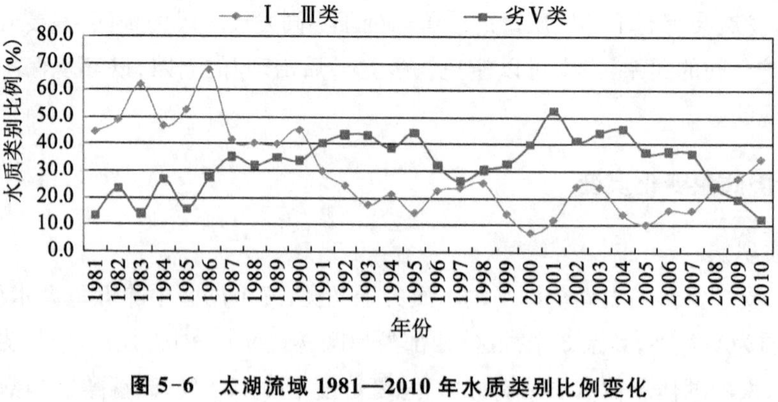

图 5-6　太湖流域 1981—2010 年水质类别比例变化

5.2 主要水污染物总量减排环境绩效评估体系的建立

5.2.1 评估体系构建思路及原则

构建太湖流域减排环境绩效评估体系的目的在于理清思路，正确把握太湖流域减排工作的实际情况和特点，明确减排的具体方向和内容，从而促进减排工作顺利开展。通过结合各地区污染控制现状与国家总量控制考核要求，构建太湖流域水污染物总量减排绩效评估体系，为科学评价各行政区域减排成效、制定相关减排策略及政策提供基础性技术支持。因此，在选取评估指标时，需要考虑以下四方面的因素：

一是，必须以满足国家总量控制考核为前提，充分利用现有指标的核算与考核体系，不与现行管理制度冲突；

二是，要充分考虑现行制度可能存在的弊端，进一步创新工作思路，将减排与环境质量挂钩；

三是，要兼顾污染防治、环保投入、人民群众对环境的主观感受等方面的因素；

四是，选取的经济指标不仅能够反映太湖流域结构性污染的问题现状，还能充分反映社会经济发展实际水平下的水污染物治理成效。

评估指标体系的构建应遵循以下原则：

导向性原则。太湖流域水污染物总量减排环境绩效评估体系应体现政策的导向性，保持与国家及江苏省的环保方针、政策、法规和目标的一致，指标选择以现有指标体系为基础，以满足国家减排考核要求为前提，充分考虑各地区污染减排工作中的薄弱环节及存在的问题，并有一定前瞻性，从而引导减排工作有序发展，利于促进政策的实施以及国民经济和社会发展指标相协调。

科学性原则。科学性是确保评估结果合理、准确的基础，因此，必须以科学态度选取指标，把握科学发展规律，以便真实有效地作出评价。指标体系的科学性主要体现在以下三个方面：一是全面、系统，指标体系应能全面、系统地对太湖流域各行政区域减排成效做出评价，应该包含反映减排效果和措施的各方面要素，并使之形成一个严谨、有机的整体；二是代表性，选取指标不能一味求全，应强调它们的代表性、典型性、通用性，尽可能选取最能体现太湖流域水污染物控制及减排效果的指标；三是独立性，应注意所选指标间的相关性问题，指标应尽量互不重叠且具有较强的独立性。

可操作性原则。指标的选择应具有易操作性，要简单明了、精炼，有利于把握太湖流域减排工作的重点。宜选择便于操作、易于获取的指标，有些指标虽然理论上很重要，但可操作性差，则不宜选用。

可比性原则。任何区域系统的系统结构都是一致的，构建的评估指标体系应在不同区域间具有相同的结构。不同区域之间水环境质量及相关污染物减排任务在不同空间、时间上具有一定的差异性，地域性很明显，建立指标体系时应充分考虑这种差异。指标设置既要符合太湖流域水污染物减排的实际情况，又要满足不同地区、不同时期对比的要求，能被不同地区认可。

层次性原则。评估指标体系作为一个整体，应该较全面反映区域减排成效的具体特征，确定各方面具体指标时，必须依据一定的逻辑规则，体现出合理的结构层次。减排不仅体现在污染物排放总量削减上，也应体现采取减排措施的成效及环保投入上，最终目标为环境质量改善、人民群众对环境满意。

动态性原则。作为现实存在的系统、联系和有序性是变化的，作为评判标准的评估体系需因时因地制宜地反映这种动态性变化。这种动态性在指标体系设置上体现在：一是指标设置的动态性，即指标因子和指标值应随着社会、经济、环境的发展作适当的调整；二是指标权重动态性。

以人为本的原则。设置太湖流域水污染物减排环境绩效评估体系进行区域评价的目的是促进太湖流域污染物减排、提升该地区的水环境质量，最终作用是提升人民群众的生活品质。因此，在指标选择时应该考虑体现与人民生活有关的要素，并能够反映出人的社会生活、环境及发展等各方面主客观感受与需求。

5.2.2 评估体系构建方法的确立

指标体系的构建主要包括指标因子的选择、指标权重的分配以及指标值的确定三个方面的内容。研究涵盖了两个重要的指标体系：考核指标体系和绩效评估体系。考核指标体系在构建的过程中，充分考虑国家各项环境政策以及污染物减排计划，选取的指标因子具有代表性和说服力，因此其考核结果能够直观地反映太湖流域主要县市的水污染减排工作的实效。研究以太湖流域主要县市为行政单元，设定具体的考核目标值，开展相应的考核计划。

在指标因子的选择上，研究尽量简化数字运算，采用层次分析法和德尔菲法相结合的构建方式。首先将水污染物总量减排指标体系分为目标层、准则层和指标层三个层次。第一层为目标层，为区域太湖流域减排成效水平；第二层为准则层，这一层由水污染物总量控制、环境质量状况、污染防治水平、群众对当地水环境的主观感受、社会经济发展水平五个方面构成。第三层为指标层，指标层在上述五个方面核心要素项下设立若干个评价目标，最终构成完整的环境绩效评估体系。评价目标设定时，摒弃层次分析法构造矩阵、计算权向量等烦琐的计算，采取德尔菲法，充分利用专家的智慧，并由研究人员根据相关构建原则逐个分析进行取舍。

指标权重的分配采用德尔菲法来确定。首先将上述方式确定的水污染物总量减排指标因子绘制成表，以匿名方式征询专家的意见，然后对每一轮意见进行汇总整理，结果作为参考资料再发放给各位专家，供他们分析判断，提出新的论证，直至专家意见趋于一致。据此，以各指标的均值作为确定该指标权数的依据。

指标值的确定主要以现有指标体系相关因子设置值为基础，结合江苏省太湖流域该指标的现状值，同时参考国内外先进水平进行确定，并与当地社会经济发展水平相一致。

5.2.3　考核指标体系的构建

1. 考核指标因子的筛选

(1) 污染物总量控制指标

① 国家污染物总量控制情况

总量控制制度是环境保护工作从控制污染物排放浓度到保护和改善环境质量的重要措施。“十一五”期间,遵循“对环境危害大的、国家重点控制的污染物严格控制”的原则,水污染物总量控制指标重点关注化学需氧量(COD)。国家专门在《“十一五”国民经济和社会发展五年规划纲要》中明确强调,到2010年环境污染物化学需氧量排放总量比2005年减少10%,成为主要约束性环境指标。“十一五”期间实施的总量控制是一个真正意义上的“有总量有控制”的排放总量控制,在新增量核定、减排量认定、减排管理体系、减排经济政策、减排责任制建立等方面积累了一定经验。

“十二五”我国落实减排目标责任制,强化污染物减排和治理,增加主要污染物总量控制种类,将主要水污染物增至两项,即化学需氧量和氨氮。至“十二五”末全国化学需氧量排放总量比2010年减少8%,氨氮排放总量比2010年减少10%。“九五”以来国家总量目标变化情况见表5-6。

表5-6　“九五”以来国家总量控制目标变化情况

时期	总量控制因子	总量控制目标
“九五”	水污染物:化学需氧量、石油类、氰化物、	2000年污染物排放总量基本上控制在1995年的水平
“十五”	水污染物:化学需氧量、氨氮	2005年污染物排放量比2000年减少10%
“十一五”	水污染物:化学需氧量	2010年化学需氧量排放总量比2005年减少10%
“十二五”	水污染物:化学需氧量、氨氮	全国化学需氧量排放总量比2010年减少8%,氨氮排放总量比2010年减少10%

② 太湖流域总量控制因子选择

根据《江苏省环境状况公报(2012年)》的水质分析可以看出,作为国家总量控制指标的化学需氧量和氨氮不是太湖流域主要污染因子,导致太湖湖体水环境质量较差的主要因子是总氮。另外,由于营养物质的排入以及底泥污染的释放,太湖湖体富营养化指数也偏高。因此,可考虑将总氮纳入太湖流域水污染物总量减排考核指标体系。

《江苏省“十二五”环境保护和生态建设规划》设定的建设指标中,水污染物控制指标除了纳入国家“十二五”要考核的化学需氧量和氨氮外,还将“太湖流域总磷排放量”作为预期性指标纳入,要求太湖流域“十二五”期间总磷排放量降低19.5%。该指标提出后,相关的监测、核算、考核细则也会不断完善,因此,也可考虑将总磷纳入太湖流域水污染物总量减排考核指标体系。

2007 年 7 月江苏省发布了《太湖地区城镇污水处理厂及重点工业行业主要水污染物排放限值》(DB 32/1072—2007)，提高太湖地区城镇污水处理厂及重点工业行业主要水污染物排放标准。在该地方标准中，设置了化学需氧量、氨氮、总氮、总磷四项指标。随着监测、监管措施的不断完善，环保部门能够掌握主要污染源这四项指标排放量数据，因此，实施这四项指标总量控制具备一定可操作性。

《太湖流域水环境综合治理总体方案》(2013 年修编)中，确定将化学需氧量(COD)、氨氮(NH_3—N)、总磷(TP)和总氮(TN)作为太湖流域污染物控制指标，并明确了 2015 年和 2020 年污染物控制目标，见表 5-7。

表 5-7 太湖流域主要污染物排放总量控制目标

流域	指标	化学需氧量	氨氮	总磷	总氮
太湖流域	2010 年排放量(t)	391 857	59 438	7 734	112 153
	2015 年总量控制目标(t)	345 457	52 588	6 816	100 818
	2015 年较 2010 年下降比例(%)	12.0	11.6	11.9	10.1
	2020 年总量控制目标(t)	324 395	48 431	5 598	85 702
	2020 年较 2015 年下降比例(%)	6.1	7.9	17.9	15.0

根据指标体系的构建原则，以国家考核因子为基础，结合太湖流域总量控制特征因子，筛选出太湖流域总量控制因子为四项：化学需氧量(COD)削减比例、氨氮(NH_3—N)削减比例、总氮(TN)削减比例和总磷(TP)削减比例。

(2) 环境质量指标

《太湖流域水环境综合治理总体方案》(2013 年修编)中，分别对近期(2012 年)、远期(2020 年)太湖湖体、太湖流域其他主要湖泊(滆湖、长荡湖、阳澄湖)、饮用水水源、流域主要河流设定了水质目标。由于太湖湖体、其他主要湖泊均不在同一考核区域内(县级市)，很难认定责任主体进行评价和考核。因此，水污染物考核指标体系研究不将太湖湖体及主要湖泊水质要求作为评价、考核内容。本书主要以各区域范围内主要河流的水质作为考核内容。

主要河流水质考核因子选择方面，主要考虑以下几个因素：

① 太湖流域所有县(市)、地级市均已建成国家级生态县(市)、生态市，在创建指标体系中，对环境质量考核的因子为“地表水环境质量达标率”。

② 《江苏省“十二五”环境保护和生态建设规划》(2012 年)设定的指标体系中，涉及水环境质量的指标有城乡集中式饮用水水源地水质达标率、地表水劣于Ⅴ类水质的比例、地表水好于Ⅲ类水质的比例、近岸海域环境功能区水质达标率。

③ 2012 年，江苏省发布了“江苏基本实现现代化指标体系”，该指标体系中，与水环境质量相关指标是“Ⅲ类以上地表水比例”。

基于以上考虑，并结合指标体系的构建原则，选定太湖流域水污染物总量减排考核体系的环境质量指标为：Ⅲ类以上地表水比例以及劣Ⅴ类地表水比例。这两个指标可反映一个地区水环境质量的优良程度。

(3) 污染控制水平指标

"十二五"期间，太湖流域水污染物总量控制指标为化学需氧量和氨氮，水污染物主要来源于工业废水、生活污水(包括城镇生活污水和农村生活污水)、农业污染(农业面源污染以及规模化畜禽养殖场污染)。

随着太湖流域工业点源和城乡污水治理逐步到位，农业面源污染占污染负荷的比重逐渐升高，已成为太湖治理的主要矛盾。农业污染控制方面，涉及指标较多，主要有农田化肥、农药施用强度、规模化畜禽养殖粪便综合利用率、农业灌溉水有效利用系数、主要农产品中有机、绿色及无公害产品种植面积的比重等。目前，太湖地区规模化畜禽养殖正逐步控制甚至取缔，未来畜禽养殖污染所占农业污染的比重较小，而农田面源污染所占比重较大，并且化肥的施用是农田排水中N、P的主要污染来源。因此，本书选取农用化肥施用强度(折纯)作为农业污染控制水平指标。

生活污染控制方面，目前主要控制指标有城区生活污水处理率、集镇建成区生活污水处理率和农村生活污水处理设施覆盖率三项。考虑实际考核工作开展的可行性，研究主要考核对象设定为太湖流域各主要县市，考核标准为各主要县市生活污水集中处理的能力，因此，本书在选取生活污染控制方面的指标的过程中，重点考虑城市(县城)污水处理率这一指标。

工业污染控制方面，在四个总量控制因子化学需氧量(COD)、氨氮、总氮、总磷中，工业总磷排放在总磷总量中所占比例很小，因此不将总磷纳入工业污染控制水平指标。《江苏省太湖水污染防治条例》(2010年11月1日施行)中规定："太湖流域一、二、三级保护区禁止新建、改建、扩建化学制浆造纸、制革、酿造、染料、印染、电镀以及其他排放含磷、氮等污染物的企业和项目"，未来工业氨氮、总氮污染将不是控制重点，工业化学需氧量(COD)排放量将是工业污染源的控制重点。但工业氨氮排放量作为一个常规污染控制指标有其重要的考核价值，因此，本书将单位GDP工业氨氮排放强度、单位GDP工业化学需氧量(COD)排放强度纳入工业污染控制水平指标。

(4) 环境管理指标

除污染物总量控制指标、环境质量指标、污染控制指标外，还有其他一些指标能反映太湖流域减排的成效，如地方环境保护投入、公众对环境的满意率等。

环保投入占GDP的比重。环境保护投入是开展污染减排、改善环境质量的物质基础。通过投入大量的环保资金，建设一批工业污染防治设施、农业污染防治设施、生活污染防治设施以及生态环境保护设施，能够大大提高太湖流域污染减排能力，对于改善太湖水质具有重要意义。太湖蓝藻事件后，根据省政府要求，太湖流域各市、县每年要拿出新增财政收入的20%用于环境保护工作。该项指标通常都能在统计年鉴中查找到，数据具有权威性。

单位GDP水耗。指每万元国内生产总值的耗水量。将单位GDP水耗这一指标纳入考核体系，有利于准确反映考核区在工农业生产过程中消耗水资源的情况，有利于客观评价考核区水资源利用合理与否，并能够督促考核区提升水资源利用效率，抑制水资源的过度开发与极端浪费，实现循环用水的持续利用模式。提高水资源利用效率是我们水资源利用追求的目标，降低单位GDP水耗是水资源持续利用的关键，因此将该项指标纳入考核体系具有一定的现实指导意义。

公众对环境的满意率。公众生活在环境中，对环境质量的好坏、环境面貌的优劣具有最权威的评判权。因此群众对环境的满意率是衡量环境保护工作是否见效、效果如何的重要指标。在实际工作中，该指标可通过发放调查问卷、电话问卷等形式抽样得出，只要样本量大、取样方法得当，得到的数据能够较为准确地反映真实情况。

2. 考核指标体系的构建

太湖流域减排指标体系分为目标层、准则层和指标层三个层次。根据筛选出的指标因子，设置近期、远期目标值，并对各指标设置权重。权重的设置根据多轮专家背靠背的意见进行集成来确定，指标值的设定如下：

(1) 污染物总量控制指标

污染物总量控制指标中，化学需氧量和氨氮为“十二五”国家重点控制和考核的指标。从江苏省层面看，化学需氧量在“十二五”期间的削减目标为11%，氨氮削减目标为13%，江苏省每年制定本年度削减目标，年底考核完成情况，并制定下一年度削减目标。本书的指标体系遵循现行管理制度，目标值的设定也以上级下达的控制指标为准。化学需氧量、氨氮、总氮及总磷的削减目标见表5-8。

表5-8 水污染物总量控制指标削减目标

总量考核指标	近期目标(2012—2015)	远期目标(2016—2020)
化学需氧量(COD)削减比例	完成上级下达削减指标	完成上级下达削减指标
氨氮(NH_3—N)削减比例	完成上级下达削减指标	完成上级下达削减指标
总氮(TN)削减比例	年度削减2.42%(太湖规划)	年度削减3.26%(太湖规划)
总磷(TP)削减比例	年度削减3.25%	年度削减3.9%

总氮排放控制指标在《太湖流域水环境综合治理总体方案》(2013年修编)方案中有所涉及，方案中规定总氮近期目标为年度削减2.42%，远期目标为年度削减3.26%。

总磷排放控制指标在《江苏省“十二五”环境保护和生态建设规划》中属预期性指标，在该规划中，预期太湖流域“十二五”期间总磷排放量降低19.5%(规划的基准年为2009年)。为评判各地政府在总磷排放控制方面的成效，设定平均减排目标——年度削减3.25%作为目标值。

(2) 环境质量指标

Ⅲ类以上地表水比例。在《江苏省"十二五"环境保护和生态建设规划》(2012 年)中该指标要求为:2015 年江苏省Ⅲ类以上地表水比例达到 50%。《苏南地区现代化建设指标体系(试行)》中设定地表水监测断面优于Ⅲ类比例为 80%。江苏预计 2020 年基本实现现代化,由于太湖流域属江苏省经济发达地区,太湖流域率先于 2015 年基本实现现代化。因此,在考核指标体系中,Ⅲ类以上地表水比例定为近期 60%、远期 80%。

劣Ⅴ类地表水比例。在《江苏省"十二五"环境保护和生态建设规划》(2012 年)中该指标要求为:2015 年江苏省劣Ⅴ类地表水比例要低于 15%。生态规划中明确提出,强化水污染防治,推进八大工程建设进度,到 2015 年,应基本消除劣Ⅴ类水质。因此,考核指标体系中劣Ⅴ类地表水比例设定近期低于 15%,远期低于 10%。

(3) 污染控制水平指标

城市(县城)污水处理率。为全面实现流域内建设生态县市的目标,应加强对生活污水的处理能力,减少污水的排放量,提升污水处理率。城市(县城)污水处理率指标在《江苏省"十二五"环境保护和生态建设规划》(2012 年)中有所涉及,要求到 2015 年,城市污水处理率达到 90%,县城污水处理率达到 80%。本书根据具体考核对象行政级别的差异设定相应的目标值,要求城市污水处理率近期目标为 90%,远期目标为 95%;县城污水处理率近期目标为 80%,远期为 90%。

单位 GDP 工业化学需氧量排放强度。《江苏省"十二五"环境保护和生态建设规划》(2012)中按照推进生态文明建设的要求,单位 GDP 工业化学需氧量排放强度近期目标值为 2.2 kg/万元,根据基本实现现代化的相关要求,设定远期目标值为 2.0 kg/万元。

单位 GDP 工业氨氮排放强度。《江苏省"十二五"环境保护和生态建设规划》(2012)中按照推进生态文明建设的要求,单位 GDP 工业氨氮排放强度近期目标值为 0.21 kg/万元,根据基本实现现代化的相关要求,设定远期目标值为 0.20 kg/万元。

农田化肥施用强度(折纯)。按照生态县(市、区)建设指标要求,近期按 250 kg/hm^2 计,远期进一步降低化肥施用强度,按 200 kg/hm^2 计。

(4) 环境管理指标

公众对环境的满意率和环保投入占 GDP 的比重。两个指标均在生态县(市、区)创建指标中出现,由于太湖流域所在区域,所有县(市、区)已实现国家级生态县(市、区)全覆盖,因此近期目标全部参照生态环境部制定的《国家级生态县建设指标(修订稿)》,设定近期目标值为公众对环境的满意率为 95%,环保投入占 GDP 的比重为 3.5%,远期目标在近期目标基础上有所提高,设定公众对环境的满意率为 98%,环保投入占 GDP 的比重为 4%。

单位 GDP 水耗。是考核全面推进生态文明建设成效的重要指标,参照生态县市建设的相关标准,设定单位 GDP 水耗近期目标值为 90 m^3/万元,远期目标值在近期目标值的基础上进一步严格化,要求单位 GDP 水耗远期目标值为 66 m^3/万元。

表 5-9 江苏省太湖流域水污染总量减排考核体系

序号	一级指标	权重	细化指标	权重	单位	近期目标（2012—2015 年）	远期目标（2016—2020 年）	指标性质
1	污染物总量控制	35	化学需氧量（COD）削减比例	10	%	完成上级下达削减指标	完成上级下达削减指标	正向指标
2			氨氮（NH_3—N）削减比例	10	%	完成上级下达削减指标	完成上级下达削减指标	正向指标
3			总氮（TN）削减比例	8	%	年度削减 2.42%（太湖规划）	年度削减 3.26%（太湖规划）	正向指标
4			总磷（TP）削减比例	7	%	年度削减 3.25%	年度削减 3.9%	正向指标
5	环境质量	20	Ⅲ类以上地表水比例	10	%	60%（生态规划）	80%（苏南现代化）	正向指标
6			劣Ⅴ类地表水比例	10	%	15%（生态规划、八项工程）	10%	逆向指标
7	污染控制水平	25	单位 GDP 工业 COD 排放强度	6	kg/万元	2.2（推进生态文明建设）	2.0（基本现代化）	逆向指标
8			单位 GDP 工业 NH_3—N 排放强度	6	kg/万元	0.21（推进生态文明建设）	0.2（基本现代化）	逆向指标
9			污水处理：城市污水处理率	8	%	90%（推进生态文明建设）	95%	正向指标
			污水处理：县城污水处理率		%	80%	90%	正向指标
10			农田化肥施用强度（折纯）	5	kg/hm^2	250（生态创建）	200	逆向指标
11	环境管理指标	20	环保投入占 GDP 的比重	10	%	3.5%（生态创建）	4%	正向指标
12			单位 GDP 水耗	5	m^3/万元	90（推进生态文明建设）	66	逆向指标
13			公众对环境的满意率	5	%	95%	98%	正向指标

3. 考核指标体系的应用

(1) 各指标值的获取

① 污染物总量控制指标

化学需氧量削减比例。各地区核算期化学需氧量削减比例是指本年度环境统计口径范围内工业污染源、城镇生活污染源、农业污染源、集中式污染治理设施的化学需氧量排放量总和较上一年度的削减百分比。数据来源于监测数据。按照下式进行计算：

化学需氧量削减比例＝(本年度化学需氧量排放总量－上一年度化学需氧量排放总量)÷上一年度化学需氧量排放总量

氨氮削减比例。各地区核算期氨氮削减比例是指环境统计口径范围内工业污染源、城镇生活污染源、农业污染源、集中式污染治理设施的氨氮排放量总和较上一年度排放量的削减百分比。数据来源于监测数据。按照下式进行计算：

$$NH_3—N 削减比例=(本年度 NH_3—N 排放总量-上一年度 NH_3—N 排放总量)\div 上一年度 NH_3—N 排放总量$$

总氮削减比例。各地区核算期总氮削减比例是指工业污染源、城镇生活污染源、农业污染源的总氮排放量总和较上一年度排放量的削减百分比。数据来源于监测数据。按照下式进行计算：

$$总氮削减比例=(本年度总氮排放总量-上一年度总氮排放总量)\div 上一年度总氮排放总量$$

总磷削减比例。各地区核算期总磷削减比例是指工业污染源、城镇生活污染源、农业污染源的总磷排放量总和较上一年度排放量的削减百分比。数据来源于监测数据。按照下式进行计算：

$$总磷削减比例=(本年度总磷排放总量-上一年度总磷排放总量)\div 上一年度总磷排放总量$$

② 水环境质量指标

Ⅲ类以上地表水比例。指水质达到Ⅰ、Ⅱ、Ⅲ类以上地表水断面数占监测断面总数的比重。以太湖流域各市现有常规水质监测断面为基础，考核各地优良水质比例。数据来源于监测数据。按照下式进行计算：

$$Ⅲ类以上地表水比例=\frac{Ⅲ类以上地表水断面数}{监测断面总数}\times 100\%$$

劣Ⅴ类地表水比例。指水质达不到Ⅴ类标准的地表水断面数占监测断面总数的比重。以太湖流域各市现有常规水质监测断面为基础，考核各地劣Ⅴ类水质比例。数据来源于监测数据。按照下式进行计算：

$$劣Ⅴ类地表水比例=\frac{Ⅴ类以下地表水断面数}{监测断面总数}\times 100\%$$

③ 污染控制水平指标

城市(县城)污水处理率。城市市区(县城)经过城市(县城)污水处理厂二级或二级以上处理且达到排放标准的生活污水量与城市(县城)生活污水排放总量的百分比。数据来源于统计年鉴，按照下式进行计算：

$$城市(县城)污水处理率=\frac{达标排放的生活污水量}{生活污水排放总量}\times 100\%$$

单位 GDP 工业 COD 排放强度。指某行政区域年度单位 GDP 所对应的工业 COD 的排放量。数据来源于统计年鉴，按照下式进行计算：

$$单位\,GDP\,工业\,COD\,排放强度=\frac{工业\,COD\,的排放量}{地区该年度\,GDP}$$

单位 GDP 工业 NH_3—N 排放强度。指某行政区域年度单位 GDP 所对应的工业 NH_3—N 的排放量。数据来源于统计年鉴,按照下式进行计算:

$$单位\,GDP\,工业\,NH_3—N\,排放强度=\frac{工业\,NH_3—N\,的排放量}{地区该年度\,GDP}$$

农田化肥施用强度(折纯)。指某行政区域单位农田面积所施用化肥的折纯量。数据来源于统计年鉴,按照下式进行计算:

$$农田化肥施用强度(折纯)=\frac{该区域化肥的耗用量(折纯)}{农田面积}$$

④ 环境管理指标

公众对环境的满意率。指公众对环境保护工作及环境质量状况的满意程度。指标来源于现场问卷调查或电话调查。采取抽样调查,被调查者应覆盖企业员工、农民、机关单位工作人员、学校师生、社区居民、流动人口等社会各类人员,被调查人员总数不得少于区域内常住人口的 1‰。

环保投入占 GDP 的比重。指用于环境污染防治、生态环境保护和建设投资占当年国内生产总值(GDP)的比例。数据来源于统计年鉴,按照下式进行计算:

$$环保投入占\,GDP\,的比重=环保投入\div区域\,GDP$$

单位 GDP 水耗。指单位 GDP 水耗是指每万元 GDP 产值所对应的耗水量。数据来源于统计年鉴,按照下式进行计算:

$$单位\,GDP\,水耗(m^3/万元)=\frac{水资源消耗总量(m^3)}{地区生产总值(万元)}$$

(2) 指标权重的确定

研究采用专家打分的方法确定指标的权重。专家打分法是指通过匿名方式征询有关专家意见,对专家意见进行统计、处理、分析和归纳,客观地综合多数专家经验与主观判断,对大量难以采用技术方法进行定量分析的因素进行合理估算,经过多轮意见征询、反馈和调整后,对权重进行分析的方法。

考核指标体系具体评分办法:专家首先对所构建的考核指标体系的一级指标进行打分。本书采用 0～100 的打分方法,专家根据不同指标重要性的差异,分别给出具体的指标权重数值,并要求所有一级指标的权重数值总和为 100。可供参考的指标重要性级别划分如表 5-10:

表 5-10 指标权重数值的等级划分

指标级别	不太重要	稍微重要	一般重要	比较重要	非常重要
权重范围	0～20	20～40	40～60	60～80	80～100

一级指标评判完毕，专家继续对二级指标进行打分，依然采用 0～100 的打分方法。专家分别评判经过细化的二级指标的重要性，给出相应的权重值，并且要求每类一级指标下各自二级指标权重的数值总和等于其所对应的一级指标的权重值。

对第一轮专家打出的一级与二级指标的权重数值进行统计，并由相关工作人员对统计结果进行整理、归纳，再匿名反馈给专家，再次征求意见，进入第二轮打分；对于第二轮打分结果再次进行整理、归纳，再集中，再反馈，直至得到一致的意见。

(3) 指标值的综合合成

指标值的综合合成方法有许多，常用的有：线性加权和法、乘法合成法、加乘混合合成法等，本书采用线性加权和法。

具体方法如下：

① 计算各指标值；

② 标准化处理：各指标量纲不同，有些指标是正向指标，有些是逆向指标，对这些指标进行正向化和无量纲化处理，标准值＝正向指标/指标值或标准值＝指标值/逆向指标，标准值大于 1 时取 1；

③ 加权求和，得出各地太湖治理的成效水平，综合分值＝ $\sum$(标准值 × 权重)。

(4) 考核指标体系的演算

根据确定的考核指标体系以及考核方案计算公式，并利用 2005 至 2014 年常州和无锡两市的各项指标的数据进行代入计算，考核结果见表 5-11。

表 5-11　常州和无锡两市的考核结果

分值	2005	2006	2007	2008	2009	2010	2011	2012	2013	2014
常州	51	61	72	75	81	87	89	81	85	82
无锡	57	64	67	63	72	71	72	90	89	76

根据表 5-11 和图5-7 可知，常州和无锡 2 市 2005 至 2014 年的水污染物总量减排治理工作成效总体呈现稳步好转的趋势，其中，2005 至 2011 年的治理工作成效处于逐步提升的状态，2012 年后处于调整适应状态。

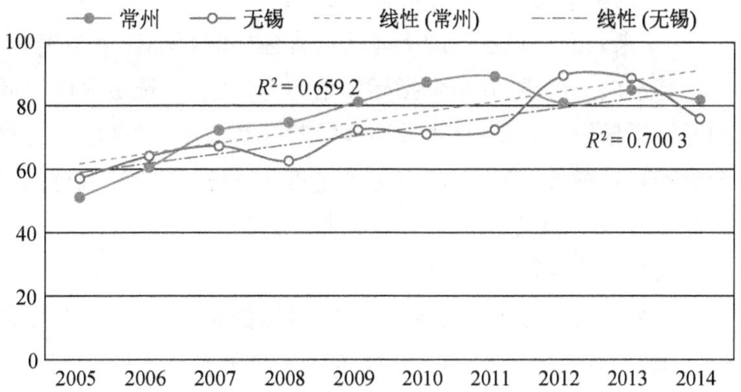

图 5-7　常州、无锡两市考核结果

以常州与无锡两市为依托，对考核体系进行了演算验证，考核结果基本如实反映了考核区相应时段的减排工作业绩。因此，该研究所确定的考核指标体系以及各指标的权重具有一定的实际应用价值，可作为评判太湖流域其他县市水污染物总量减排的工作成效的一种借鉴方法。

5.2.4 评估指标体系的建立

1. 评估指标因子的筛选

(1) 污染物总量控制指标

评估体系的总量控制指标选取延续考核体系指标筛选的相关依据,并将考核指标体系中的相关指标纳入评估体系之中。

(2) 环境质量指标

水污染物减排绩效评估是针对整个太湖流域展开的,因此,在选定评价指标的过程中,可以超越考核体系的行政区划界限,在确定具体评估指标时,除考虑考核指标体系的相关要求外,还应考虑下面几方面的政策要求:

① 2009 年,江苏省环保厅联合省财政厅和水利厅发布了《江苏省太湖流域环境资源区域补偿方案(试行)》的通知,该方案以促进太湖流域水环境综合治理,改善太湖流域主要河流水质为主要目标,其涉及的与水环境质量相关的指标包括化学需养量、氨氮与总磷三项指标。

② 2009 年,江苏省环保厅联合省发展和改革委员会、省水利厅发布了《江苏省全面建设小康社会环境质量综合指数考核办法》的通知,该办法涉及的水环境质量考核指标包括集中式饮用水源地水质达标率。

③ 2013 年,国家发展和改革委员会同有关部门和地方编制了《太湖流域水环境综合治理总体方案(2013 年修编)》,该方案以巩固水污染治理成果,提升水污染治理水平为目标,其涉及的水环境质量指标包括高锰酸盐指数、氨氮、总氮以及总磷四项指标。

④ 环湖河流包括太湖流域所有的出湖与入湖河流,其水质状况的好坏对整个太湖水质有重要影响。《太湖流域水环境综合治理总体方案(2013 年修编)》中对环太湖流域的主要河流的高锰酸盐指数、氨氮、总氮以及总磷的浓度现状值进行了统计,并对未来入湖河流水质的上述四项指标控制目标作了明确规定。

基于以上考虑,并结合指标体系的构建原则,选定太湖流域水污染物总量减排评估体系的环境质量指标为:湖体水质高锰酸盐指数浓度、湖体水质总氮浓度、湖体水质总磷浓度、综合营养状态指数、环湖河流高锰酸盐指数浓度、环湖河流总氮浓度、环湖河流总磷浓度、环湖河流 NH_3—N 浓度以及劣Ⅴ类地表水比例。

(3) 污染控制水平指标

绩效评估体系中污染控制水平指标的筛选与考核指标体系保持一致,主要包括单位 GDP COD 排放量、单位 GDP NH_3—N 排放量、城市(县城)污水处理率以及农田化肥施用强度(折纯)四项指标。

(4) 环境管理指标

绩效评估体系的构建与考核体系一样,除考虑污染物总量控制指标、环境质量指标、污染控制指标外,还将环保投入占 GDP 的比重、单位 GDP 水耗以及公众对环境的满意率等四项指标纳入评估体系，以期全面评估整个太湖流域水污染总量减排工作的开展成效。

(5) 社会经济指标

社会经济总量通常是直观反映一个地区社会经济发展水平的重要依据，这一层面的指标通常包括地区财政收入、地区生产总值、城市化率、地区粮食总产量、能源消费总量等，但考虑指标数据的可获得性及其与污染物排放指标的密切程度，本书选取 GDP 实际增量、人均地区生产总值作为经济发展水平指标。

2. 评估指标体系的构建

评估体系的构建旨在评估整个太湖流域的水环境治理工作成效，因此不设定具体的指标限值，而是通过相应的评估模型来具体确定太湖流域水污染物总量减排工作的成绩，从而对整个流域的减排工作进行评估，并且对其工作中的不合理之处提出相应的整改措施。

构建的评估体系详见表 5-12。

表 5-12　江苏省太湖流域绩效评估体系

序号	一级指标	权重	细化指标	权重	单位	指标性质
1	污染物总量控制	30	化学需氧量(COD)排放量	8	吨	逆向指标
2			氨氮(NH_3—N)排放量	7	吨	逆向指标
3			总氮(TN)排放量	7	吨	逆向指标
4			总磷(TP)排放量	8	吨	逆向指标
5	环境质量	30	湖体水质高锰酸盐指数浓度	3	mg/L	逆向指标
6			湖体水质 TN 浓度	3	mg/L	逆向指标
7			湖体水质 TP 浓度	3	mg/L	逆向指标
8			综合营养状态指数	4		逆向指标
9			环湖河流高锰酸盐指数浓度	3	mg/L	逆向指标
10			环湖河流总磷浓度	3	mg/L	逆向指标
11			环湖河流 TN 浓度	3	mg/L	逆向指标
12			环湖河流 NH_3—N 浓度	4	mg/L	正向指标
13			劣Ⅴ类地表水比例	4	%	逆向指标
14	污染控制水平	25	单位 GDP 工业 COD 排放强度	6	kg/万元	逆向指标
15			单位 GDP 工业 NH_3—N 排放强度	6	kg/万元	逆向指标
16			城镇污水处理率	7	%	正向指标
17			农田化肥施用强度(折纯)	6	kg/ha	逆向指标

续表

序号	一级指标	权重	细化指标	权重	单位	指标性质
18	环境管理	15	环保投入占 GDP 的比重	6	%	正向指标
19			单位 GDP 水耗	5	m^3/万元	逆向指标
20			公众对环境的满意率	4	%	正向指标
21	经济发展和结构	65	地区生产总值	10	万元	逆向指标
22			人均地区生产总值	15	万元/人	逆向指标
23			第一产业占 GDP 的比重	10	%	逆向指标
24			第二产业占 GDP 的比重	15	%	正向指标
25			第三产业占 GDP 的比重	15	%	逆向指标
26	社会发展和人民生活	35	人口密度	20	人/km^2	逆向指标
27			城市化率	15	%	正向指标

3. 评估指标体系的应用

(1) 各指标值的获取

指标体系中各指标值主要来源于环境监测数据、统计年鉴等。

(2) 指标权重的确定

为全面反映整个太湖流域水污染物总量减排工作的成效，本书采用主观与客观相结合的评分方法来确定评估体系的各项指标的权重数值。首先，采用专家打分的方法，对绩效评估体系的各项指标进行主观打分，具体评分细则如下：

绩效评估体系包括环境系统和社会经济系统两个一级指标系统，本书设定每个一级系统的权重值均为 100 分。

专家对所构建的绩效评估体系的二级指标进行打分，同样采用 0～100 的打分方法。专家根据不同指标重要性的差异，分别给出相应的权重数值，且要求所有二级指标的权重数值总和等于 100 分。

二级指标评判完毕，专家继续对三级指标进行打分，依然采用 0～100 的打分方法。专家分别评判经过细化的三级指标的重要性，给出相应的权重数值，并且要求每类二级指标下各自三级指标权重的数值总和等于其所对应的二级指标权重值。

对第一轮专家打出的二级与三级指标的权重数值进行统计，并由相关工作人员对统计结果进行整理、归纳，再匿名反馈给专家，再次征求意见，进入第二轮打分。对于第二轮打分结果再次进行整理、归纳，再反馈，直至得到一致意见。

主观评分结束后，再利用相应的客观赋权法进行客观评分。客观赋权法是基于评价标准和数据差异，通过一定的算法确定各指标的权重。客观赋权法不依赖于决策者的主观态度，计算出的权重值具有较好的科学性与客观性。本书采用熵权法这一客观赋值法确定绩效评估体系中各项指标的客观权重，并将其与主观权重的结果进行组合，最终得出该评估系统各项指标的最终权重值。熵权法的主要步骤如下：

① 数据处理

利用下式(4-1)对绩效评估系统的 27 项指标的多年数据进行处理，得到新的数据矩阵 $(r_{ij})_{m\times 27}$。

$$x'=\begin{cases}\dfrac{x-x_{\min}}{x_{\max}-x_{\min}}, x\text{ 为正向指标}\\ \dfrac{x_{\max}-x}{x_{\max}-x_{\min}}, x\text{ 为逆向指标}\end{cases} \tag{4-1}$$

② 计算各指标比重

利用下式(4-2)对矩阵 $(r_{ij})_{m\times 27}$ 中的元素进行处理，得到各指标的比重。

$$P_{ij}=r_{ij}/\sum_{i=1}^{n} r_{ij} \tag{4-2}$$

③ 定义熵

定义第 j 个指标的熵值为 e_j，其计算公式如式(4-3)所示。

$$e_j=-k\sum_{i=1}^{n}\ln p_{ij} \tag{4-3}$$

式中，$k=1/\ln n$。

④ 计算熵权值

得到第 j 个指标的熵值后，可以求出第 j 个指标的熵权值，如式(4-4)所示。

$$w_j=(1-e_j)/(n-\sum_{j=1}^{n} e_j) \tag{4-4}$$

根据式(4-4)，结合收集的各指标数据，可得出客观赋权法计算得出的环境系统与社会经济系统各指标权重。将由各专家按照层次分析打分法得出的主观赋权结果与客观赋权结果相结合，结合方式如式(4-5)所示，得出最终的各指标权重，详见表 5-13。

$$\beta_i=\frac{\alpha_i w_i}{\sum_{i=1}^{n}\alpha_i w_i} \tag{4-5}$$

式中：α_i 为专家打分得出的主观赋权结果；w_i 为客观赋权结果；β_i 为各指标的综合权重。

根据主客观相结合的办法并用百分制表征所确定的各项细化指标的最终权重数值见表 5-13。

表 5-13 主客观相结合得出的各指标的权重

一级指标	细化指标	各细化指标权重
环境系统	化学需氧量(COD 排放量)	8.4
	氨氮(NH_3—N)排放量	5.8
	总氮(TN)排放量	7.4
	总磷(TP)排放量	9.6
	湖体高锰酸盐指数$_{Mn}$浓度	2.7
	湖体总氮(TN)浓度	1.7
	湖体总磷(TP)浓度	1.9
	综合营养状态指数	3.7
	环湖河流高锰酸盐指数(COD_{Mn})浓度	3.7
	环湖河流总氮(TN)浓度	2.8
	环湖河流总磷(TP)浓度	2.4
	环湖河流 NH_3—N 浓度	3.5
	劣Ⅴ类地表水比例	5.3
	单位 GDP 的 COD 排放强度	4.4
	单位 GDP 的 NH_3—N 排放强度	4.4
	城镇污水处理率	6.5
	农田化肥施用强度	8.9
	环保投入占 GDP 的比重	8.3
	公众对环境满意率	3.9
	单位 GDP 水耗	4.7
社会系统	GDP 实际增长量	8.8
	人均地区生产总值	27.8
	第一产业占 GDP 的比重	6.1
	第二产业占 GDP 的比重	13.9
	第三产业占 GDP 的比重	12.7
	人口密度	18.7
	城市化率	12.0

(3) 绩效评估模型的建立与算法

环境绩效评估模型是为科学评估整个太湖流域水体污染治理成效而建立的。合理评估地区社会经济发展水平与太湖流域水污染物总量减排成效之间的优属度,是确定适宜的水污染治理政策与措施和实现太湖水质持续改善的有效途径。

为进行有效的环境绩效评估，首先要对环境系统和社会经济系统两个系统分别进行描述，建立数学模型。设 x_1、x_2、x_3，……x_m 为描述环境系统的 m 个指标，对这 m 个指标进行标准化处理后的结果为$\overline{x_1}$、$\overline{x_2}$、$\overline{x_3}$，……$\overline{x_m}$。设 y_1、y_2、y_3，……y_n 为描述社会经济指标系统的 n 个指标，对这 n 个指标进行标准化处理后的结果为$\overline{y_1}$、$\overline{y_2}$、$\overline{y_3}$，……$\overline{y_n}$。则环境系统和社会经济系统的数学模型可用以下函数表示：

$$f(x)=\sum_{i=1}^{m}a_i\overline{x}_i \tag{4-6}$$

$$g(y)=\sum_{i=1}^{n}b_i\ \overline{y}_i \tag{4-7}$$

式中，a_i、b_i分别为环境系统和社会经济系统中各指标的权重。

当环境系统与社会经济系统的评价函数之间离差越小，表明两者正向发展趋势的相关性越大，环境系统与社会经济系统的互动程度越好，在本书中则表明太湖流域水污染物总量减排工作效果较好。

以函数 $f(x)$与 $g(y)$为自变量定义两者之间的优属度评价公式，即绩效评估模型的数学表达式如下：

$$C=\left\{\frac{f(x)g(y)}{\left[\frac{f(x)+g(y)}{2}\right]^2}\right\}^K \tag{4-8}$$

其中，C 为环境与经济优属度；K 为两者的调节系数，其值一般为 2。

环境系统与社会经济系统之间的优属度是相对于社会经济发展的阶段而言的，低水平的社会经济系统和环境系统评价也可能出现较好的优属度。当两个阶段的环境与社会经济优属度相等时，并不代表这两个阶段的环境及社会经济发展水平相当，例如处于工业社会的高水平协调与处于农业社会的低水平协调，二者优属度可能相等，但发展水平却不同。所以，在评价优属度的同时，应将优属度与一定的环境与社会经济发展水平综合起来，用以表示某一发展水平上的环境与社会经济间的优属度。因此，需要引入环境与社会经济相对优属度这一概念。用 D 表示相对优属度，其计算公式如下：

$$D=\sqrt{C[\alpha f(x)+\beta g(y)]} \tag{4-9}$$

式中，D 为环境与社会经济的相对优属度，α 和β 为待定权数，对于环境与社会经济协调发展而言，两者权重相当，因此取 $\alpha=\beta=0.5$。

相对优属度取值的不同区间划分可以作为评价太湖流域水污染物总量减排工作成效好坏的衡量标准，结合已有研究，按照相对优属度 D 值的大小将绩效评估的成效分为以下几种类型：

表 5-14 太湖流域水污染物总量减排绩效评估标准划分

相对优属度	100～90	90～70	70～60	60～40	低于 40
类型	优秀	良好	可接受	需改进	不可接受

(4) 环境绩效评估模型的演练

根据所构建的绩效评估体系,并且利用主客观相结合的方法确定的各细化指标的权重数值,以 2005 至 2014 年的各项指标的数据为依托,对环境绩效评估模型进行演练,以百分制表征的计算结果见表 5-15。

表 5-15 太湖流域 2005—2014 年水污染物总量减排绩效评估结果

年份	环境系统评价值	社会经济系统评价值	*C* 值	*D* 值	环境与社会经济的相对优属度
2005	15.2	36.0	69.7	42.3	需改进
2006	11.5	24.9	74.5	36.8	不可接受
2007	30.3	29.9	100.0	54.9	需改进
2008	37.9	33.3	99.2	59.4	需改进
2009	42.7	33.9	97.4	61.0	可接受
2010	42.2	38.3	99.5	63.3	可接受
2011	44.9	40.0	84.2	72.8	良好
2012	50.7	54.2	99.8	72.3	良好
2013	84.9	51.6	88.5	77.7	良好
2014	83.6	63.5	96.3	84.2	良好

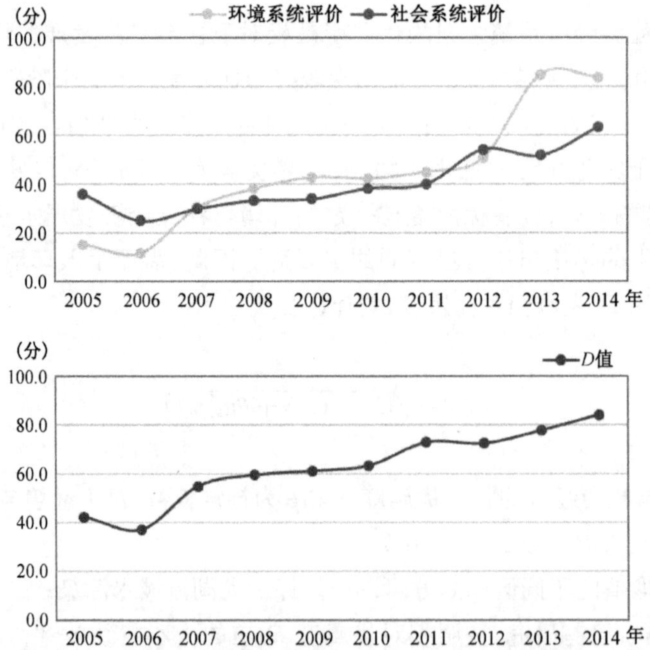

图 5-8 2005—2014 年江苏省太湖流域绩效评估变化情况

从环境系统与社会经济系统各自的评价结果来看(表 5-15,图 5-8,从“十五”末期到“十二五”),太湖流域社会经济发展取得明显进步,评价指数基本呈持续上升趋势;环境系统评价指数呈现波动上升趋势。从整个太湖流域环境与社会经济相对优属度变化趋势来看,2005—2014 年间基本呈现较为平缓的上升趋势。总体上可分为两个阶段,其中 2005—2010 年处于需改进到可接受阶段,2011—2014 年基本处于良好阶段。在不同的发展阶段,环境与社会经济发展状况各异,相对优属度指数相应地发生波动变化。

2005—2014 年,整个太湖流域社会经济发展呈现持续增长态势,经济发展保持高速,社会发展态势良好,而由社会经济迅猛发展带来的环境保护压力亦持续增加。就环境系统而言,太湖流域环境发展状况在总体向好的趋势下局部波动较大,在一定程度上说明期间环境管理和绩效控制的不稳定性,对环境保护的重视程度仍需提高。整体而言,太湖流域环境系统与社会经济系统之间的相对优属度目前处于良好状态,但是环境系统滞后于社会经济系统的现实还将存在,在今后相当长的一段时间内,太湖流域水环境治理工作仍应加大重视程度,全面提升环境系统与社会经济系统之间的相对优属度,使其向优秀阶段逐步过渡。

5.3 主要水污染物总量减排环境绩效评估体系的实施

5.3.1 评估界定

研究太湖流域水污染物总量减排环境绩效评估机制有利于进一步深入推进江苏省太湖流域污染减排工作,提高减排成效,确保持续改善太湖水环境质量。

太湖流域水污染物总量减排环境绩效评估机制研究主要针对整个太湖流域水污染治理、水环境质量改善与社会经济发展相关工作开展契合度的评价;污染物总量减排考核方案研究主要是针对江苏省太湖流域地区相关市、县人民政府“十二五”期间污染减排成效情况的考核以及相关水体治理及水质改善工作开展成效的定量评价。

太湖流域水污染物总量减排环境绩效评估内容涵盖了水污染物总量减排、水环境质量改善、污染控制水平、公众对环境的满意率和环保投入等情况。

5.3.2 责任与评估主体

污染减排的责任主体是太湖流域地区地方各级人民政府。太湖流域地区各市、县人民政府要加强组织领导,将污染减排成效要求纳入国民经济和社会发展规划,层层分解落实各项污染减排成效指标,落实项目和资金,严格监督管理。

5.3.3 环境绩效考核方案的应用

1. 考核指标体系的计分方法

考核工作坚持客观公正、统筹兼顾。突出年度完成指标的考核,同时兼顾各年度累计完成情况。年度考核针对年度减排计划确定的水污染物总量控制指标、水环境质量指标、水污染物控制指标、公众对环境的满意率指标和环保投入指标的要求，考核太湖流域各县市污染减排成效。

考核采用分类计分法，相应设置水污染物总量控制指标、水环境质量指标、水污染控制水平指标和环境管理指标共四类考核指标。采取定量考核方式，满分分值为 100 分。

水污染物总量控制指标满分分值 35 分，包括化学需氧量、氨氮、总磷、总氮四个分项指标，各分项指标满分分值分别为 10 分、10 分、8 分、7 分。

水环境质量指标满分分值 20 分，包括Ⅲ类以上地表水比例和劣Ⅴ类地表水比例两个分项指标，分项指标满分分值各为 10 分。

污染控制水平指标满分分值 25 分，包括单位 GDP 工业 COD 排放强度、单位 GDP 工业 NH_3—N 排放强度、城市（县城）生活污水处理率、农田化肥施用强度（折纯）四个分项指标，分项指标满分分值分别为 6 分、6 分、8 分和 5 分。

环境管理指标满分分值 20 分，包括公众对环境的满意率、单位 GDP 水耗以及环保投入占 GDP 的比重三个分项指标，各分项指标满分分值分别为 5 分、5 分、10 分。

计分指标及分值详见表 5-16。

表 5-16　江苏省太湖流域水污染减排成效考核计分方法表

指标类型		指标因子	
指标类型	分值	指标因子	分值
水污染物总量控制	35	化学需氧（COD）量削减比例	10
		氨氮（NH_3—N）削减比例	10
		总氮（TN）削减比例	8
		总磷（TP）削减比例	7
水环境质量	20	Ⅲ类以上地表水比例	10
		劣Ⅴ类地表水比例	10
污染控制水平	25	城市（县城）污水处理率	8
		单位 GDP 工业高锰酸盐指数排放强度（kg/万元）	6
		单位 GDP 工业 NH_3—N 排放强度（kg/万元）	6
		农田化肥施用强度（折纯）（kg/hm^2）	5
环境管理	20	公众对环境的满意率	5
		单位 GDP 水耗	5
		环保投入占 GDP 的比重	10

2. 考核程序

① 制订年度减排计划

太湖流域地区各市、县人民政府应按照与上级政府签订的《太湖流域地区水污染物减排成效目标责任书》要求，确定污染减排成效目标，制订年度减排计划。年度减排计划应于当年 2 月底前报省环境保护主管部门备案。

② 组织实施减排计划

太湖流域地区各市、县人民政府要加强组织领导，将污染减排成效要求纳入国民经济和社会发展规划，层层分解落实各项污染减排成效指标，落实项目和资金，严格监督管理。

太湖流域地区各市、县人民政府负责建立本地区的污染减排成效指标体系、监测体系和考核体系等，及时调度和动态管理污染减排成效情况，建立污染减排成效台账。

③ 年度考核自查

太湖流域地区市、县人民政府应组织对本地区上一年度污染减排成效情况进行自查，并将自查报告于次年 3 月底前上报省环境保护主管部门。

④ 年度综合考核

省环境保护主管部门会同省财政、发改、统计和监察等部门，结合国家主要污染物总量减排考核、平时监督检查、苏南现代化考核等结果，于次年 4 月份对太湖流域地区市、县人民政府上一年度污染减排成效情况进行综合考核。

考核工作坚持客观公正、统筹兼顾。突出年度完成指标的考核，同时兼顾各年度累计完成情况。年度考核针对年度减排计划确定的水污染物总量控制、水环境质量、水污染物控制、公众对环境的满意率和环保投入指标的要求，考核污染减排成效。

⑤ 考核结果公布

省环境保护主管部门会同省财政、发改、统计和监察等部门，于次年 5 月底前将考核结果向省人民政府报告，经省人民政府审定后向社会公布。

考核等级为较差的地方人民政府，应当在考核结果公布后 1 个月内向省人民政府作出书面报告，提出限期整改工作措施，并抄送省环境保护主管部门。

3. 考核结果与应用

考核结果分为优秀(95 分以上)、良好(80～94 分)、一般(60～80 分)和较差(60 分以下)四个等级。未完成污染物总量控制指标四项分项指标减排目标的，即确定该市、县为较差等级。

干部主管部门依照省委、省政府《关于建立科学发展评价考核体系的意见》和《关于建立促进科学发展的党政领导班子和领导干部考核评价机制的意见》及有关规定，将考核结果作为对各市、县人民政府领导班子和领导干部综合考核评价的重要依据，实行问责制。

对考核结果为优秀的市、县，省环境保护主管部门会同省发改、财政、住建等部门优先加大对该地区污染治理和环保能力建设的支持力度。对考核等级为较差的市、县，暂停该地区所有新增主要污染物排放的建设项目的环评审批，暂停安排对该地区的省级节能减排(重点污染排放治理)专项引导资金；建议对已命名的环保模范城市、生态市(县、区)暂缓通过复查；对正在创建的环保模范城市、生态市(县、区)暂缓考核通过；领导干部不得参加年度评奖、授予荣誉称号等。

5.3.4 环境绩效评估方案的应用

1. 评估体系的计分方法

评估工作秉承客观公正、统筹兼顾的原则，以所划定的水污染物总量控制指标、水环境质量指标、水污染物控制指标、环境管理指标以及社会经济发展指标为评估依据，综合评级整个太湖流域的水污染物总量减排成效。

评估采用分类计分法，主要包括环境系统与社会经济系统两大系统，相应设置水污染物总量控制指标、水环境质量指标、水污染控制指标、环境管理指标、经济发展结构指标以及社会发展和人民生活共六类评估指标。两大系统满分分值各为 100 分。

水污染物总量控制指标满分分值为 30 分，包括化学需氧量、氨氮、总磷、总氮四个分项指标，各分项指标满分分值分别为 8 分、7 分、7 分、8 分。

水环境质量指标满分分值 30 分，包括湖体高锰酸盐指数浓度、湖体总氮浓度、湖体总磷浓度、综合营养状态指数、环湖河流高锰酸盐指数浓度、环湖河流总磷浓度、环湖河流总氮浓度、环湖河流氨氮浓度和劣Ⅴ类地表水比例九个分项指标，分项指标满分分值各为 3 分、3 分、3 分、4 分、3 分、3 分、3 分、4 分、4 分。

污染控制水平指标满分分值为 25 分，包括单位 GDP 工业化学需氧量排放强度、单位 GDP 工业氨氮排放强度、城市(县城)生活污水处理率、农田化肥施用强度(折纯)四个分项指标，分项指标满分分值分别为 6 分、6 分、7 分和 6 分。

环境管理指标满分分值为 15 分，包括公众对环境的满意率、单位 GDP 水耗以及环保投入占 GDP 的比重三个分项指标，各分项指标满分分值分别为 6 分、5 分、4 分。

经济发展和结构指标满分分值为 65 分，包括 GDP 实际增量、人均地区生产总值、第一产业占 GDP 的比重、第二产业占 GDP 的比重、第三产业占 GDP 的比重五个分项指标，各分项指标满分分值分别为 10 分、15 分、10 分、15 分、15 分。

社会发展和人民生活指标满分分值为 35 分，包括人口密度和城市化率两个分项指标，各分项指标的满分分值分别为 20 分、15 分。

2. 评估程序

评估工作以所确定的评估指标体系和评估模型为依托，以各项细化指标的年度数据为支撑点，开展整个太湖流域的水污染物总量减排绩效评估工作。减排工作的成效依赖于各县市年度考核计划的有效实施，同时需要各级政府部门以及各大小企业的共同努力，根据相应的评估结果，可落实具体的工作责任人，以此促进全太湖流域减排工作成效的稳步提升。

3. 评估结果与应用

评估结果分为优秀(91～100 分)、良好(71～90 分)、可接受(61～70 分)、需改进(41～60 分)、不可接受(0～40 分)五个等级。在年度综合评估中，得分低于 60 分时，需对整个太湖流域水污染物总量减排工作进行整改，进一步提高减排工作的效率，改善工作成效。

第六章
主要水污染物累积性环境风险预警技术

6.1 累积性环境风险国内外研究进展

6.1.1 累积性环境风险

美国最早开始累积性环境风险评估研究，美国国家环境保护局(US EPA)将累积风险(Cumulative Risk)定义为来源于包括物理、化学、生物多个压力源的综合暴露的组合风险，累积风险评估则是分析、表征和量化那些由于多种原因、来自多个压力源的对人类和环境造成危害，其特征体现为多来源、多暴露方式、多传播途径、多影响、持续时间长、人口集中的组合风险的综合评估。按照该定义，美国 EPA 的累积风险主要指组合风险和叠加风险，累积风险评估涵盖宽泛的、不同的环境风险，是综合风险评估。

国内对累积性环境风险尚未明确定义，也缺乏对累积风险评价流程与内容的技术指导。目前开展的研究主要考虑人类健康和生态两方面，侧重于单一污染物或化学品进入环境后潜在的健康危害和生态效应。王炳权等人认为累积性环境风险指自然及人类活动中潜在的对人类健康和生态环境产生危害的行为，主要强调风险源的潜在累积影响。也有学者将蓝藻水华归为累积性环境风险的研究范畴。

6.1.2 累积性环境风险评价发展

20 世纪 70 年代，美国首先提出了累积效应的概念，累积风险评价则是从 20 世纪 90 年代兴起的。1989 年，美国超级基金会首次提出了环境风险对人类健康的重要性。1996 年，美国新颁布《食品质量保护法(FQPA)》，提出为保护儿童健康食品安全的农药残留的标准，引入了“综合风险”(来自多个压力源)、“累积暴露”(具有相同毒性机制农药)的概念，并要求 US EPA 开展累积风险评估的研究，累积风险评估开始正式发展起来。1997 年，US EPA 提出了“累积风险评估指南第一部分：规划和范围”，阐明了累积风险的评估重点由单个压力源、单一传播途径、单一评估端点转向了多来源、多传播途径、多评估受体的评估，从而为风险管理者提供一个清晰、透明、合理的评估基础。1998 年，US EPA 首次提出了农药的共同毒性作用机制，并于 1999 年颁布了该类农药的识别方法，经多次修订，于 2002 年正式颁布具有相同毒性作用机制的农药物质的累积风险评估的指导文件，提出了进行累积风险评估的基本原则和对此类物质评估的十步评估程序，并首次将不确定性因素作为风险评估中的

风险评估指南

化学品混合物健康风险评估指南(USEPA，1986b)

诱变性风险评估指南(USEPA，1986c)

致癌性风险评估指南(USEPA，1986d)

发展的有毒物质风险评估指南(USEPA，1991a)

暴露评估指南(USEPA，1992c)

生殖毒性风险评估指南(USEPA，1996b)

致癌物质风险评估指南(USEPA，1996c，1999a、b)

生态风险评估指南(USEPA，1998b)

神经毒性风险评估指南(USEPA，1998c)

数据质量评估：一个陪审员的指导(USEPA，2006)

政策和指导文件

对超级基金的风险评估指南：人类健康评估指南(USEPA，1989a)

区域数据政策(USEPA，1991b)

生态风险评估框架(USEPA，1992b)

有毒/有害气体释放分散模型的应用指南(USEPA，1993a)

风险特征描述的政策(USEPA，1995a、b)

在健康风险评估中的基准计量方法的使用(USEPA，1995c，2000b)

累积风险评估指南第一部分：规划和范围(USEPA，1997a)

关于蒙特卡罗分析的指导原则(USEPA，1997b)

可比较的风险框架：方法和案例研究(USEPA，1998f)

累积暴露和风险评估的执行指南(USEPA，1999g)

超级基金风险评估指南：人类健康评估手册补充部分：超级基金风险评估中的社区参与(USEPA，1999c)

关于现场外的结果分析的风险管理项目指南(USEPA，1999d)

空气质量模型指南(USEPA，1999e)

基于社区的环境保护的框架(USEPA，1999f)

科学政策委员会手册：风险表征(USEPA，2000c)

科学政策委员会手册：同行评审(USEPA，2000d)

化学品混合物的健康风险评估补充指南(USEPA，2000e)

具有相同的毒性机制的农药的累积性风险评估指南(USEPA，2002a)

累积风险评价框架(USEPA，2003)

累积风险评估指南第二部分：多源累积人类健康评估：吸入(USEPA，2006)

美国环保部署有权在环境决策制定中使用累积性风险评估(USEPA，2012)

图 6-1　累积性风险评估指导性文件

重要考虑因素。在此基础上,2002 年,US EPA 对 39 种有机磷农药开始进行了初步的累积风险评估。2003 年,US EPA 颁布了累积风险评估框架,对框架的 3 个主要阶段进行了详细的阐述,旨在确定累积风险评估过程中的基本元素,这是 US EPA 在长期努力下制定累积风险评估指南的第一步,是处理累积风险和风险决策关系的一个重要的里程碑,为后续研究奠定了重要的理论基础。2004 年,国际环境司法委员会(Environment Justice)研讨了环境司法决策和累积风险关系,指出累积风险评估在风险决策中发挥着重要作用,同时风险评估也转向以社区为基础、考虑人类、动物、植物及生态系统在内的综合的累积性风险评估。2010 年,Ken Sexton 等提出应更多地将风险决策和累积性风险评估联系起来,并从公众健康的角度探讨了累积性风险评估在风险决策中的重要作用。累积风险评估向着更全面、更科学、更人性的方向发展。尽管在科学理论方面,累积性风险评估已经取得了相当大的进展,但在实践上却相对落后,缺乏可用来支持理论分析的具体实践方法和工具。为了解决这一问题,2007 年,US EPA 开发了一个关于污染场地的累积性风险评估工具,提供了累积风险评估应用程序在线访问工具箱。随着累积风险评估的不断发展,US EPA 陆续颁布了一系列指导性文件,如图 6-1 所示,包括相关的评估指南、政策和特定的分析方法、数据处理方法等,为累积风险评估的发展提供了重要指引。

欧洲也逐渐重视累积性环境风险评估研究,欧盟第六框架计划(FP6)将多压力源的累积性风险评估新方法(NoMiracle)作为重要研究项目之一,自 2004 年起,来自 17 个欧盟成员国的 100 余位科学家参加了该项目,研究了化学、生物和物理等综合风险源作用下的环境风险评估方法,包括难降解化学物质的累积风险,低剂量有毒物质的长期累积效应,对特殊人群尤其是儿童的健康风险以及风险管理等。

6.1.3　累积性环境风险评估程序

开展累积性风险评估的三个主要阶段可概括如下:

(1) 规划、审定和问题构建阶段。在该阶段,风险管理者、风险评估者和其他利益相关者的团队首先确定评估对象的来源、目标、范围、深度、关注点和方法,形成数据库,进而构建一个概念模型和一个分析计划。

(2) 风险分析阶段。该阶段主要是专家应用风险评估方法开展工作的过程,包括形成暴露的途径、考虑压力源之间的相互作用,进行受体的脆弱性分析,开展风险的识别、剂量效应分析、用定性或者定量的方法进行暴露评估等。

(3) 风险表征阶段。即对风险进行定性或者定量的表述,对风险水平与发展趋势进行预测,得出危害最大、优先考虑的风险源,预测评估人口或亚种群的风险。对风险的不确定性进行分析,明确不确定性的来源和可能造成的额外风险,并进行敏感性分析。

累积风险评估的框架与具体流程如图 6-2 所示。

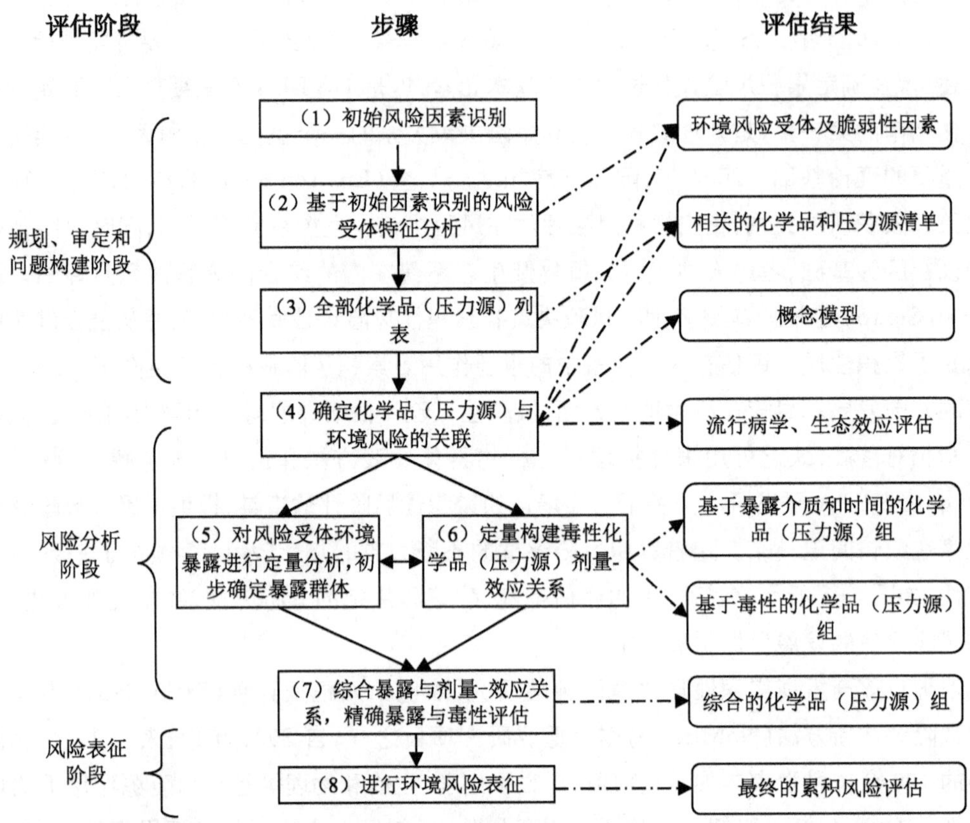

图 6-2 累积风险评估流程

6.1.4 累积性环境风险评估应用

6.1.4.1 环境中污染物的累积性风险评估

累积性环境风险评估首先要识别风险来源，由于多种风险源及其在不同环境条件的相互作用和风险特征不同，因此，多风险源的识别与表征是评估的重点。Holmstrup 等研究并总结了化学品风险源与环境条件的相互作用，包括环境中重金属类（镉、铜、汞、铅、锌、镍）、农药类（阿特拉津、毒死蜱、敌百虫、对硫磷等）、多环芳烃类、表面活性剂类风险源在高温、低温、干旱缺水、溶解氧减少、病菌存在等条件下的生态毒性效应，相互作用在不同研究条件下表现为协同促进效应、反效应、无作用效应及免疫效应，研究表明开展累积性环境风险评估应将极端的自然条件要素作为考虑因素。

1999 年，US EPA 农药项目组（OPP）启动了一项美国地质勘探（USGS）工程，旨在通过依据现有监测点位获得的数据来评估饮用水水源处 24 种有机磷农药污染物残留的分布。美国地质勘探局第一次尝试用回归方程的方法来预测服务 6 000 万人饮用水的 567 条河流中的总氮，其数据和输出结果可以用在基于全国范围内暴露人口上的评估，并且可识别出值得特别关注的区域，这种方法对由监测数据推断其地表水中农药残留浓度的研究具有很好的指导作用。2008年，Shrestha等充分利用统计、空间和水文等资源以及多元回归模型计算了日本富士河流域有机物、营养物的输出系数，结果表明，大多数污染物输出系数回归效果显著，在多元回归模型中利用土地类别解释了超过85%的负荷变化的现象，并提出了需进一步调查的水质监测站的数量、采样频率和采样时间，从而提高方法的稳定性和实用性，这些结果可用于确定合适的实践管理以改善流域水体质量。2012年，Crawford等构建了一个评估模型，将累积风险用残疾调整生命年(DALYs)来统一度量，并且协调癌症和非癌症、发病率和死亡率的影响，利用半定量化方法评估了假定的饮用水中50种化学品组成的复杂混合物的风险，得出了复杂混合物的累积风险由其中几种主要的组分所主导的结论，Ragas等应用DALYs方法评估了城市环境中苯、甲苯、萘和几种典型农药的累积风险。饮用水消毒副产物(DBPs)可以通过人的口腔，皮肤吸收到人体内，一些流行病学和毒理学研究表明，生殖、发育影响和癌症与含氯饮用水相关，2013年，Teuschler等将暴露模型和药物代谢动力学模型组合发展了一种累积风险评估新方法——累积相对效能因子法(CRPF)，评估了13种主要DBPs三个暴露途径下的剂量效应和不同行为模式的影响，该方法遵循了剂量叠加和反应叠加原则，可以为不同种类的DBPs混合物导致的累积风险提供更为科学的评估。此外，累积性环境风险评估也可用于评价突发环境事件急性暴露后对健康的长期效应，Wollin等研究了德国北部一起环氧氯丙烷泄漏污染事故后人群暴露的长期健康风险，评估结果表明周边居民暴露浓度较低，致癌风险极低。

6.1.4.2 国内开展的累积性风险评估研究

国内累积风险评估起步较晚，研究相对滞后，主要是从生态风险和健康风险两方面进行的。在生态风险评价方面，吴健等阐述了累积效应、流域累积效应和累积效应评估的概念，并从技术、哲学和社会价值体系三方面着重论述了累积效应评估存在的问题，通过对流域累积效应评估的研究和展望，提出了更加完善合理的流域生态管理思路。许妍等梳理现有研究成果，对流域生态风险评价进行了概念界定与特征分析，并按照风险源、生态受体、生态终点的分类标准对流域生态风险评价进行了类型划分，并尝试构建反映流域时空尺度变化规律的生态风险评价概念模型。冯承莲等对中国主要河流中多环芳烃(PAHs)生态风险进行了初步评价，结合毒性数据库对蒽、芘、苯并[a]蒽、苯并[α]芘等7种PAHs进行了概率风险分析，并得到了它们的风险大小排序。刘卫国等对博斯腾湖流域进行生态风险评价，采用遥感技术确定生态风险受体，通过生态风险的综合计算和GIS分析叠加，得到博斯腾湖区域综合生态风险评价结果。卢宏玮等以洞庭湖地区东、南、西三部分为研究区域，根据其特殊的背景，将工业源、农业源作为其污染类风险源，对洞庭湖流域生态风险进行了评价，建立了由氮毒性污染指数、磷毒性污染指数、重金属类毒性污染指数共同组成的毒性污染指数，并与自然灾害指数和系统本身的生态指数构成了综合评估指标体系，计算了洞庭湖流域的综合生态风险。

在健康风险研究方面。段小丽比较了国内外环境健康风险评价中的暴露参数，研究了暴露参数的调查研究方法，并得到了我国居民呼吸、饮水、饮食、土壤暴露、皮肤暴露等相关参数。邹彬等分别从致癌风险与非致癌风险两方面建立了水环境健康风险评价模型，评价了某市2001年至2005年5个水质监测站周围水体中所含污染物对人体健康潜在危害的时空差异和风险源特征，有助于明确水体污染物治理的优先顺序，为水环境管理提供科学依据。黄奕龙等对深圳市的主要饮用水源地进行了分析与评价，计算了深圳市 7 个主要水库的水环境健康风险水平，指出基因毒物质是需要优先控制的污染物。倪彬等根据某湖泊饮用水源地水环境质量监测资料，采用 US EPA 推荐的水环境健康风险模型，对两处饮用水源地的原水通过饮水途径引起的健康风险进行了评价，得到了两处水源地的水环境健康风险水平结果，并指出了其中主要的污染物为 As 和 Cr(V)。陈凯等以太湖流域常州段为研究对象，从风险源、环境风险控制机制和风险受体三方面构建了累积性水环境风险评价指标体系，应用 MATLAB 建立了遗传神经网络综合评价模型，对 2004—2009 年常州市累积性水环境风险进行了综合评价，指出农业和畜禽养殖面源污染是影响常州段累积性水环境风险的主要因素。沈新强等根据国内研究成果，总结了重金属、石油烃以及有机物污染因子在贝类体内生物吸收、转运、累积等生理过程以及毒理危害，为开展贝类产地环境污染研究提供了参考。

在农药累积风险评估方面，姜官鑫等对累积风险评价危险指数(HI)、累积风险指数(CRI)、参考点指数(RPI)、暴露边界(MOE)以及毒性当量因子(TEF)等国外目前研究累积性暴露评估的主要方法进行了综述，并对不确定因素的影响进行了分析。张磊等则对每日可耐受摄入量(TDI)、危害指数(HI)、相对效能因子(RPF)、生理毒代动力学(PBTK)模型等方法进行了阐述，对方法的特征及其在食品中化学物累积风险评估中的应用进行了讨论。

6.1.5 TMDL 技术相关背景

随着全球水体污染日益严重，人类健康和经济社会发展受到了严重威胁，世界各国采取了多种减轻污染和改善水质的措施，其中美国的每日最大负荷总量(Total Maximum Daily Load, TMDL)计划最具代表性。TMDL 计划是国际上水质管理较为先进的措施之一，已经在美国实施多年，对改善河流、湖泊、河口等水体水质和保护生态环境起到了显著作用。

6.1.5.1 TMDL 基本概念

美国 EPA 于 1972 年清洁水方案中要求各个州府、准州地区以及得到批准的部落开展受损水体的调查并提交名单。即使点源污染物控制技术已经发挥作用，但是这些水体仍然无法满足当地水质标准的要求，随后法律要求司法部门对名单上的水体建立了优先权排名并开展 TMDL 计划。TMDL 是特定水体在满足水质标准的前提下所能容纳的最大污染量的一种计算方法，同时将污染负荷分配到各个污染源，其中包括对某些子流域点源及非点源的不同分配和消减方案。计算过程中考虑了季节变化和安全余量，从而采取适当的污染控制措施来保证目标水体达到相应的水质标准。

一个流域的 TMDL 将随着地理空间尺度和技术范围的变化而不尽相同，但它都会涉及一个由多个水文属性相连的河段组成的河网，比如溪流、湖泊、河口、海滨等。在特定流域内，TMDL 全盘考虑多个污染源和受损水体，将流域作为一个整体进行评估而不是针对每一个水体单独分析。一般而言，流域 TMDL 有两种类型：省市内的流域 TMDL 和跨省市行政区域 TMDL。无论哪种类型，它们的整体分析方法和许多产出效益是相同的。为了减少点源和非点源污染并使受损水体达到水质标准，TMDL 技术将作为一个工具对其进行成本效应识别和分析，这是流域 TMDL 的整体价值所在。基于对所有影响流域污染源的考虑，流域 TMDL 将为政府在分配和控制污染负荷方面提供了最大程度灵活性。为使某一流域 TMDL 发挥最大作用，应该整合该流域内所有系统、规划和社会方面的信息，并融入 TMDL 计划中。

6.1.5.2　开展 TMDL 的多方面效益

流域 TMDL 从一个完整综合的角度分析污染来源、受损水体和相关管理措施。TMDL 计划的开展具有若干方面的益处，其中包括更广范围的污染源评估、捕捉水体上下游之间的相互作用以及减少对未来 TMDLs 计划的潜在需求。

第一，基于流域层面开展 TMDL 可以使我们评估流域里面的所有污染源并识别它们对水质的影响。如果研究只集中于单一河段的 TMDL 计算，我们将会错过目标流域范围之外但对河段水质有重要影响的污染源。当某个流域内有若干个污染源并产生了多种污染物时，应同时开展流域 TMDL 和多种污染物的模拟，随后的排污负荷分配工作可以锁定这些污染源并控制多种污染物。

第二，流域污染源及其对受损水体的累积效应是相互关联的。水质好坏是各种负荷输入、水体内部条件以及各种物理、化学和生物过程综合作用的结果。一个流域 TMDL 即会考虑到目标流域内源强的排放也会考虑到上游地区的污染负荷流入，所以下游水质将受到上游污染排放量变化的影响。基于对所有污染源累积作用的分析，在污染负荷分配过程中我们可以最优化、最大化的进行污染源消减工作。

第三，由于 TMDL 计划在流域上评估了污染源的输入和水质影响，它可以保护流域中受到威胁或未受损坏的河段。这种流域层面的方法，其目标就是全盘评估污染源和确定相应控制措施以保护流域整体，而不是仅仅关注于流域的某些部分，因此它有益于整个流域中的水质保护。同时，未来 TMDL 的开展以及相关费用也会相应减少。

6.1.5.3　TMDL 的国内外发展现状

自从 1995 年，美国州政府或 EPA 已经批准了 34 300 个 TMDLs 计划，有近 36 000 个受损水体榜上有名。从 2009 年开始，未来 8～13 年将会有 70 000 个 TMDLs 机会，这意味着每年新增 5 300～8 700 个。美国已经完成的 TMDLs 成功案例非常多，比如 Callegas Creek、Gauley River、Long Island Sound、Lower Fox River、Potomac River、St. Mary's River、Tualatin River、Virgin River，等等，其中涉及的污染物包括磷、氮、沉积物、微生物、溶解性总固体、氨氮、铁、锰、盐类、多氯联苯等，受损水体的河段数量和目标污染物各不相同。以 2000 年 Christina River 流域针对溶解氧和营养物质开展的 TMDL 计划为例，其空间范围为 565 平方英里，跨越了宾夕法尼亚州、特拉华州和马里兰州，一共 39 个河段，研究范围包括 Brandywine Creek、Red Clay Creek、White Clay Creek 和 Christina River。由于受损水体的营养物质和溶解氧浓度不满足水质标准，需要对其开展 TMDL 计划，设定背景条件、季节和每日模式、获得相应数据及开展采样活动以支持模型运算。以 1988—1998 年的水质、流量和点源排放等相关数据作为基础，采用 EFDC 模型模拟了叶绿素 a，氨氮、硝态氮、总氮、正磷酸盐、总磷、溶解性有机碳、总碳、总悬浮颗粒物、氯化物、每日平均溶解氧和昼夜溶解氧浓度,对低流量和变流量两种条件下的 TMDL 进行了计算。根据不同河段目标物的水质标准进行了污染负荷的分配,在分配过程中提出了多种情景模式,比如分析每个点源排放对水质目标的影响,设定背景条件排除支流和点源的贡献等。

总而言之,美国已经逐步形成了一套系统完整的总量控制策略和技术方法体系,为改善美国水环境质量做出了贡献,成为国际最具代表性的水污染防治体系,代表了世界水质管理的发展方向。美国 TMDL 计划的管理思想和实施技术对于我国水环境保护目标、水环境管理模式和水污染控制技术三个转变的实现具有十分宝贵的借鉴作用。

相比之下,由于我国在这方面的研究才刚刚起步,加上各种数据分散、稀缺,通过搜索相关国内外期刊数据库,发现我国目前还没有 TMDL 成功实施的案例。相类似的研究集中在基于水生态功能分区的基础上,采用“静态”环境容量计算方法核算污染负荷以及相应分配工作。但是从某一研究范围的排放量、流量、体积、排放标准等指标计算得到的环境容量无法体现污染物在真实环境中连续的时空变化,是对动态数值模型模拟的简化,相当于模型解析解的一种整合方式,无法准确刻画污染物的周期性和季节性变化规律,更无法体现动力学作用机制和污染物对水体的长期累积性效应。而真正意义上的 TMDL 计算是基于流域层面的,整合了流域水文、水利、水质数值模型模拟,最后加以计算分析得到的,其过程涉及目标污染物在地面径流、层间流、地下水中的分布,以及在天然河流和沉积层中的迁移转化。总而言之,TMDL 的开展和实施应该建立在客观反映污染物在自然环境中变化的基础之上。

6.1.5.4 TMDL 的开展与实施

TMDL 计算将涉及流域特征化、受损水体的描述、计算并分析纳污能力、点源及非点源负荷分配以及向相关部门提交分析报告。执行 TMDL 之前需要对流域的特点、数据的可用性、受损水体的原因、污染源分布、水质管理标准和潜在的水质目标进行全面的了解。随后我们需要采用数学模型的方法对污染负荷的上下游效应进行直接的动态模拟,从而支持“自上而下”的污染负荷评估方法。通过模型的模拟,我们可以掌握污染物从上游子流域流向下游子流域的迁移转化过程,分析污染物在陆域、水域与水质的动态响应关系。这一过程涉及流域水文、水利、水质数值模型的耦合和模拟,需要多种类型的 GIS 矢量图层和监测数据作为支撑,比如水质、水文、气象、土地利用等等。基于模拟结果进行污染负荷的分配分析,这需要将负荷消减量应用到不同子流域污染物的组合中,从而定义不同情景模式来满足设定的水质标准。这个过程是弹性的,因为我们会有多种选择,污染源级别和位置、目标污染物、污染负荷消减的可行性等因素都会左右决策者的最终决定。最后将以直观、易懂的方式书写 TMDL 报告,提交给相关部门,作为总量减排的决策依据。

6.2 基于主要水污染物排放总量控制和水生态功能分区水质目标管理的累积性环境风险研究

利用连续实时监测数据,构建污染物浓度的累积概率曲线,结合水质管理目标的浓度阈值，确定90%监测时间范围内污染物浓度小于等于浓度阈值为水质达标，在此基础上，每间隔20%划分风险等级，即有四个风险等级——[～50%](一级预警，红色)，[50%～70%](二级预警，橙色)和[70%～90%](三级预警，黄色)和[90%～](四级安全，绿色——代表水质达标，不用进行相关预警)。确定预警级别之后，通过实时水质监测浓度和流量，获得即时的污染物负荷总量，采用污染负荷历时曲线得到每条河流每个污染物的非点源、点源允许排放量、消减量以及安全余量，构建水污染总量控制方案。

6.2.1　累积概率曲线计算方法

累积概率曲线的计算原理是，首先将观测值从小到大排序，之后依次编号，计算威布尔点位位置值(Weibullplotting position)，赋予其累积概率值(公式6-1)，以标准概率尺度为横坐标，相应的观测值为纵坐标，绘制二维散点图。

$$P = \frac{m}{n+1} \tag{6-1}$$

其中：$m(1, 2, 3, \cdots, n)$为观测值排序后的编号；n为观测值数组的维数。累积概率曲线传递的思想是，在小于或等于特定观测值的累积频率P(或者说，大于或等于特定观测值的累计频率$1-P$)，本书中，绘制指定污染物浓度的累积概率曲线，以相应水质管理目标为阈值，通过阈值线与累积概率曲线交点得到的概率值评价入湖河流主要水污染物潜在的累积性风险。

6.2.2　累积性环境风险分级方法

与传统的风险预警方法(通过河流断面处污染物浓度与水质标准的比值划分不同风险预警级别、基于野外观测的水质变化现象与水质标准结合划分不同风险预警级别)，本书提出累积性风险预警方法——“污染物累积浓度概率”，即90%的监测时间范围内，污染物浓度达到水质标准，或只允许10%的监测时间范围内，污染物浓度超过水质标准。以90%为“达标”临界点，划分四个风险等级——[～50%](一级预警，红色)，[50%～70%](二级预警，橙色)和[70%～90%](三级预警，黄色)和[90%～](四级安全，绿色)。同时，得到的百分比与特定时间范围的流量历时曲线相对应，可以得知在该风险等级下的水文条件。

竺山湾及其典型入湖河流的氮磷污染是点源和非点源长期排放的结果，同时在自然和人为条件的扰动下水体沉积层的营养盐释放到水层中，两者共同体现“累积性”的特点，采用累积性概率方法可以很好地体现这一特点。我们可以采用WASP水质模型的模拟结果或在线监测数据，计算数值的布尔点位位置值，获得累积概率分布图。以图6-3为例(漕桥河氨氮浓度累积概率分布图)，氨氮浓度标准为2.0 mg/L，根据漕桥河水质监测数据进行统计分析，在当前污染物排放条件下(Reduction 0%)，43.1%的监测时间内水体氨氮浓度达标，即小于或等于2.0 mg/L，换言之，56.9%的监测时间内氨氮浓度高于2.0 mg/L，不满足水质标准，此时属于“一级”预警，即水质达标率位于[～50%]范围，定期向当地政府报告环境风险等级。对应漕桥河流量历时曲线，如图6-4所示，图中横坐标“43.1%”等于或超过累积频率对应的水文条件为中流量区(Mid-range zone, 40～60 th),其流量值约为 10 cm^3/s。相关为了满足该水体氨氮浓度满足 95%以上达标率,需要执行 TMDL 技术,分别对流域污染负荷消减 40%,50%,60%和 65%,分别得到 72.5%、85%、92.5%和 99%达标率,分别位于属于[70%～90%],[70%～90%]、[90%～]和[90%～],即三级黄色预警、三级黄色预警、四级绿色安全和四级绿色安全。同理,可以得到其他三种污染物的预警信息。

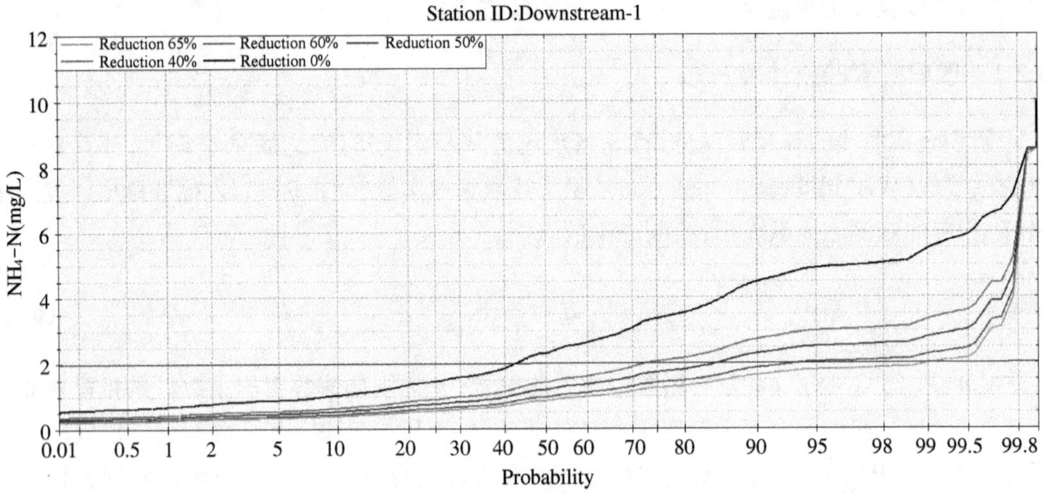

图 6-3 漕桥河氨氮浓度累积概率分布图

(五种情景模式分别代表流域污染负荷消减 0%, 40%, 50%, 60%, 65%)

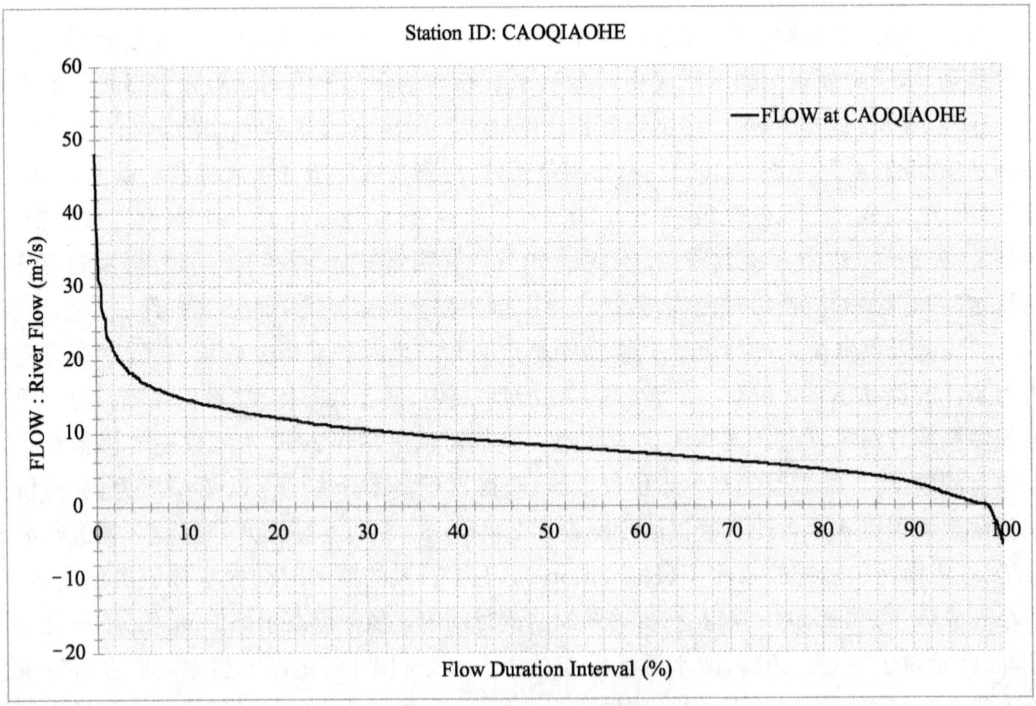

图 6-4 漕桥河流量历时曲线

6.2.3　累积性环境风险评估与预警体系构建

累积性环境风险评估与预警体系构建如图 6-5 所示。首先根据入湖河流水质自动监测站的实时传输数据，计算数值的威布尔点位位置值，获得累积性概率分布图，即某条河流某个水质变量在指定时间段内的浓度累积概率分布；基于阈值标准（红线）与浓度累积概率分布图的交点，判断在 $X\%$ 监测时间范围内有 $Y\%$ 的污染物浓度在阈值浓度之下，即达标的百分率，确定相应的风险等级（风险分级方法如 5.2.2 节所述），给出累积性风险等级并预警——小于 50％监测时间范围内，污染物浓度达标，为Ⅰ级红色预警；介于 50％～70％监测时间范围内，污染物浓度达标，为Ⅱ级橙色预警；介于 70％～90％监测时间范围内，污染物浓度达标，为Ⅲ级黄色预警；大于 90％监测时间范围内，污染物浓度达标，为Ⅳ级绿色安全，得到预警级别的同时，对应流量历时曲线得到该风险等级下的水文条件。

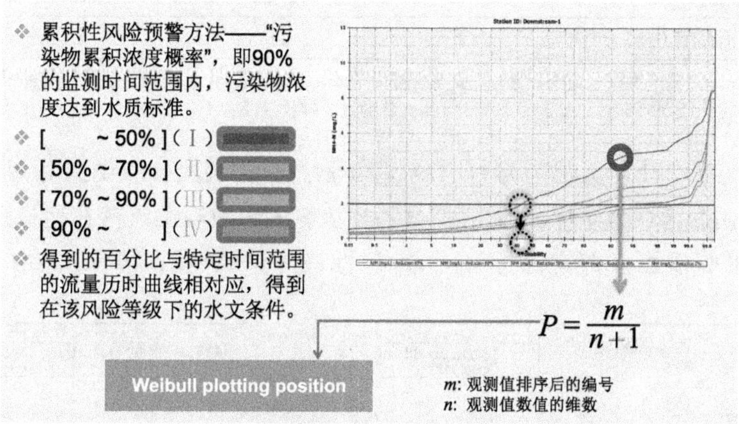

图 6-5　累积性环境风险评估与预警体系构建

6.2.4　主要水污染物总量控制方案

水污染物总量控制方案基于 TMDL 技术。通过实时水质监测浓度和流量，获得即时的污染物负荷总量，采用污染负荷历时曲线（Load Duration Curve，LDC）的计算方法得到每条河流每个污染物的非点源、点源允许排放量、消减量以及安全余量。该方法基于历史连续性的河流流量和水质标准建立不同水文条件下的环境容量。主要通过以下四步实现：

① 通过流量频率表和相应流量数据得到流量历时曲线。这些数据反映了流量从高流量区和低流量区；

② 指定污染物的水质标准与流量历时曲线的每个流量值相乘得到该污染物的负荷曲线（TMDL 曲线），再乘以转换因子；

③ 水样的水质浓度与采样时的日均流量值乘积得到每日观测负荷量，它以散点的形式与上述 TMDL 曲线一起表征在 TMDL 图上；

④ 位于 TMDL 曲线下方的负荷量观测值代表满足水质标准或每日允许负荷量，而位于

TMDL 曲线以上的负荷量观测值代表超过水质标准或者每日允许负荷量，应对污染物排放量进行适当地消减。

根据以上描述，结合实际监测数据，典型区域主要入湖河流水污染总量控制的计算结果模版如表 6-1 所示。

表 6-1　入湖河流主要水污染物 TMDL 简报模版

太滆运河/漕桥河/殷村港				
TMDL 成分(Kg/d)	COD_{Mn}(kg/d)	氨氮(kg/d)	总氮(kg/d)	总磷(kg/d)
当前排放量	A	A	A	A
TMDL[1]	B	B	B	B
非点源排放量	C	C	C	C
点源排放量	D	D	D	D
安全余量[2]	E	E	E	E
污染负荷消减量(%)	F	F	F	F

注：1　TMDL＝非点源＋点源＋安全余量；2　安全余量为 TMDL 的 10%。A：所有测量值“散点”进行统计，求 P50；B：“红线”上所有数据点进行统计，求 P50；C：(0.9 × B)－D；D：允许的点源排放量；E：0.1 × B；F：100 ×[1－(0.9×B)/A]

以 2007 年至 2011 年太滆运河为例，水污染物总量控制的计算结果如图 6-6 和表 6-2 所示。图中的阴影区域为达标区，可以明显看出氨氮的多数观测点落在达标区内，达标率较高，大多数 COD_{Mn}观测点都在达标区上方，超标最为严重(见图 6-6)。由于典型区域地

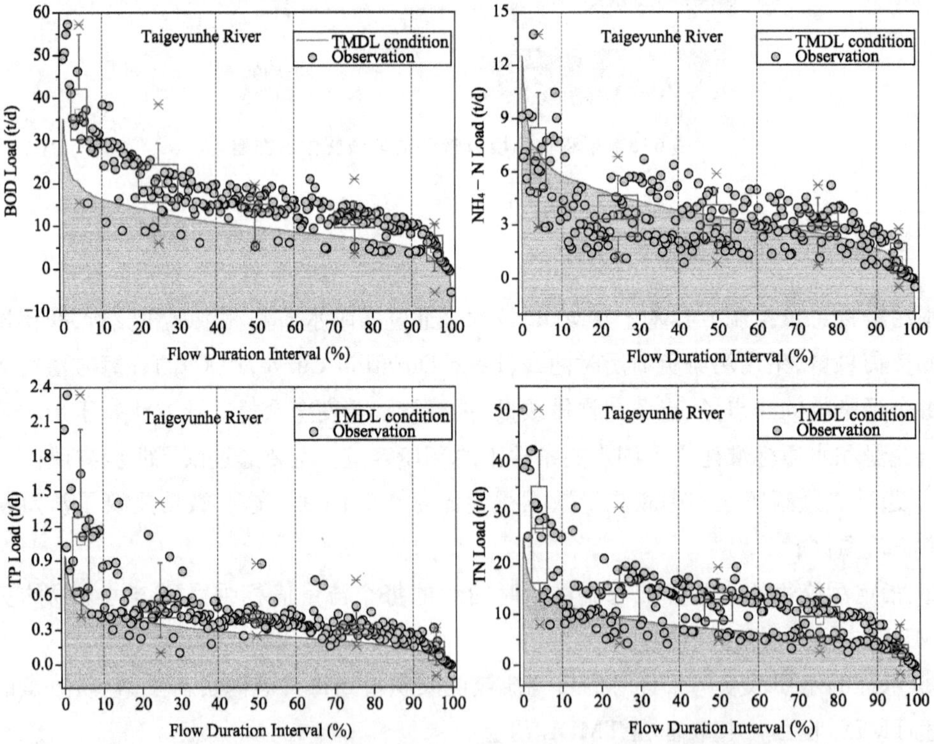

图 6-6　2007—2011 年太滆运河 COD_{Mn}、氨氮、总磷和总氮负荷历时分析

表 6-2 太滆运河 COD_{Mn}、氨氮、总磷和总氮的 TMDL 简报

太滆运河				
TMDL 成分(Kg/d)	COD_{Mn}(kg/d)	氨氮(kg/d)	总氮(kg/d)	总磷(kg/d)
当前排放量	50 603.44	1 367.11	10 450.77	271.30
TMDL	10 499.33	3 749.76	7 499.52	281.23
非点源排放量	9 449.40	3 374.78	6 749.57	253.11
点源排放量	0.00	0.00	0.00	0.00
安全余量	1 049.93	374.98	749.95	28.12
污染负荷消减量(%)	81.33	−146.86	35.42	6.71

势比较平坦,入湖河流的整体流向是从西北到东南,但是会受到自然条件和人为操作的影响,比如风力导致的回水、泵站取水、河坝拦截等,使得流量出现负值和零值,这些流量数据导致了 TMDL 曲线(允许每日排放量)有零点以下的部分,但是这些"异常值(outlier)"数据很少,不影响整体结果,其中太滆运河 2007—2011 年日值流量总数为 1 826,负值 19 个和零值 4 个,有效数据占比 98.7%。对于指定时间范围,我们将负荷量的中值作为允许每日排放量。之后,允许每日排放量与当前排放量进行对比,决定必要的污染负荷的消减。COD_{Mn}、氨氮、总磷和总氮的消减量分别为 81.33%, −146.86%, 35.42%, 6.71%。结果显示氨氮的当前排放量小于 TMDL,说明太滆运河对氨氮污染仍然具有缓冲能力,其他污染物均需要消减。由于点源允许排放量目前尚不清楚,本书暂时没有对点源允许排放量进行分配,当获得流向太滆运河的点源允许排放量数据后,非点源允许排放量的分配结果将发生变化。安全余量(margin of safety, MOS)包括了计算过程中的不确定性,为了充分地保护水体健康,留出 10%的环境容量(见表 6-3)。我们也可以根据不同流量区制定某一污染物的 TMDL 简报,如表 6-3 所示。

表 6-3 太滆运河总氮的 TMDL 定期报告

	TMDL 成分	高流量区	丰水区	中流量区	枯水区	低流量区
		0~10	10~40	40~60	60~90	90~100
TN (t\d)	当前排放量	26.92	14.03	12.90	9.43	3.14
	TMDL=非点源+点源+安全余量	13.58	9.19	6.88	5.08	1.90
	非点源	12.22	8.27	6.19	4.57	1.71
	点源	0	0	0	0	0
	安全余量(10%)	1.36	0.92	0.69	0.51	0.19
	负荷消减量(%)	55	41	52	52	46

河流的流量值与允许每日排放量建立线性关系曲线($R^2=1$)可以作为负荷历时曲线的补充,如图 6-7 所示。它展示的是基于流量大小而非流量频率的允许每日排放量,同时提供

了一个计算公式，可以通过每日流量观测值简单方便的计算获得允许每日排放量。为了保证研究的完整性，我们显示出“异常值”，但是在实际的水污染管理中可以不考虑。

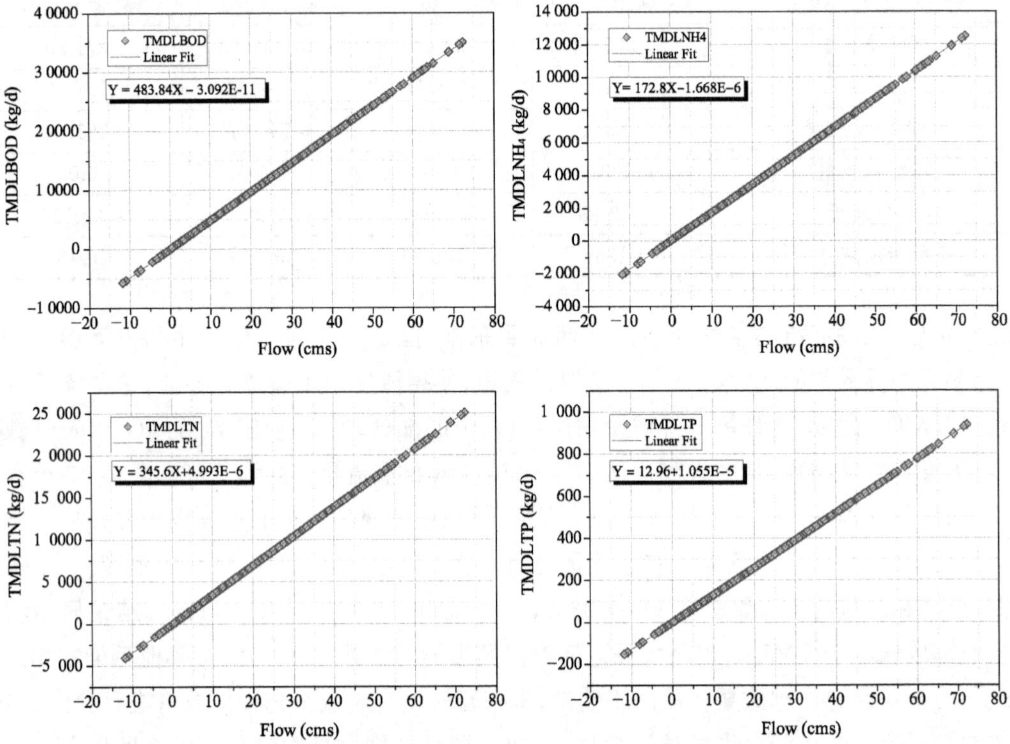

图 6-7　太滆运河流量观测与允许每日排放量的线性拟合

6.2.5　基于主要水污染物排放总量控制和水生态功能分区水质目标管理的累积性环境风险预警方法体系简易技术

数据收集	累积性概率分布
✧ 示范区调研 ✧ 示范区边界 ✧ 监测数据 ➢ 水质监测 ➢ 点源排放 ➢ 气象监测 ➢ 河流流量	✧ 90%监测时间范围内污染物浓度小于或等于水质管理目标； ✧ 划分四个风险等级，即[~50%](一级预警，红色)，[50%~70%](二级预警，橙色)和[70%~90%](三级预警，黄色)和[90%~](四级安全，绿色)。
	主要水污染物总量控制方案 基于流量历时曲线，根据不同水文期快速计算环境容量，当前排放量和消减量。 ✧ 复杂河网地区 ✧ 非点源污染为主 ✧ 降雨驱动

6.3　典型入湖河流主要水污染物最大日负荷量(TMDL)核定技术与污染负荷消减方案

6.3.1　主要水污染物 TMDL 方案研发框架

太湖周围的入湖河流是太湖水质污染的主要贡献者，它们是流域点源和非点源排放的主要受体，因此需要重点治理和维护入湖河流的水质安全。根据基础调研数据，计算当前流域污染负荷和水体 TMDL，在保证河流水质达标的情况下，提出污染负荷的分配和消减方案，为相关决策者提供参考。TMDL 方法多种多样，我们要根据污染源特点、流域特征及数据可用性选择适用的 TMDL 方法。基于对典型区域地势情况、水文条件和数据可用性的了解，发现典型区域的河流近似运河，河水来自河网中小湖泊和池塘，而且河流内有很多隔网、闸门和河坝控制，同时还受到风力的影响，使得河流存在回水、取水和拦截，成熟的流域模型(HSPF、SWAT 等)不适用于典型区域。结合实际情况，本书提出两种 TMDL 方案(如图 6-8 所示)：(1)基于流域物理特征和长期监测数据，构建适合刻画典型区域的经验流域负荷模型，并与水质机理模型耦合，一同阐述污染物与水质的动态响应关系和变化规律，建立不同情景模式计算 TMDL 消减量(基于长期多年平均污染负荷排放量比率的百分比消减率)，满足入湖河流水质标准；(2)基于有限数据量和不同水文季节，构建流量和时间变化的 TMDL 统计学模型，可以简单、有效、快速地计算河流当前排放量、TMDL 和消减量，便于管理者了解累积性风险管理。

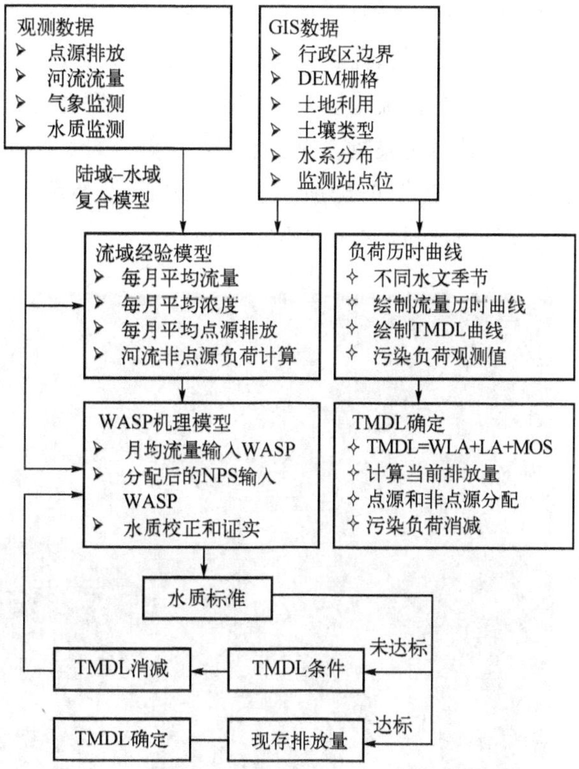

图 6-8　入湖河流主要水污染物 TMDL 技术路线

整体而言，基于前期调研工作的成果，本书现在还达不到精细化水文循环模拟过程，但是在我们已经尽可能地收集了相关数据，比如点源排放、河流流量、气象监测、水质监测数据，并根据典型区域的行政区边界、DEM 栅格、土地利用类型、土壤类型、水系分布以及监测站所在点位等，构建出适合典型区域的 TMDL 模型。运算过程中，采用日值数据进行计算，模型模拟结果也按照日值形式输出，并在此基础上进行当前排放量、环境容量和消减量的计算。为了后续数据处理和分析,我们把时间单位设定为“天”,相关部门可以根据实际情况和管理需要更改数据单位,比如 1 kg/d=30 kg/mon=365 kg/a。

6.3.2 流域污染负荷模型

太湖流域是我国农村经济最发达的地区之一,工农业生产相对密集,特别是农业面源污染相对严重,陆域的氮磷等营养物质在降雨作用下通过地表径流、壤中流和地下径流等途径流入太湖,很大程度上提升了湖水中的营养盐浓度水平。经过调研,太湖流域面源污染主要来自农村生活污水、种植业、畜禽养殖业和水产养殖业。现根据太湖流域地形地貌特征,提出面源污染负荷核算方法,为面源溯源、TMDL 核算、流域负荷消减提供基础依据。

6.3.2.1 污染负荷通量核算方法

以竺山湖为典型区域(如图 6-9 所示),该区域河网密集,大小河流纵横交错,主要有 3 条入湖河流,即太滆运河、漕桥河和殷村港,主要污染物为 COD_{Mn}、氨氮、总磷和总氮。典型区域面源污染范围广,污染源众多而且分散,一般采用排污系数法计算面源,但该方法基于大量经验统计值,而且无法体现面源污染负荷的动态变化过程。本书将采用入湖河流水质监测数据、河流流量以及点源排放位置,建立适合太湖面源核算方法,即对于每一条入湖河流,通过计算污染物在上游、下游监测站的长期平均质量通量推算流域面源污染负荷,如公式(6-2)~公式(6-5)所示。由于水质、流量和点源排放都是历史连续性监测数据,从而使得面源污染负荷具有动态特征。

图 6-9 典型区域示意图

$$F_{upstream}=Q_{upstream}\times C_{upstream}\times f_{unit} \tag{6-2}$$

$$F_{downstream}=Q_{downstream}\times C_{downstream}\times f_{unit} \tag{6-3}$$

$$F_{loading}=F_{upstream}-F_{downstream} \tag{6-4}$$

$$F_{NPS}=F_{loading}-F_{wastewater} \tag{6-5}$$

其中：$F_{upstream}$ 为上游水质监测站的污染物质量通量，kg/d；$F_{downstream}$ 为下游水质监测站的污染物质量通量，kg/d；$F_{loading}$ 为上游和下游水质监测站之间的污染物质量通量，kg/d；F_{NPS} 为非点源污染排放的质量通量，kg/d；$F_{wastewater}$ 为点源排放的污染物质量通量，kg/d；$Q_{upstream}$ 为河流上游流量，m^3/s；$Q_{downstream}$ 为河流下游流量，m^3/s；$C_{upstream}$ 为上游水质监测站污染物浓度，mg/L；$C_{downstream}$ 为下游水质监测站污染物浓度，mg/L；f_{unit} 为单位换算因子，取值86.4，(s/d)(kg/g)。简言之，该方法是根据监测站水质和流量数据的乘积估算流域污染总负荷，再减去河流中点源排放负荷，即可以得到面源污染负荷。

6.3.2.2　典型区域面源污染负荷

(1) 河网概化及模型方法

基于上述流域面源核算通式，现以太滆运河、漕桥河和殷村港为例，计算 2007—2011 年汇入三条河的流域面源污染负荷量。河流分段、河流监测站、水质监测站和点源布局如图 6-10所示。其中太滆运河分为 20 个河段，漕桥河分为 22 个河段，殷村港分为 20 个河段，每个河段 1 km。太滆运河与漕桥河在＃S2 处交汇，整个河网有两个末端出口＃S1 和＃S43，河水流入竺山湖湖区。

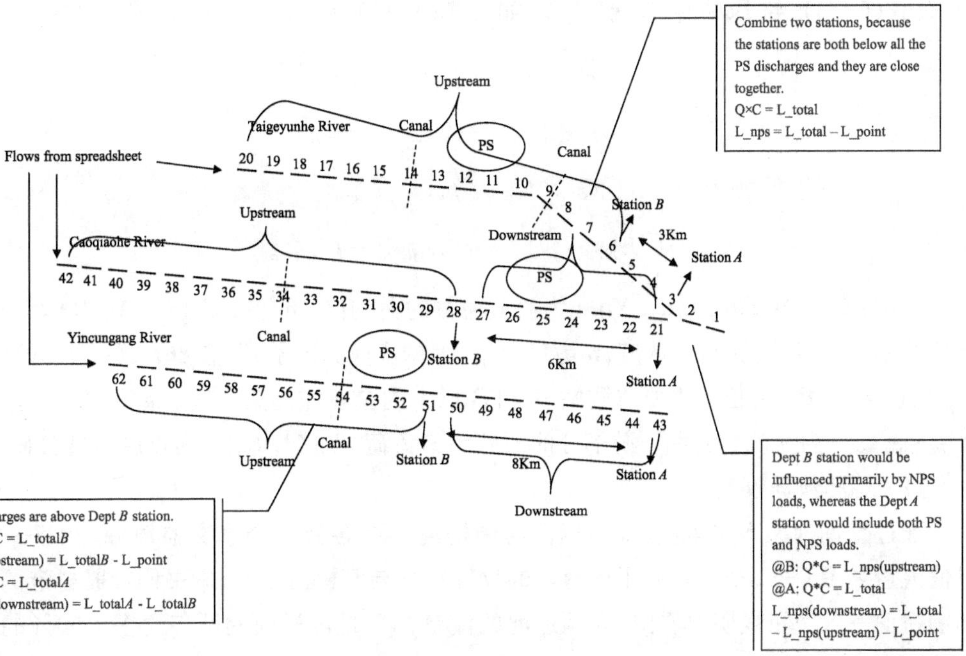

图 6-10　典型区域河网示意图

根据前期收集的数据资料发现，每一条河有两个水质监测站，其中 B 站为上游站（手动），A 站为下游站（自动），点源（Point-Source，PS）与水质监测站的相对位置各不相同，河流起始点至 B 站称为“上游”，从 B 站至河流入湖末端称为“下游”，河流流量值从河段上游输入，每条河流的污染情况如下：

对于太滆运河，两个水质监测站距离相对较近，而且它们都位于点源之下，所以将其合并。首先计算水质监测站 B 的总污染负荷，如公式（6-6）所示，然后减去点源污染负荷计算河流上游的面源污染负荷，如公式（6-7）所示。

$$Q_i \times C_B \times f_{unit} = L_{total,\,B} \tag{6-6}$$

$$L_{NPS(upstream)} = L_{total,\,B} - L_{point} \tag{6-7}$$

对于漕桥河，水质监测站 B 位于点源之上，主要受到河流上游的面源污染影响，河流上游面源污染负荷由公式（6-8）计算得到，而水质监测站 A 同时受到整条河流的所有点源和面源的影响，通过公式（6-9）计算得到整条河流的面源污染负荷，河流下游面源污染负荷由“总量”减去上游河流面源和点源计算得到，如公式（6-10）所示。

$$Q_i \times C_B \times f_{unit} = L_{NPS(upstream)} \tag{6-8}$$

$$Q_i \times C_A \times f_{unit} = L_{total,\,A} \tag{6-9}$$

$$L_{NPS(downstream)} = L_{total,\,A} - L_{NPS(upstream)} - L_{point} \tag{6-10}$$

对于殷村港，所有点源排放都位于 B 站以上，所以河流上游面源污染负荷由上游“总量”[见公式（6-11）]减去点源污染负荷，即公式（6-12）所示。而下游面源污染负荷为 A 站[见公式（6-13）]与 B 站的“总量”之差，如公式（6-14）所示。

$$Q_i \times C_B \times f_{unit} = L_{total,\,B} \tag{6-11}$$

$$L_{NPS(upstream)} = L_{total,\,B} - L_{point} \tag{6-12}$$

$$Q_i \times C_A \times f_{unit} = L_{total,\,A} \tag{6-13}$$

$$L_{NPS(downstream)} = L_{total,\,A} - L_{total,\,B} \tag{6-14}$$

其中：$Q_i(i = Tai,\ Cao,\ Yin)$ 为河流流量的月均值，m^3/s；$C_i(i = A,\ B)$ 污染物在水质监测站 A 和 B 的月均值浓度，mg/L；f_{unit} 为单位换算因子，取值 86.4，(sec/day)(kg/g)；$L_{total,\,i}(i = A, B)$ 为位于水质监测站 A 和 B 以上的总流域污染负荷，kg/d；$L_{NPS(upstream)}$ and $L_{NPS(downstream)}$ 为河流上游和下游部分的面源污染负荷，kg/d；L_{point} 为点源污染负荷，kg/d。

（2）观测数据收集

通过查询国家水文年鉴，太滆运河与漕桥河上游各有一个水文监测站，2007—2011 年日值流量如图 6-11 所示。由于殷村港的物理特征与漕桥河相似，本书假设殷村港的流量值与漕桥河一致。可以明显看出，太滆运河的流量几乎是漕桥河的两倍之多。50%的监测时间范围内，太滆运河流量等于或大于 19.9 m^3/s，而漕桥河为 8.21 m^3/s。对于当地的降雨，都会引起河流流量的显著增长，在流量高峰过后，缓慢回落。负值和零值流量在五年监测时间内占 1.8%，有效数据占 98.2%，但是峰值流量之后仍然存在"快速"的回落，可能是人为活动造成的。为了更为准确地刻画水质变化的机理过程，需要对日值流量取月均值，从而克服这些异常数据的影响。

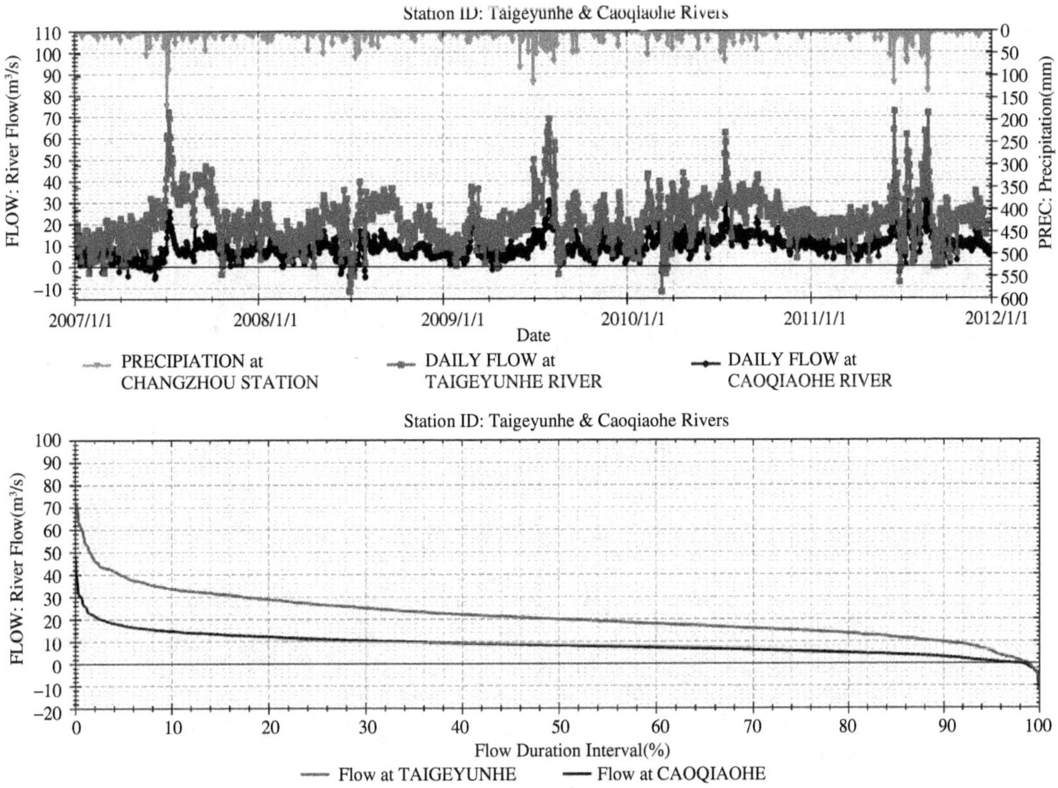

图 6-11　2007—2011 年太滆运河和漕桥河的日值流量、降雨量和流量历时曲线

通过主要水污染物(排放)风险源研究对点源排放的筛选，一共有 3 个主要污水处理厂，分别是漕桥、南漕和周铁污水处理厂，它们接收了陆域上很多加工制造业、化工、冶炼等工厂企业的尾水，经过污水处理厂处理后分别排入太滆运河、漕桥河和殷村港这 3 条入湖河流。结合实际在线点源排放监测数据以及 3 个水质监测站 *A*，可以得到来自点源排放和流域污染负荷总量，如图 6-12 所示。可以看出，点源排放基本可以忽略不计，说明流域污染更多的来自非点源。但是，点源的数据收集工作受到一定程度的局限，一些将尾水排入这 3 条河的排污企业数据尚且没有，需要今后进一步补充。虽然本书中涉及点源的若干结果有一定程度的不确定性，但是累积性风险预警、当前排放量和 TMDL 核算不受影响。

收集的水质数据包括：2007—2011 年每月的 COD_{Mn}、BOD_5、氨氮、NO_3-N、总氮、总磷、pH、DO 和 WTEMP 监测浓度。2011 年水质监测站 *A* 是日值浓度，取月均值，以保证数据维度的统一。水质监测站 B 同时检测了 COD_{Mn} 和 BOD_5 浓度，可以用来建立两者之间的

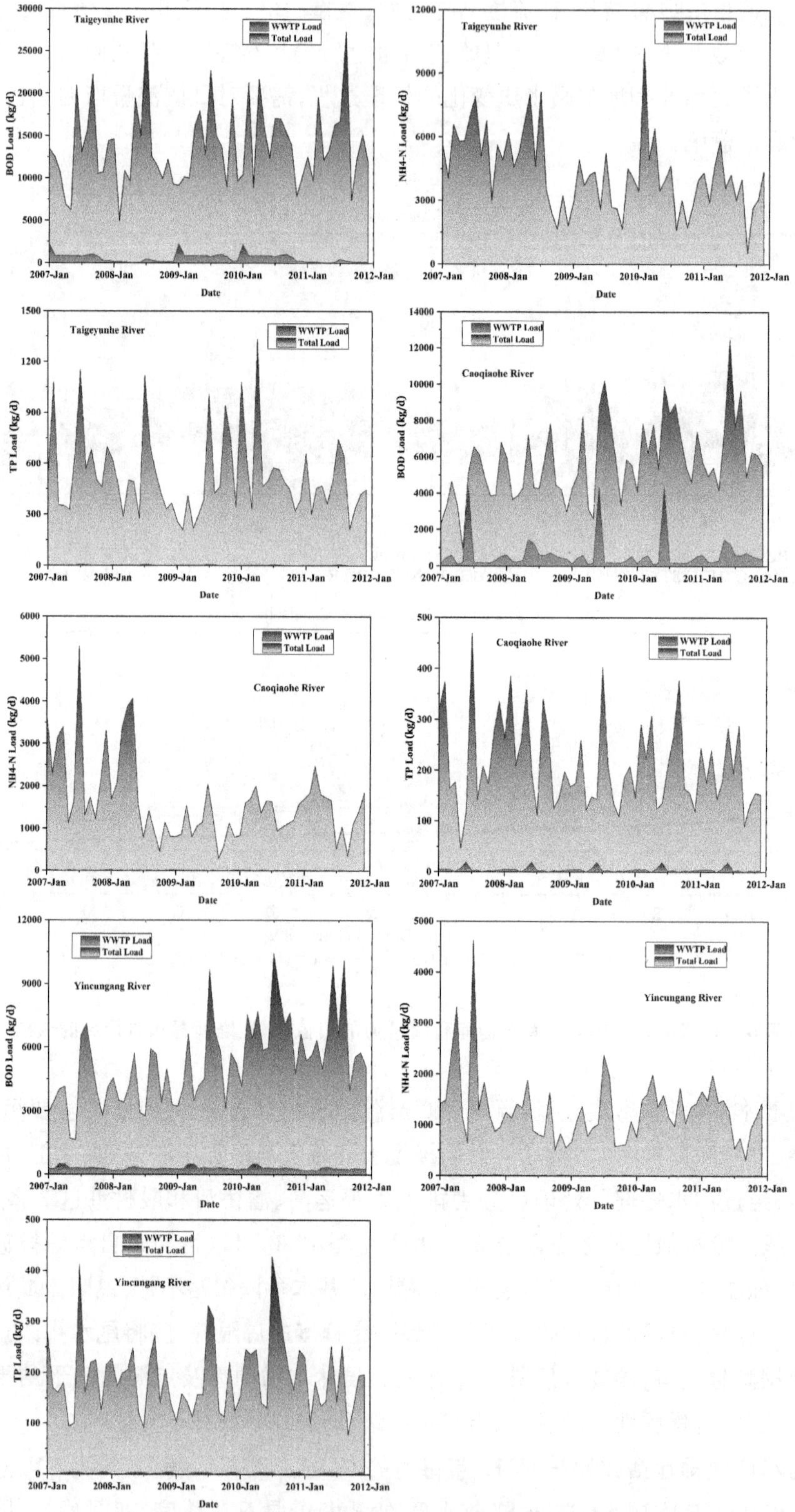

图 6-12　污水处理厂和流域污染负荷排放总量对比

关系，如图 6-13 所示。BOD_5 近似等于 COD_{Mn}的 1.12 倍(见公式 6-15)。由于后续机理模型的输入和产出为 CBOD，我们需要将 COD_{Mn}转化成 BOD_5，然后再转化成 CBOD。一般而言，CBOD 是 BOD_5的 1.5 倍。根据这个简单关系，可以得知 CBOD 是 COD_{Mn}的 1.7 倍左右。

$$BOD_5 = 1.117 \times COD_{Mn} + 0.6408 \tag{6-15}$$

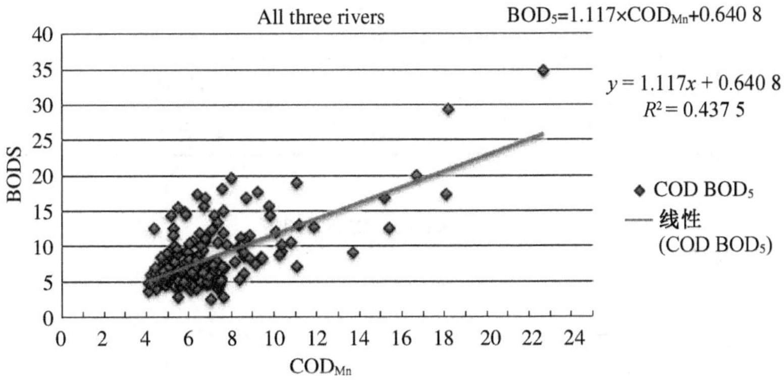

图 6-13　入湖河流 BOD_5和 COD_{Mn}浓度之间的关系

3) 面源污染负荷结果

将 2007 年至 2011 年每月的水质、流量和点源排放数据输入公式中，计算太滆运河、漕桥河和殷村港的流域面源总污染负荷，如表 6-4、图 6-14、图 6-15、图 6-16 所示。图中显示的数据点单位为 kg/d，与表中数据的关系为：kg/d×365 d /a×t/1 000 kg=0.365 t/a。

表 6-4　太滆运河、漕桥河和殷村港的流域面源污染负荷

太滆运河	COD_{Mn}(t/a)	氨氮(t/a)	总氮(t/a)	总磷(t/a)
2007	6 519.65	2 066.83	3 495.43	222.09
2008	7 069.07	1 704.53	3 028.86	185.10
2009	6 898.60	1 318.03	2 714.82	171.77
2010	7 196.99	1 519.93	3 407.28	214.03
2011	7 842.49	1 310.63	3 972.94	167.21
五年均值	7 105.36	1 583.99	3 323.87	192.04
漕桥河	COD_{Mn}(t/a)	氨氮(t/a)	总氮(t/a)	总磷(t/a)
2007	1 893.25	914.02	2 524.15	81.92
2008	2 228.93	668.60	2 691.05	83.63
2009	2 779.02	367.35	2 388.98	65.75
2010	3 323.12	500.28	3 399.24	73.37
2011	3 197.12	526.44	3 319.51	65.93
五年均值	2 684.29	595.34	2 864.58	74.12

续表

殷村港	COD_{Mn}(t/a)	氨氮(t/a)	总氮(t/a)	总磷(t/a)
2007	1 928.90	638.25	2 214.20	69.61
2008	2 094.46	389.96	2 165.91	66.62
2009	2 610.41	392.04	2 095.48	60.70
2010	3 536.32	495.62	3 030.71	84.29
2011	3 253.50	434.56	2 796.89	60.41
五年均值	2 684.72	470.09	2 460.64	68.33

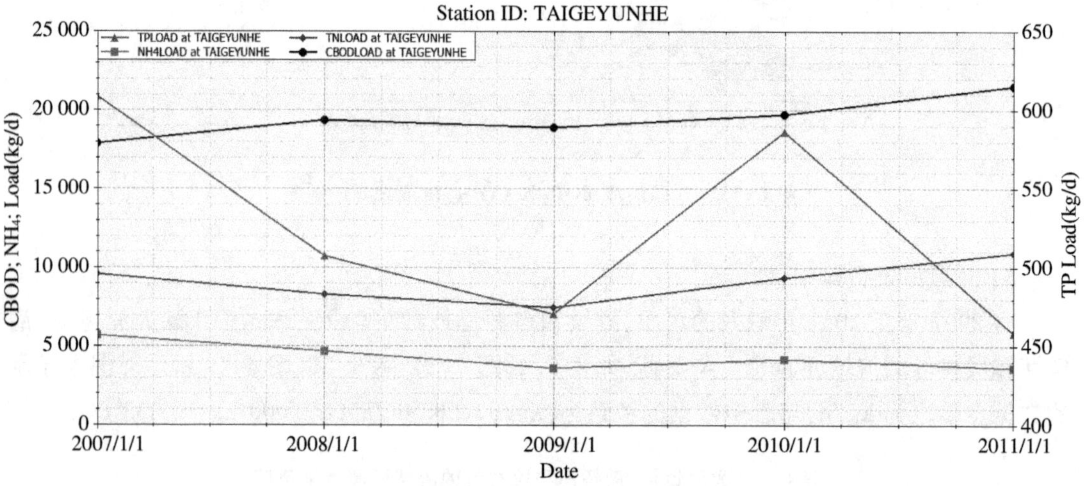

图 6-14　2007—2011 年太滆运河面源污染负荷

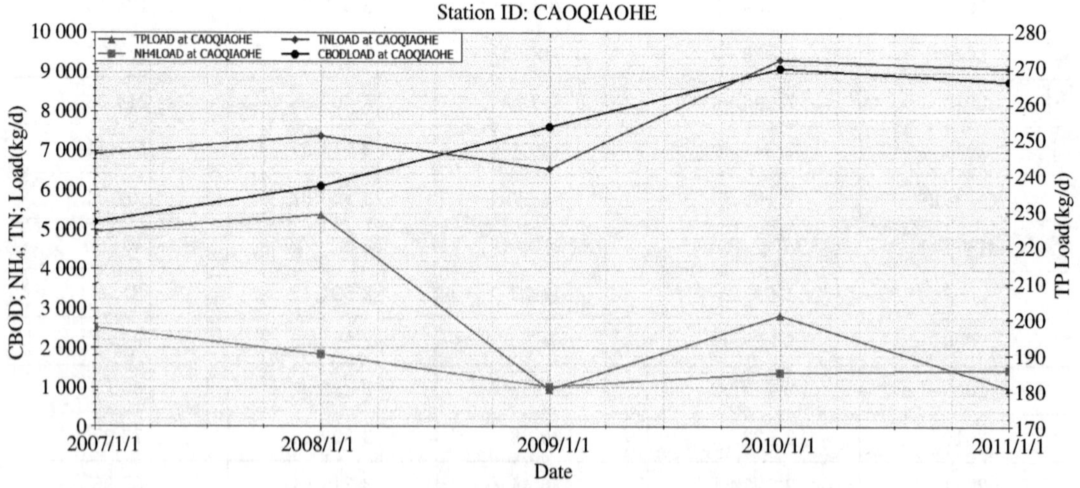

图 6-15　2007—2011 年漕桥河面源污染负荷

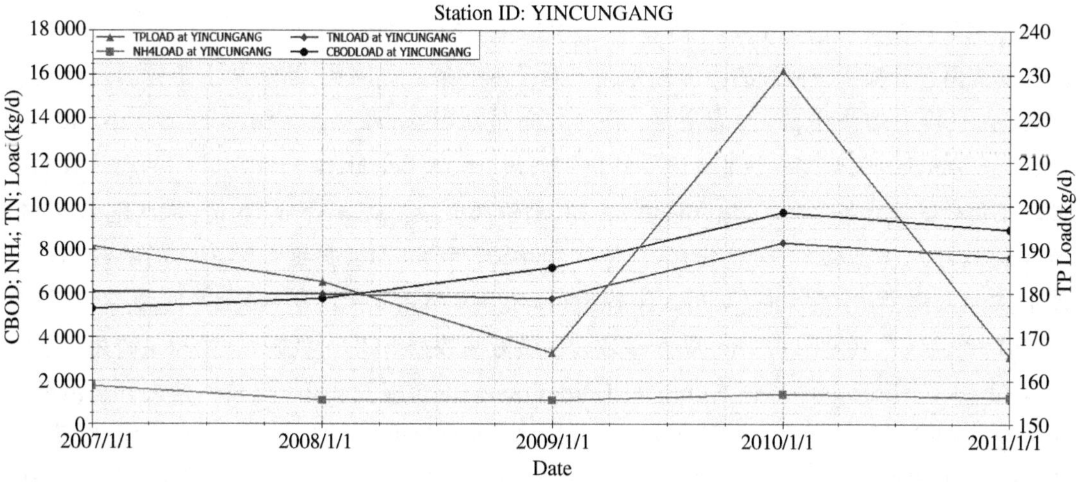

图 6-16 2007—2011 年殷村港面源污染负荷

6.3.3 WASP 水质机理模型

6.3.3.1 WASP 模型简介

US EPA 研发的 Water Quality Analysis Simulation Program(WASP)用于模拟污染物在地表水迁移转化规律的机理模型。动态箱式模型可以允许用户研究一维、二维和三维系统的水质问题,其中包括水层和沉积层两个环境介质。WASP 可以模拟各种水质变量,比如常规污染物(营养盐)和有毒物质(有机污染物、重金属等)。在本书中,我们借助上述流量和流域污染负荷的计算结果,使用 WASP 模型模拟水质组分的时空浓度变化。WASP 的高级富营养化含有 28 个水质变量,我们选择一个子集,包括 DO 循环、营养盐循环和浮游植物变量和过程,如图 6-17 所示。其中①硝化作用②反硝化作用③生长作用④呼吸作用⑤死亡作用⑥溶解作用⑦矿化作用⑧沉降作用⑨光合作用⑩含碳物质脱氧作用⑪沉积物需氧量⑫复氧作用。WASP 模型模拟得到 DO、CBOD、氨氮、总氮和总磷浓度值用来参与模型的校正和证实工作。

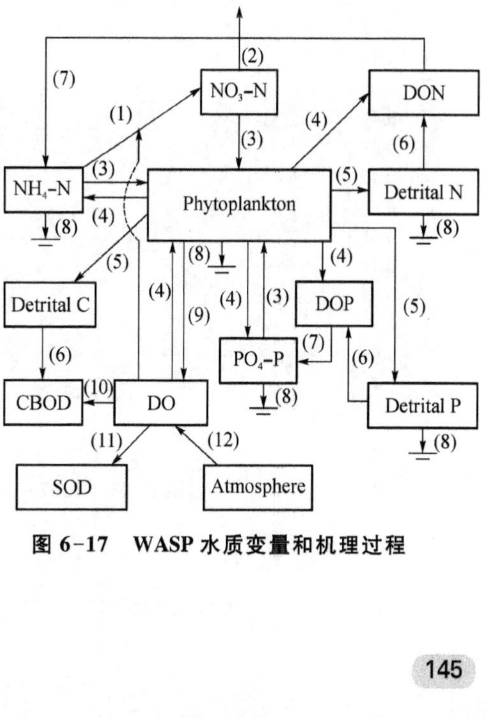

图 6-17 WASP 水质变量和机理过程

6.3.3.2 WASP 模型校正与证实

每月平均流量值输入 WASP 模型，水力学条件选择为“Net Flow”。河水的流向是通过干流和支流路径计算所有河段的净传输作用。对于每一条入湖河流，河流从上游开端流经所有河段，从下游末端流出，比如漕桥河，干流流向是从“Boundary－＃S42－＃S41 ＃S40……＃S12－Boundary”，侧向流动是从边界到指定河段，比如“Boundary －＃S40”。手动计算的流域污染负荷平分到各个河段，输入模型，比如，漕桥河 $L_{NPS(upstream)}$ 等分 15 份，依次输入＃S42 至＃S28。$L_{NPS(downstream)}$ 等分 7 份，依次输入到＃S27 至＃S21。关键的环境功能函数均以日值形式输入模型，包括水温(℃)、太阳辐射(Langleys/d)、日照比率(白天小时数/24)、风速(m/s)和气温(℃)(见图 6-18～图 6-22)。水质监测数据 BOD_5、氨氮、总氮和总磷用于模型校正(model calibration)和证实(model validation)。浮游植物 Chl-a 与营养盐循环和溶解氧过程息息相关，但是针对入湖河流没有 Chl-a 的详细数据，只能通过文献查询近似获得，WASP 模型中将 3 条河流的浮游植物浓度设定为 0.015 mg-Chla/L 参与模型模拟。由于模型内部将 CBOD 作为含碳物质当量需氧量的指示器，我们需要把 BOD_5 乘以 1.5 转化成 CBOD。BOD_5 的水质标准发生相应变化，相当于 CBOD－8.4 mg/L(COD_{Mn}－4.0 mg/L，BOD_5－5.6 mg/L)。

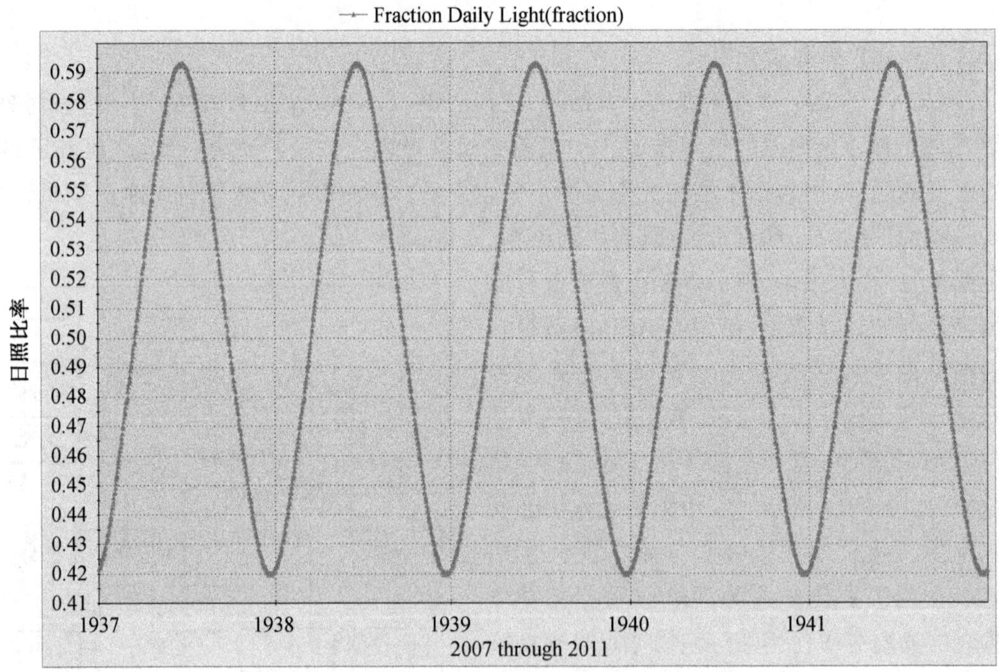

图 6-18　2007—2011 年典型区域日照比率变化

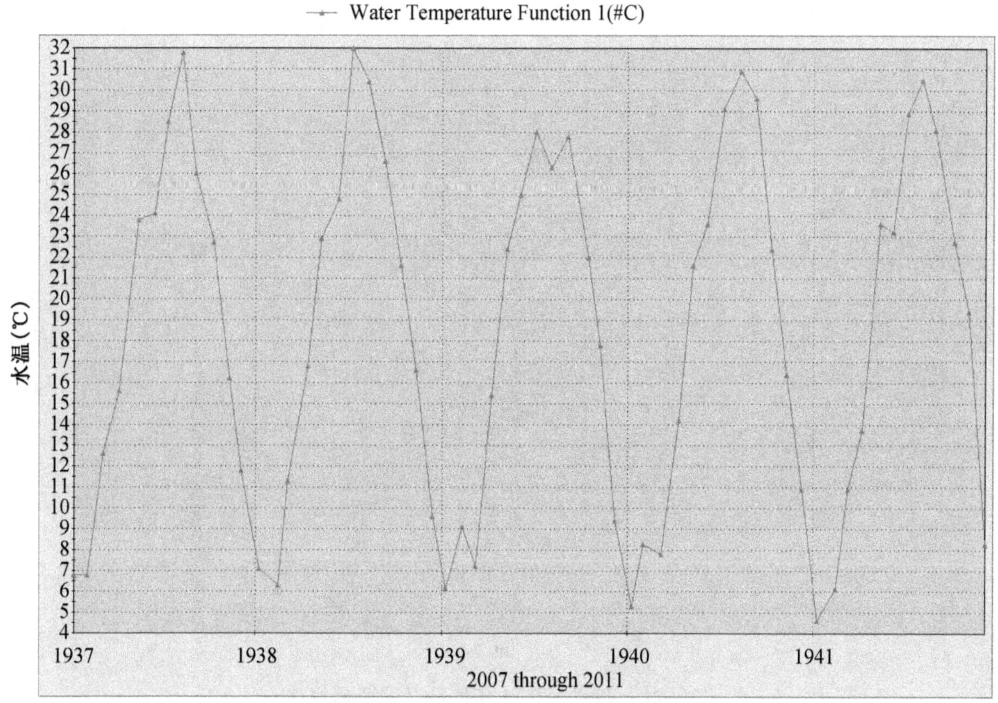

图 6-19 2007—2011 年漕桥河水温变化

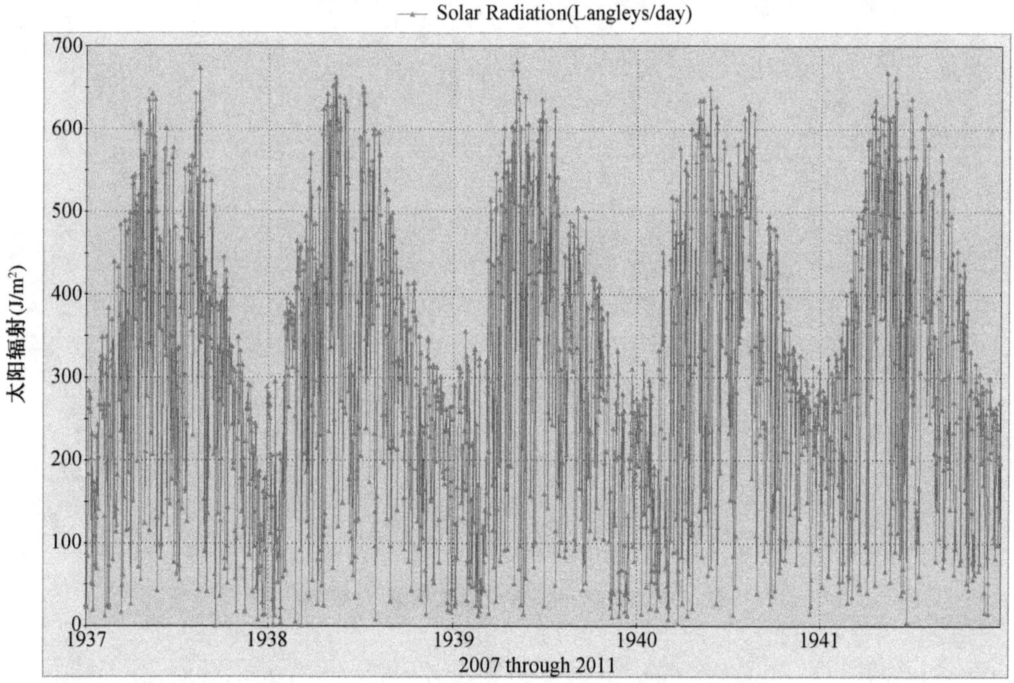

图 6-20 2007—2011 年典型区域太阳辐射变化

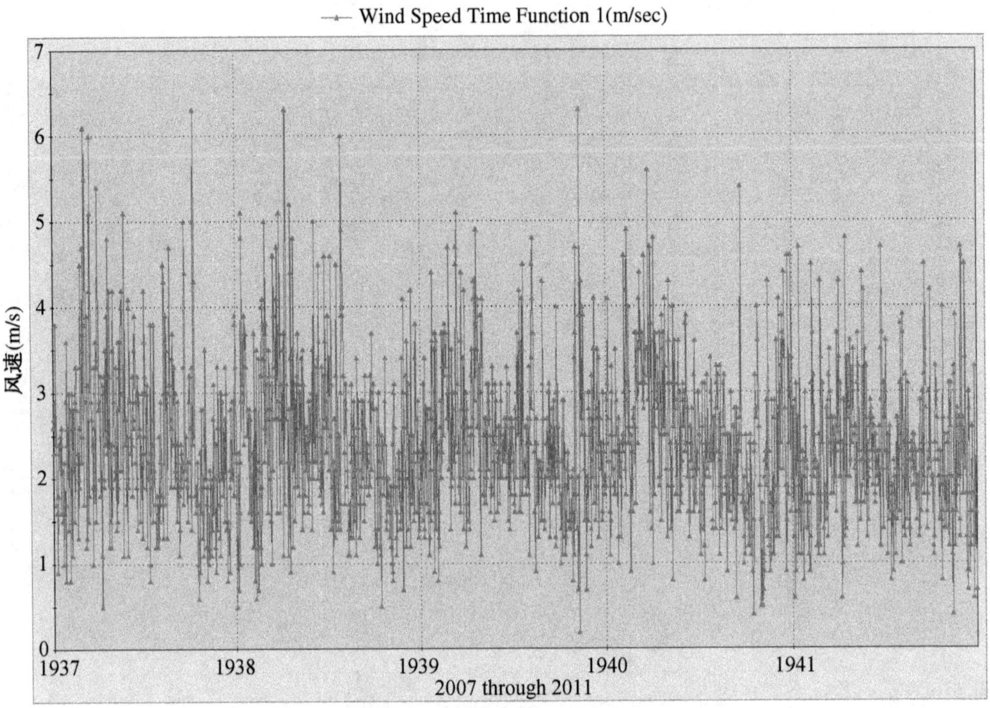

图 6-21　2007—2011 年典型区域风速变化

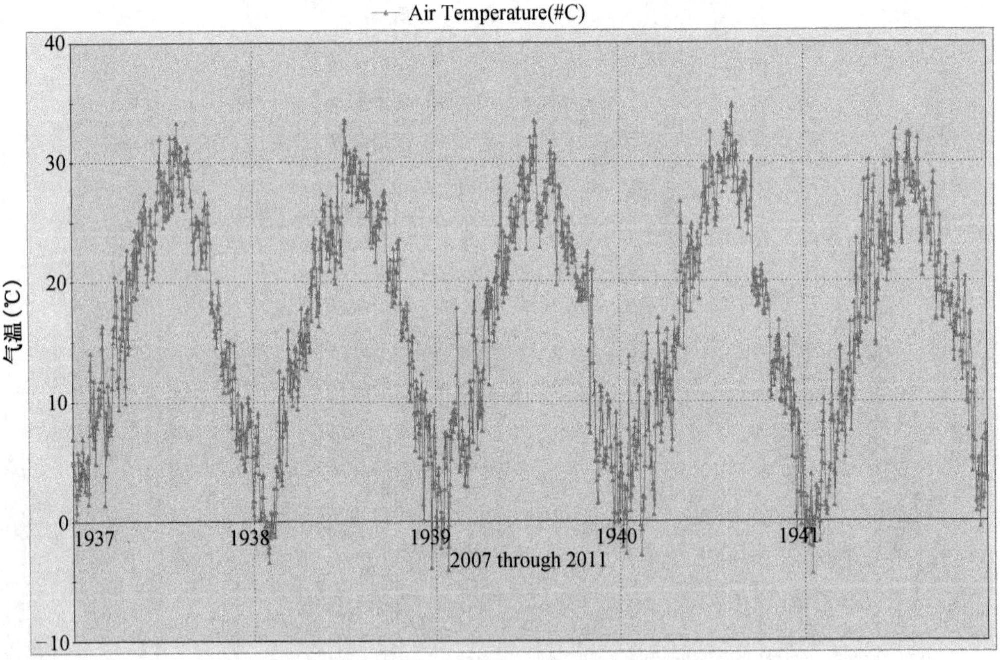

图 6-22　2007—2011 年典型区域气温变化

以漕桥河作为模型验证的目标，最终实现水质组分的时空变化和季节变化规律。模型的动力学参数经过校正之后，可以用于太滆运河和殷村港的模拟，模拟结果可以用作模型证实。漕桥河两个监测站的 COD_{Mn}、氨氮、总氮、总磷和 DO 的模型校正结果如图 6-23～图 6-27 所示。通过散点图、概率图、统计报告、线性拟合四个方面定性定量的对比模型模拟浓度和监测浓度。与决定系数 R^2 相比，我们更为关注平均绝对误差(Mean Absolute Error, MAE)，使其最小化。从所有水质模拟结果来看，MAE 的变化范围是 0.052－1.976，平均值 0.837。太滆运河和殷村港的模型证实结果如图 6-28～图 6-37 所示。从统计分析来看，模型模拟效果较好，特别是氨氮、总氮和总磷。这说明模型可以准确预测 2007 年至 2011 年 3 条入湖河流的水质变化规律。无论监测数据还是模拟结果都体现了氨氮和总氮的季节循环，但是总磷的季节循环不明显，这说明外界污染负荷对河流的总磷浓度影响超过了与内部 P 循环相关的动力学过程。

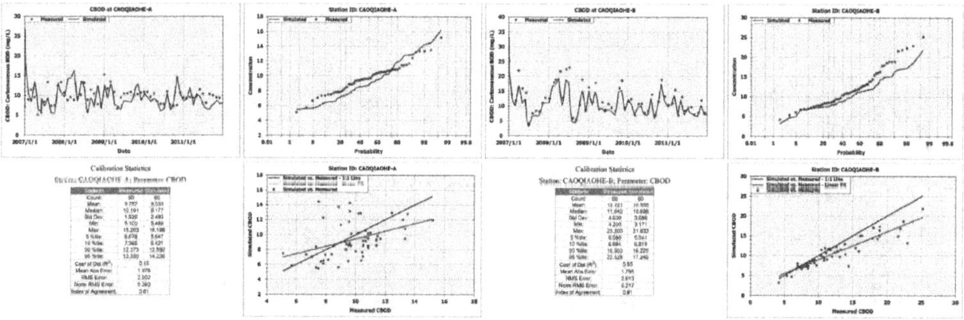

图 6-23　2007—2011 年漕桥河 COD_{Mn} 校正结果

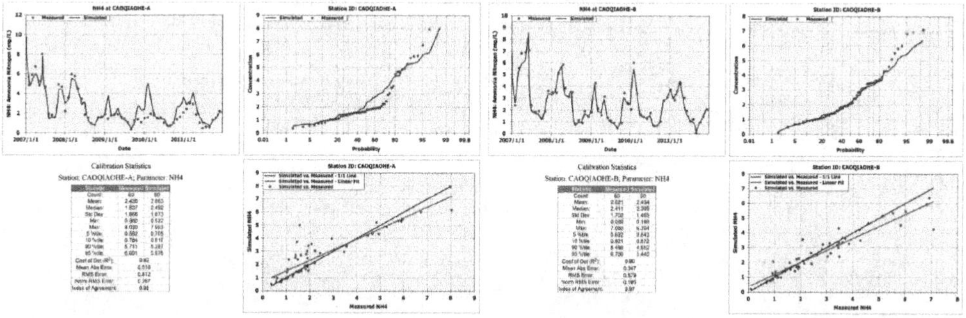

图 6-24　2007—2011 年漕桥河氨氮校正结果

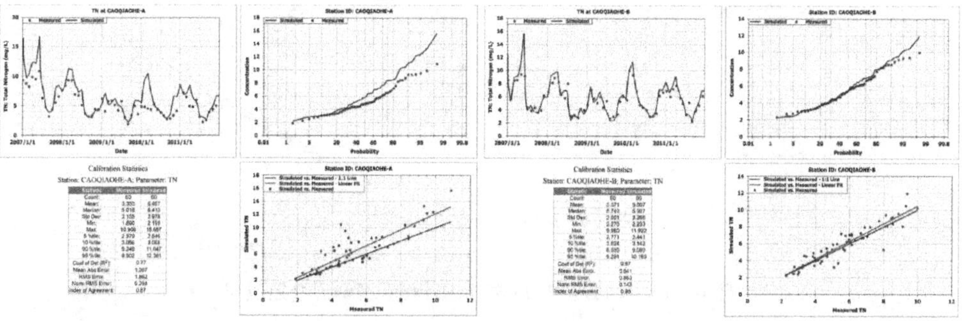

图 6-25　2007—2011 年漕桥河总氮校正结果

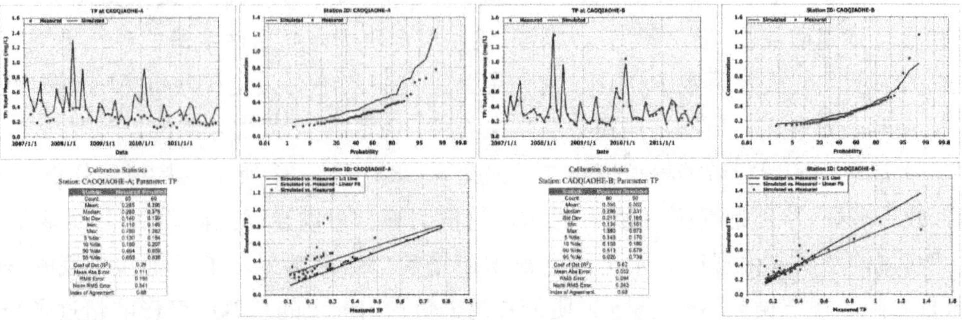

图 6-26　2007—2011 年漕桥河总磷校正结果

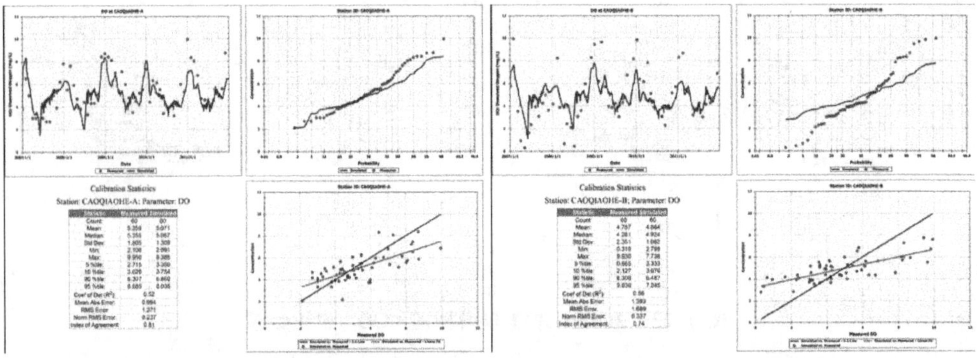

图 6-27　2007—2011 年漕桥河 DO 校正结果

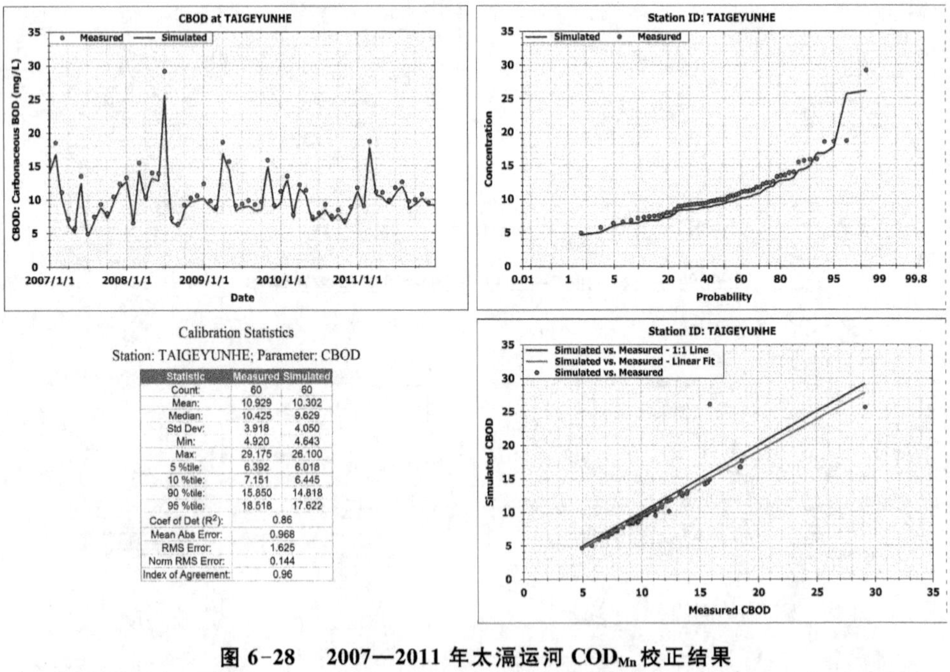

Statistic	Measured	Simulated
Count:	60	60
Mean:	10.929	10.302
Median:	10.425	9.629
Std Dev:	3.918	4.050
Min:	4.920	4.643
Max:	29.175	26.100
5 %tile:	6.392	6.018
10 %tile:	7.151	6.445
90 %tile:	15.850	14.818
95 %tile:	18.518	17.622
Coef of Det (R^2):	0.86	
Mean Abs Error:	0.968	
RMS Error:	1.625	
Norm RMS Error:	0.144	
Index of Agreement:	0.96	

图 6-28　2007—2011 年太滆运河 COD_{Mn} 校正结果

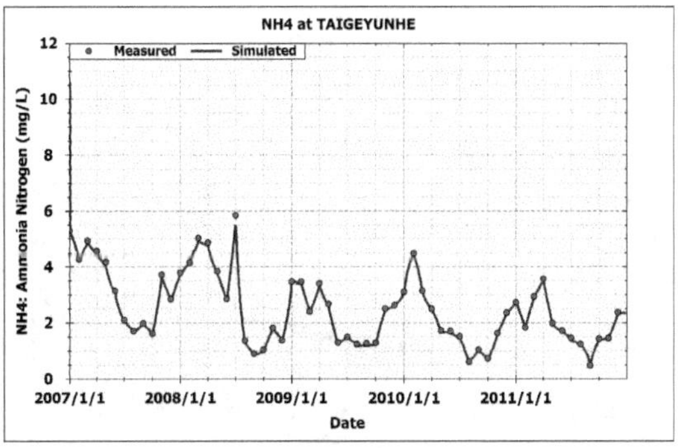

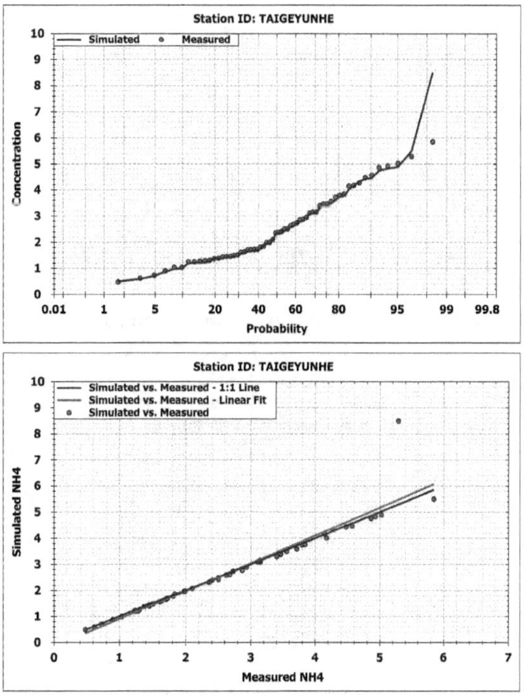

Calibration Statistics

Station: TAIGEYUNHE; Parameter: NH4

Statistic	Measured	Simulated
Count:	60	60
Mean:	2.535	2.535
Median:	2.503	2.458
Std Dev:	1.321	1.469
Min:	0.480	0.493
Max:	5.850	8.503
5 %tile:	0.739	0.709
10 %tile:	1.060	1.014
90 %tile:	4.561	4.462
95 %tile:	5.020	4.888
Coef of Det (R^2):	0.92	
Mean Abs Error:	0.110	
RMS Error:	0.422	
Norm RMS Error:	0.147	
Index of Agreement:	0.98	

图 6-29　2007—2011 年太滆运河氨氮校正结果

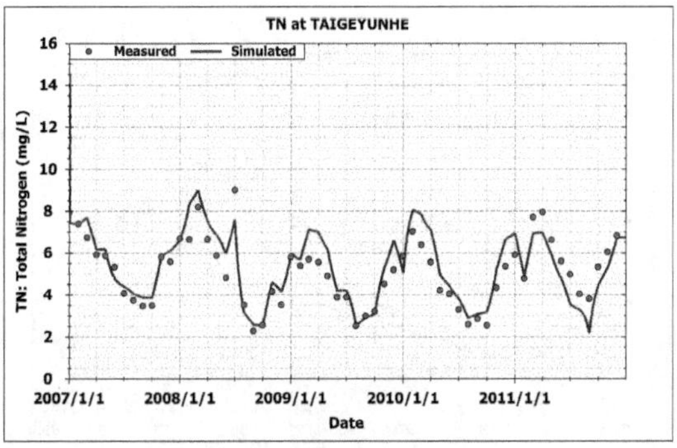

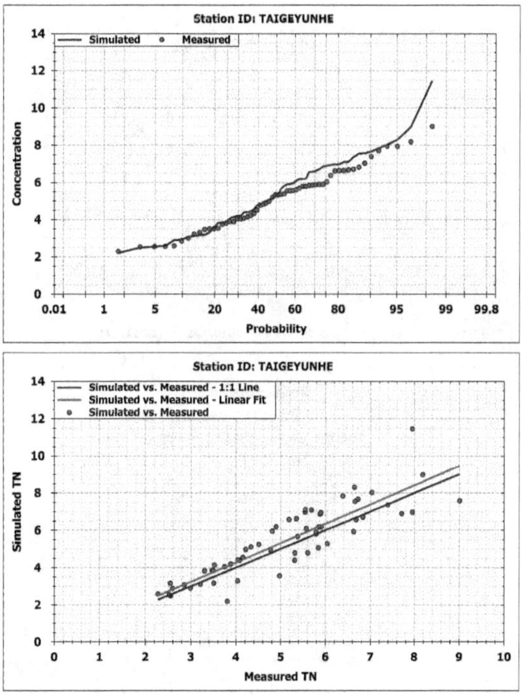

Calibration Statistics

Station: TAIGEYUNHE; Parameter: TN

Statistic	Measured	Simulated
Count:	60	60
Mean:	5.105	5.419
Median:	5.471	5.861
Std Dev:	1.611	1.888
Min:	2.280	2.194
Max:	9.010	11.449
5 %tile:	2.546	2.549
10 %tile:	2.869	2.922
90 %tile:	7.359	7.662
95 %tile:	7.955	8.285
Coef of Det (R^2):	0.78	
Mean Abs Error:	0.725	
RMS Error:	0.936	
Norm RMS Error:	0.170	
Index of Agreement:	0.92	

图 6-30　2007—2011 年太滆运河总氮校正结果

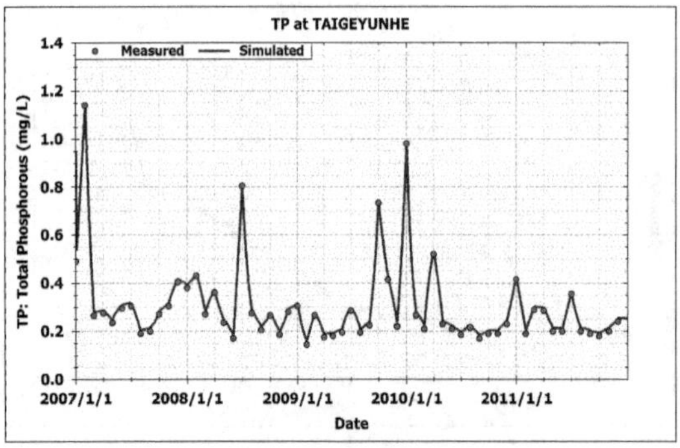

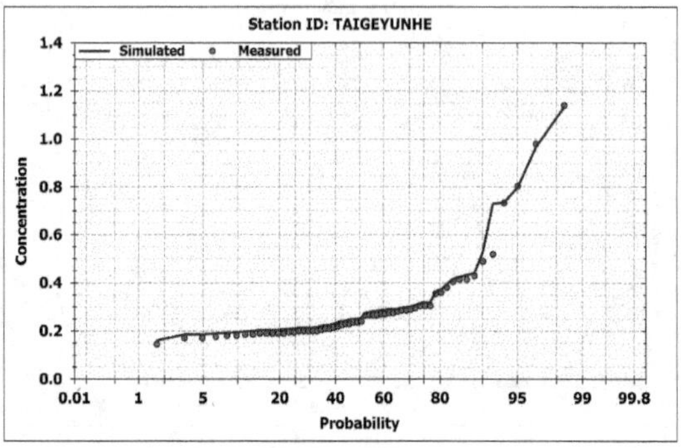

Calibration Statistics

Station: TAIGEYUNHE; Parameter: TP

Statistic	Measured	Simulated
Count:	60	60
Mean:	0.302	0.319
Median:	0.265	0.280
Std Dev:	0.189	0.190
Min:	0.145	0.160
Max:	1.140	1.133
5 %tile:	0.170	0.185
10 %tile:	0.181	0.195
90 %tile:	0.484	0.523
95 %tile:	0.802	0.798
Coef of Det (R^2):	0.97	
Mean Abs Error:	0.018	
RMS Error:	0.035	
Norm RMS Error:	0.096	
Index of Agreement:	0.99	

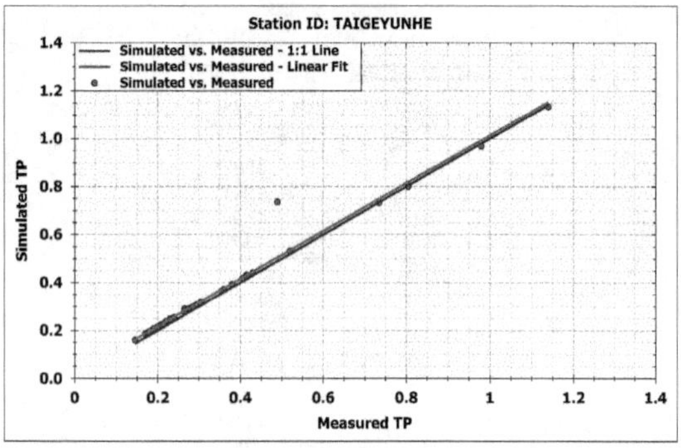

图 6-31　2007—2011 年太滆运河总磷校正结果

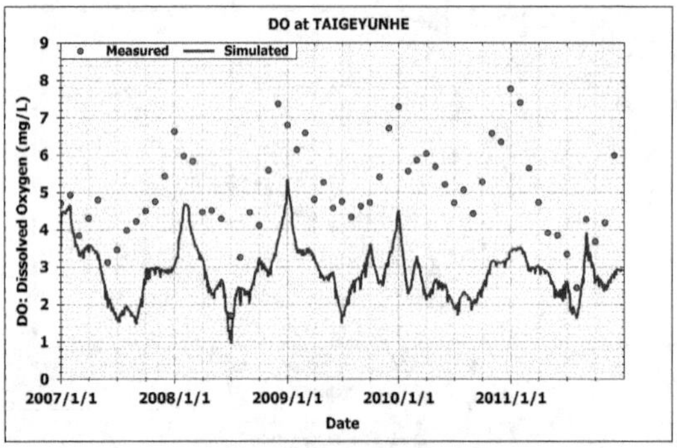

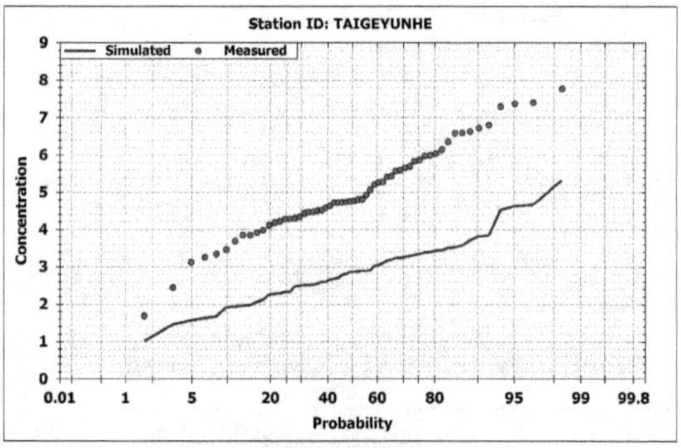

Calibration Statistics

Station: TAIGEYUNHE; Parameter: DO

Statistic	Measured	Simulated
Count:	60	60
Mean:	5.008	2.867
Median:	4.883	2.894
Std Dev:	1.236	0.811
Min:	1.685	1.013
Max:	7.770	5.326
5 %tile:	3.127	1.573
10 %tile:	3.482	1.924
90 %tile:	6.716	3.802
95 %tile:	7.371	4.619
Coef of Det (R^2):	0.36	
Mean Abs Error:	2.141	
RMS Error:	2.355	
Norm RMS Error:	0.609	
Index of Agreement:	0.41	

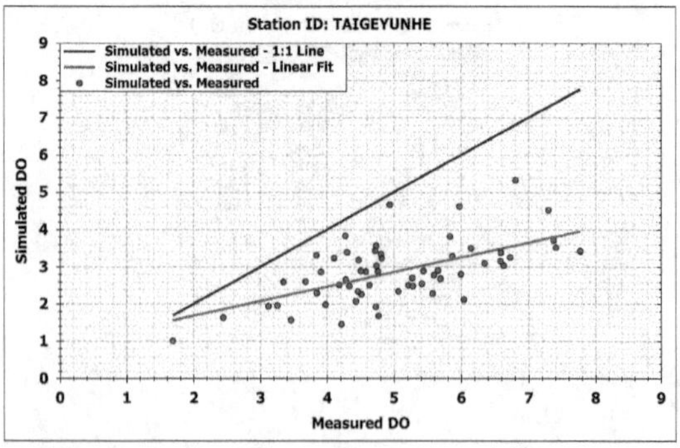

图 6-32　2007—2011 年太滆运河 DO 校正结果

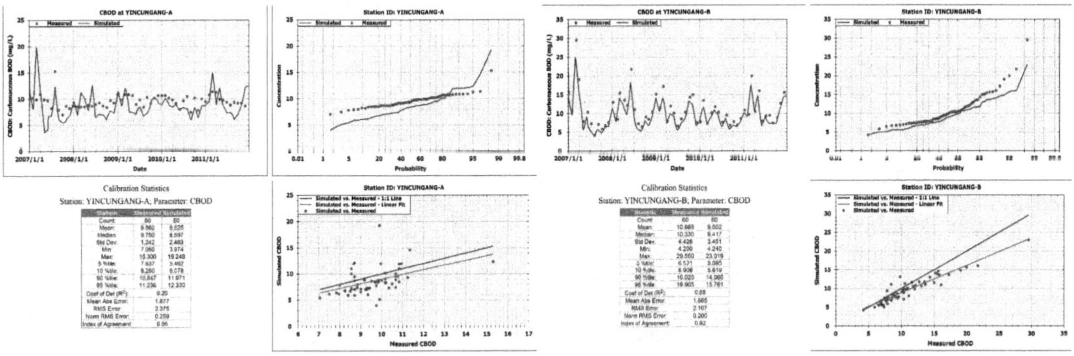

图 6-33　2007—2011 年殷村港 COD_{Mn} 校正结果

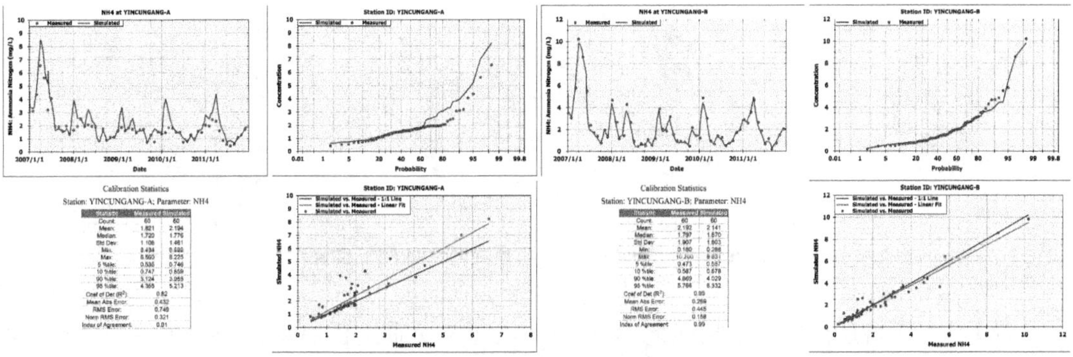

图 6-34　2007—2011 年殷村港氨氮校正结果

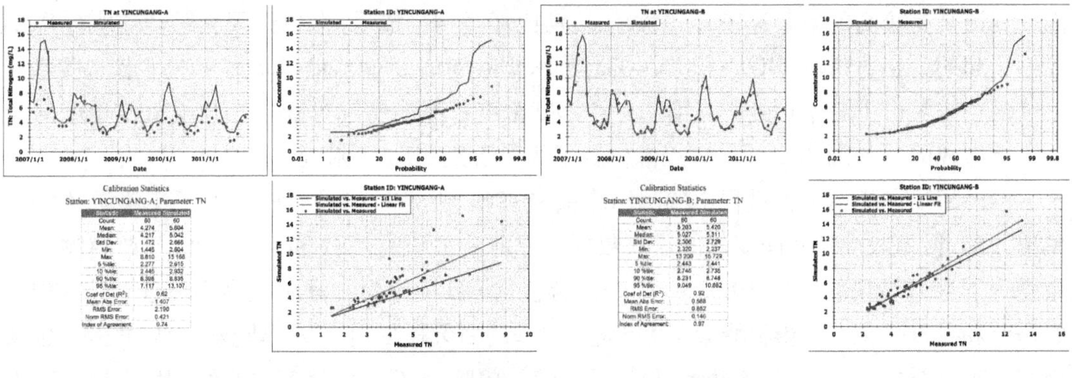

图 6-35　2007—2011 年殷村港总氮校正结果

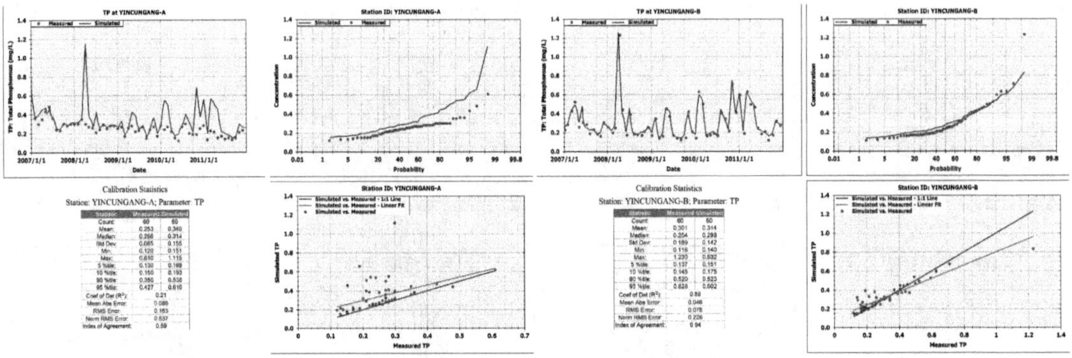

图 6-36　2007—2011 年殷村港总磷校正结果

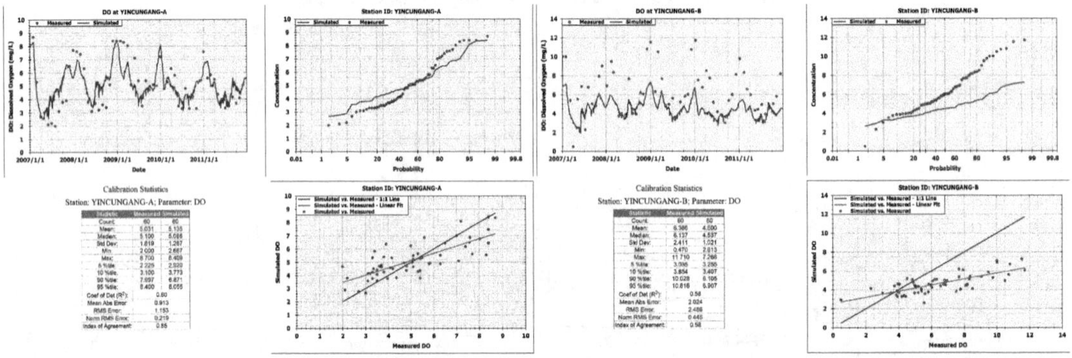

图 6-37　2007—2011 年殷村港 DO 校正结果

DO 是水环境质量的重要指标之一,它与流域污染负荷之间有动态响应关系,在营养盐 TMDL 计划中 DO 的模拟同样重要。图 6-38 展示了太滆运河和殷村港 2007—2011 年 DO 浓度变化,可以明显看出 DO 具有季节性变化规律,冬季达到最大值(1—3 月),夏季达到最小值(7—9 月)。这个变化过程主要是水温对饱和溶解氧的影响所驱动的,其次是动力学作用,比如含碳物质的脱氧作用。在太滆运河,2007—2011 年 DO 模拟浓度被低估。这也许是因为河流具有较高的复氧速率,因为太滆运河比漕桥河的流量大,也许因为手动监测的不确定性引起的。在殷村港,BOD_5和 DO 在上游水质监测站 B 的浓度值均大于在下游水质监测站 A。在排污口下游不远处出现 BOD_5 和 DO 浓度都高的情况可能是因为脱氧作用所需时间不足造成的。如图 6-39 所示,点源位置刚好位于监测站 B 附近。

浮游植物是模型模拟过程中的另一个关键变量,但是我们没有校正和证实浮游植物的模拟浓度,因为缺少随时间变化的监测数据。在河流末端的＃S1 和＃S43 处,浮游植物平均浓度分别为 10.55 μg/L 和 10.01 μg/L。浮游植物 DO 生产量和浮游植物增长速率具有相似的季节和昼日变化。浮游植物 DO 生产量在夏季的白天较高,但是水温同样很高,导致了饱和 DO 减少。同样,DO 消耗速率较大,包括浮游植物的呼吸,COD_{Mn}降解,硝化作用以及沉积物需氧量。这些极有可能引发了入湖河流 DO 的变化趋势与浮游植物 DO 生产量变化趋势相反的现象。

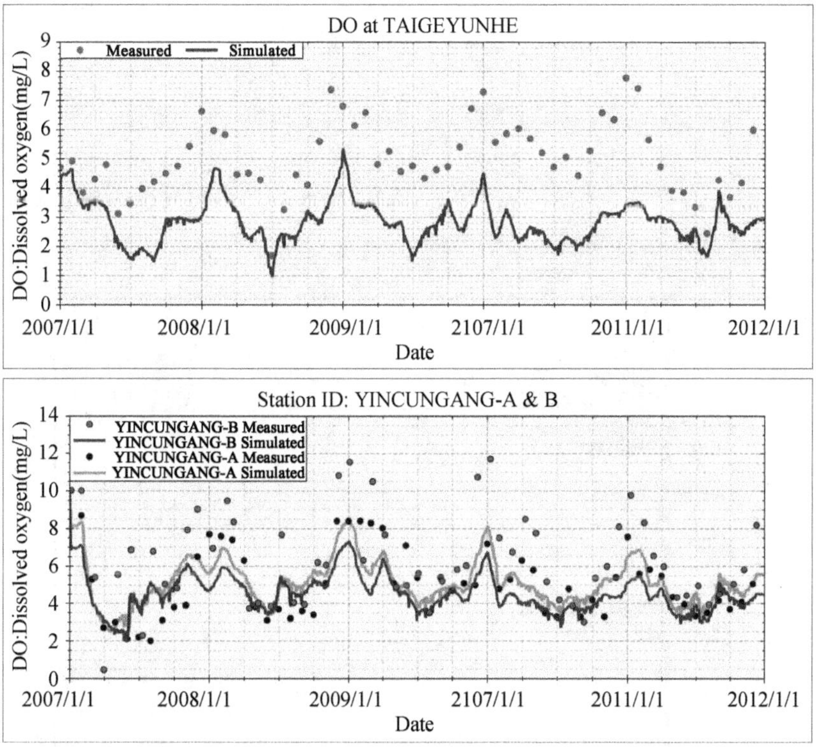

图 6-38　2007—2011 年太滆运河和殷村港 DO 浓度变化

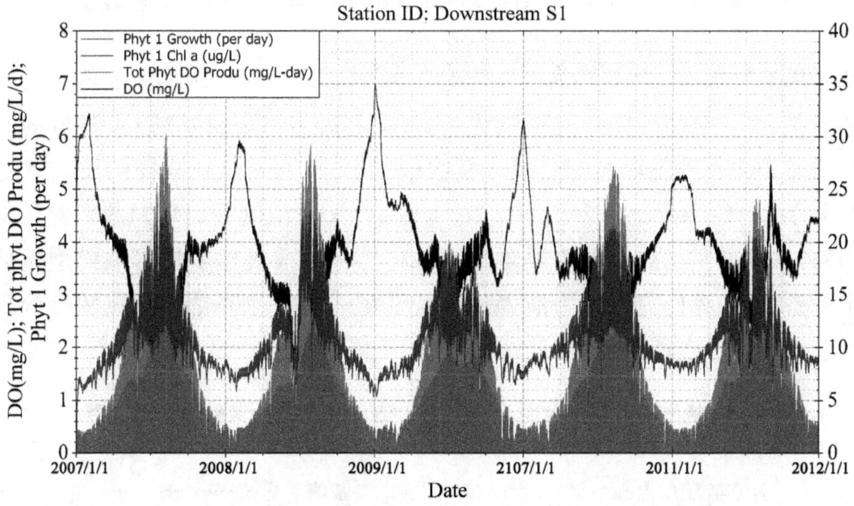

图 6-39　2007—2011 年下游＃S1 河段浮游植物浓度变化

6.3.3.3　模型参数灵敏度分析

灵敏度分析的目的是了解哪些模型参数和功能函数对模型主要输出结果影响最大。采用模型输出日值结果，取每月中旬的数值参与灵敏度计算，方法如公式(6-16)所示。我们对

2007—2011 年这五年期间所有月份的灵敏度计算结果取算术平均值。选择溶解性无机氮(DIN)、溶解性无机磷(DIP)和 DO 作为模型输出变量。

$$S = \frac{|Y_{Pos} - Y_{Baseline}| + |Y_{Neg} - Y_{Baseline}|}{Y_{Baseline}} \times 100\% \tag{6-16}$$

其中：Y_{Pos} 和 Y_{Neg} 是模型输入参数发生＋50％和－50％变化后模型输出的结果；$Y_{Baseline}$ 是输入参数不发生变化时的模型输出的结果。

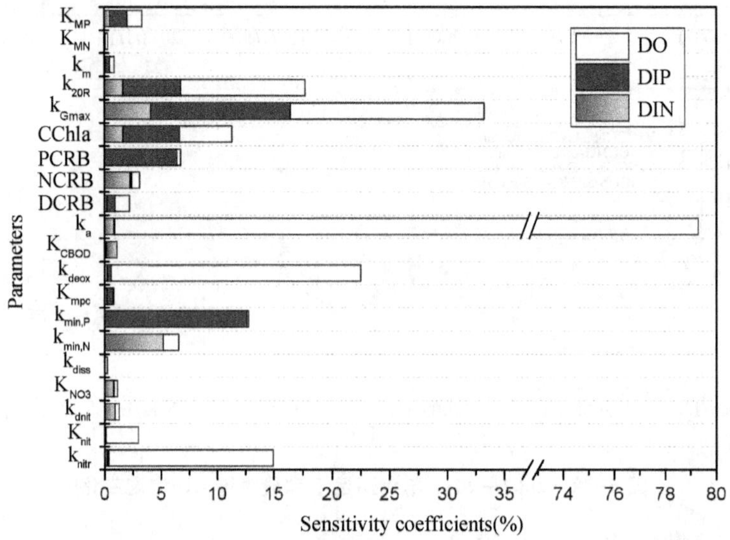

图 6-40　模型动力学参数变化 50％的 DIN、DIP 和 DO 灵敏度分析结果

灵敏度分析结果如图 6-40 和表 6-5 所示。可以看出，影响 DIN 浓度的主要因素是氮的矿化速率常数(S＝5.20％)、浮游植物生长速率常数(S＝4.12％)和浮游植物的氮碳比(S＝2.28％)，而 DIP 浓度对磷的矿化速率常数(S＝12.57％)、浮游植物生长速率常数(S＝12.35％)和浮游植物的磷碳比(S＝6.36％)较为敏感。DO 浓度受到复氧速率常数的影响最大(S＝78.35％)，这说明这个参数的误差或不确定性将会很大程度地影响模型整体的不确定性。未来的研究中，我们需要更为准确的测量现场的复氧速率常数。灵敏度分析结果为改进模型表现力提供了合理的指导。

表 6-5　模型动力学参数变化 50％的 DIN、DIP 和 DO 灵敏度分析结果

变量	动力学常数含义	单位	基值	灵敏度结果（％）		
				DIN	DIP	DO
无机营养盐动力学						
k_{nitr}	硝化速率常数 20℃	1/d	0.1	0.24	0.12	14.58
K_{nit}	硝化作用氧限制的半饱和常数	mg O_2/L	1.0	0.06	0.08	2.86

续表

变量	动力学常数含义	单位	基值	灵敏度结果(%)		
				DIN	DIP	DO
k_{dnit}	反硝化速率常数 20°C	1/d	0.1	0.91	0.04	0.33
K_{NO3}	反硝化作用氧限制的半饱和常数	mg O_2/L	0.5	0.80	0.04	0.30
有机营养盐动力学						
k_{diss}	腐殖质溶解速率常数	1/d	0.1	0.02	0.05	0.20
$k_{min,N}$	溶解性有机氮矿化速率常数 20°C	1/d	0.1	5.20	0.00	1.39
$k_{min,P}$	溶解性有机磷矿化速率常数 20°C	1/d	0.1	0.04	12.57	0.18
K_{mpc}	浮游植物矿化作用半饱和常数	mg Phyt C/L	0.025	0.22	0.53	0.07
含碳物质生物需氧量						
k_{deox}	CBOD 降解速率常数 20°C	1/d	0.15	0.27	0.34	21.89
K_{CBOD}	CBOD 氧限制半饱和常数	mg O_2/L	0.2	0.04	0.14	0.95
溶解氧						
k_a	总体复氧速率常数 20°C	1/d	0.65	0.85	0.10	78.35
浮游植物						
DCRB	腐殖质与碳的比率	gD/gC	4.0	0.23	0.73	1.24
NCRB	氮与碳的比率	gN/gC	0.18	2.28	0.14	0.72
PCRB	磷与碳的比率	gP/gC	0.025	0.08	6.36	0.33
CChla	碳与叶绿素的比率	gC/gChl	50	1.66	5.04	4.64
k_{Gmax}	浮游植物最大生长速率常数 20°C	1/d	1.5	4.12	12.35	16.79
k_{20R}	浮游植物呼吸速率常数 20°C	1/d	0.25	1.65	5.13	10.95
k_m	浮游植物死亡速率常数(非浮游动物捕食)	1/d	0.05	0.11	0.38	0.40
K_{MN}	浮游植物氮吸收半饱和常数	mg N/L	0.02	0.03	0.08	0.24
K_{MP}	浮游植物磷吸收半饱和常数	mg P/L	0.008	0.50	1.52	1.35

注:黑色加粗字体代表最大的三个灵敏度计算结果

6.3.3.4 TMDL 消减和定量

上述模型模拟的最终目标是确定太滆运河、漕桥河和殷村港可以接受又不超过水质管理目标的 COD_{Mn}、氨氮、总氮和总磷的最大年均负荷量。只用校正和证实后模型,我们可以建立一系列情景模式，预测河水水质变量的浓度变化。不断尝试消减流域污染负荷排放量，直至模拟浓度满足水质管理目标。当河段下游出口处的水质变量模拟浓度在90%以上的监测时间范围内污染物浓度小于或等于水质标准，即可以认为达标。由于不同河流不同河段的消减排污量的比例有很多，而且没有相关规定和明确说明，本书以简单消减方案为例，即整个河网都按照等比例消减。TMDL情景模式的相关结果如表6-6所示。

表6-6　整个河网TMDL消减情景模式

COD_{Mn}(mg/L)			氨氮(mg/L)			总氮(mg/L)			总磷(mg/L)		
太滆运河—漕桥河交汇#S1											
情景	均值	超标	情景	均值	超标	情景	均值	超标	情景	均值	超标
0%	9.688	72.06%	0%	2.469	56.97%	0%	5.601	76.16%	0%	0.332	100%
−10%	8.724	49.97%	−30%	1.751	34.06%	−20%	4.508	60.14%	−40%	0.206	74.3%
−20%	7.762	27.61%	−40%	1.511	26.63%	−30%	3.961	51.45%	−50%	0.174	52.32%
−30%	6.8	13.4%	−50%	1.272	14.65%	−40%	3.414	31.11%	−60%	0.143	27.88%
−35%	6.319	**9.08%**	**−55%**	1.153	**11.37%**	**−50%**	2.867	**12.52%**	**−70%**	0.111	**12.79%**
−40%	5.838	4.98%	−60%	1.034	6.01%	−55%	2.593	4.16%	−75%	0.095	7.71%
殷村港#S43											
情景	均值	超标	情景	均值	超标	情景	均值	超标	情景	均值	超标
0%	8.706	49.54%	0%	2.186	39.58%	0%	5.582	71.57%	0%	0.337	99.62%
−5%	8.276	39.69%	−20%	1.781	30.73%	−20%	4.493	48.88%	−50%	0.184	59.05%
−10%	7.846	31.22%	−30%	1.579	22.91%	−30%	3.949	40.08%	−60%	0.15	34.39%
−20%	6.987	16.24%	−40%	1.379	16.51%	−40%	3.403	25.31%	−65%	0.134	24.17%
−25%	6.558	**11.37%**	**−50%**	1.179	**9.51%**	**−50%**	2.858	**12.08%**	**−70%**	0.117	**13.78%**
−30%	6.128	7.33%	−60%	0.979	6.23%	−55%	2.585	7.98%	−75%	0.1	5.03%

注：黑色加粗字体代表最后选定的TMDL消减方案。

模型模拟研究显示，总磷的消减应该是典型区域污染负荷排放量消减的关键所在，需要的消减量是四种主要水污染物中最大的。WASP模拟结果发现，浮游植物增长略微受到磷限制，限制因子变化范围为0.92至0.98，而氮限制因子始终保持在1.00不变，这说明不存在氮限制。为了控制浮游植物增长，在未来的管理中消减磷比消减氮更为有效。然而，在太湖富营养化的长期管理中，氮负荷消减必不可少，因为湖体的浮游植物增长存在着限制因子的季节转换，夏季和秋季是氮限制，而春季和冬季是磷限制。在今后的管理实践中，针对太滆运河和漕桥河，COD_{Mn}、总氮、总磷分别消减35%、50%和70%，其中50%的总氮消减包括55%的氨氮以及50%的NO_3-N和DON消减。针对殷村港，COD_{Mn}、总氮、总磷分别消减25%、50%、70%。当这些TMDL条件实现之后，河网出口的COD_{Mn}、氨氮、总氮和总磷浓度平均值近似为 6.44 mg/L(COD_{Mn}：3.79 mg/L)、1.17 mg/L、2.86 mg/L 和 0.11 mg/L。表 6-7 列出了 2007 年至 2011 年排入太滆运河、漕桥河和殷村港的 COD_{Mn}、氨氮、总氮和总磷污染负荷年均值以及相应的 TMDL 定量结果(TMDL determination)。五年的平均污染负荷为 TMDL 消减提供了一个基值。从结果来看,太滆运河受到的流域污染最为严重,虽然它具有较高河流流量。通过表 6-7 所采取的方案,调整当前排放量,即可以得到 TMDL 定量结果。

表 6-7　太滆运河、漕桥河和殷村港的当前排放量和 TMDL 定量结果

太滆运河	COD_{Mn}(t/a)	氨氮(t/a)	总氮(t/a)	总磷(t/a)
2007	6 519.65	2 066.83	3 495.43	222.09
2008	7 069.07	1 704.53	3 028.86	185.10
2009	6 898.60	1 318.03	2 714.82	171.77
2010	7 196.99	1 519.93	3 407.28	214.03
2011	7 842.49	1 310.63	3 972.94	167.21
五年均值	7 105.36	1 583.99	3 323.87	192.04
TMDL 定量	4 618.48	712.79	1 661.93	57.61
漕桥河	COD_{Mn}(t/a)	氨氮(t/a)	总氮(t/a)	总磷(t/a)
2007	1 893.25	914.02	2 524.15	81.92
2008	2 228.93	668.60	2 691.05	83.63
2009	2 779.02	367.35	2 388.98	65.75
2010	3 323.12	500.28	3 399.24	73.37
2011	3 197.12	526.44	3 319.51	65.93
五年均值	2 684.29	595.34	2 864.58	74.12
TMDL 定量	1 744.79	267.90	1 432.29	22.24
殷村港	COD_{Mn}(t/a)	氨氮(t/a)	总氮(t/a)	总磷(t/a)
2007	1 928.90	638.25	2 214.20	69.61
2008	2 094.46	389.96	2 165.91	66.62
2009	2 610.41	392.04	2 095.48	60.70
2010	3 536.32	495.62	3 030.71	84.29
2011	3 253.50	434.56	2 796.89	60.41
五年均值	2 684.72	470.09	2 460.64	68.33
TMDL 定量	2 013.54	235.04	1 230.32	20.50

虽然“太湖流域水环境综合治理总体方案(2013 年修编)”没有涉及 DO 标准限值,我们同样考查河网中 DO 的浓度情况。图 6-41 展示了#S1 和#S43 河段的 DO 浓度概率分布。我国地表水Ⅳ类标准规定 DO 浓度要达到 3.0 mg/L,在当前排放条件下,85%的监测时间#S1 满足或超过 DO 标准。当 TMDL 执行之后,这时数值会提升到 94%。而在#S43 处,在当前排放条件下超过 90%的监测时间 DO 都满足标准,执行 TMDL 之后,所有监测时间下 DO 都大于 3.0 mg/L。

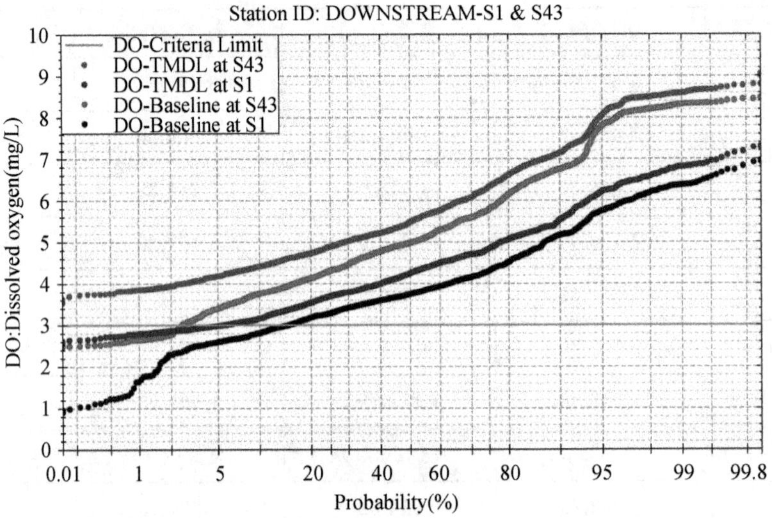

图 6-41 在当前和 TMDL 条件下河网末端河段的 DO 浓度概率分布

6.3.4 基于污染负荷历时曲线的统计学模型

基于有限数据量和不同水文季节,构建流量和时间变化的 TMDL 统计学模型,可以简单、有效、快速地计算河流当前排放量、TMDL 和消减量,便于管理者了解累积性风险管理。本书将该方法应用到典型区域的 3 条入湖河流上,其主要步骤和计算方法如下:

主要问题。太滆运河、漕桥河和殷村港是太湖主要入湖河流,相对而言水体污染较为严重,监测数据显示 COD_{Mn}、氨氮、总磷和总氮浓度超标,污染源来自点源(工厂、污水处理厂、城市生活污水等)和非点源(农业、畜禽养殖、农村生活污水等),被列为受损水体,是重点监控和治理的河流。

技术方法。本书采用负荷历时方法构建 TMDL。基于连续的流量历时记录,通过流量百分位数或者各个流量值被满足或被超越的时间百分比,建立流量历时曲线。流量历时曲线通过与水质管理目标相乘得到 TMDL 曲线,即环境容量,它等同于入湖河流不超过 COD_{Mn}水质标准 5.0 mg/L、不超过氨氮水质标准 2.0 mg/L、不超过总磷水质标准 0.15 mg/L、不超过总氮水质标准 4.0 mg/L。图 6-42 显示了 3 条河流 4 种主要水污染物的负荷历时分析,其中曲线代表 TMDL 曲线,散点代表污染负荷的观测值。

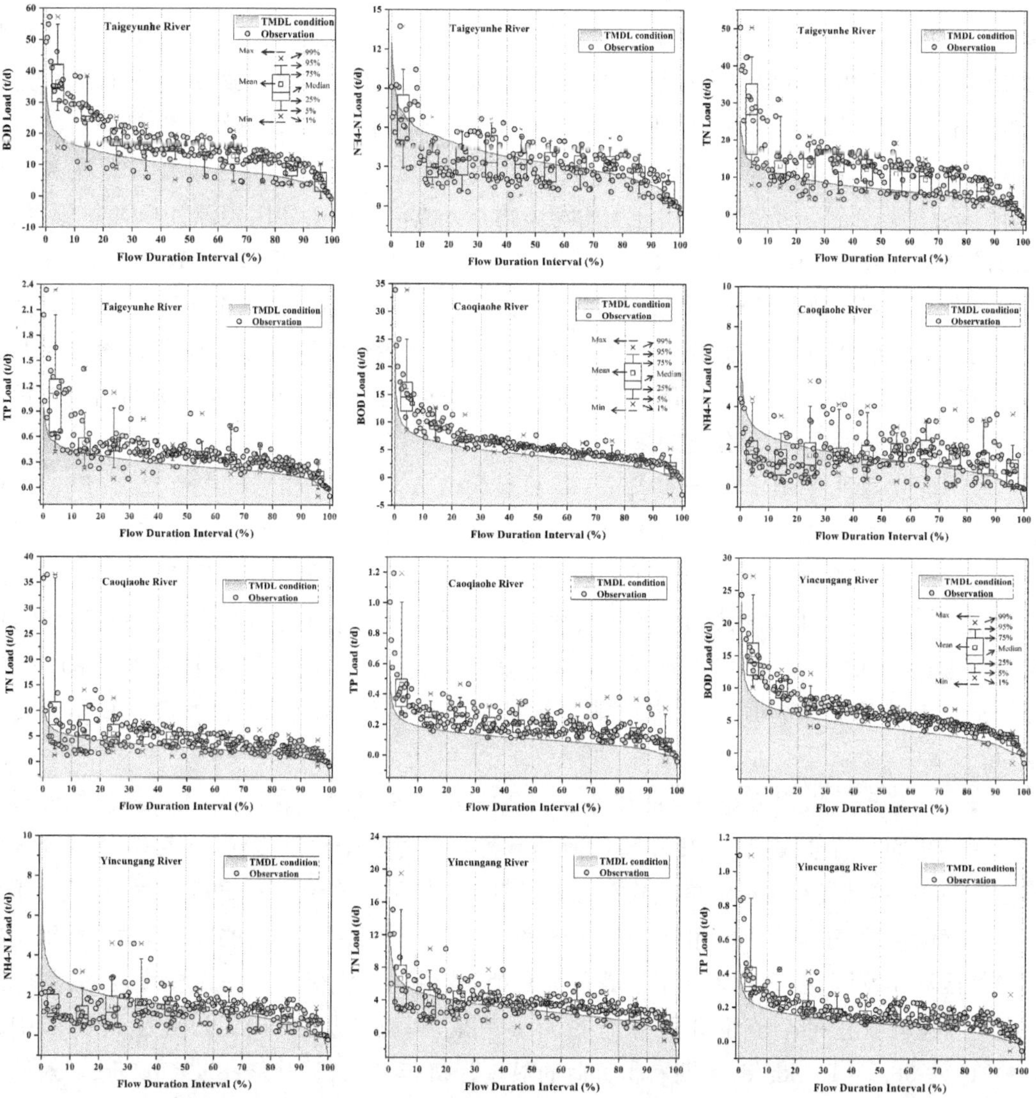

图 6-42　太滆运河、漕桥河和殷村港主要水污染物的负荷历时曲线

TMDL 分配表达。TMDL 的分配通过各种流量状态(flow regime)来表示,它可以刻画随时间变化的源排放和河流条件。用于建立 TMDL 分配的流量分级如下:

- 高流量区(High-flow zone):0～10%范围,与洪水流量相关;
- 丰水区(Moist zone):10%～40%范围,与潮湿天气的流量相关;
- 中流量区(Mid-range zone):40%～60%范围,与中等河流流量条件相关;
- 枯水区(Dry zone):60%～90%范围,与干燥天气的流量相关;
- 低流量区(Low-flow zone):90%～100%范围,与干旱条件的流量相关。

对于每一个流量分区，我们都对观测负荷量进行了统计，箱线图包括了数据的1%（第1百分位数）、5%（第5百分位数）、25%（第25百分位数）、50%（第50百分位数）、75%（第75百分位数）、95%（第95百分位数）、99%（第99分位数）、平均值、最小值和最大值。我们将负荷量的中值作为允许每日排放量。之后，允许每日排放量与当前排放量进行对比，决定必要的污染负荷的消减。从污染水平来看，3条河流整体而言BOD＞总氮＞氨氮＞总磷。在不同流量分区，TMDL和相应的分配量可以刻画随时间变化的流域污染负荷。在高流量区，降雨驱动地表径流携带农业用地上的污染物是入湖河流的主要污染源，BOD、总氮、氨氮和总磷当前排放量的中值分别为21.1×10^3、3.1×10^3、13.2×10^3和0.6×10^3 kg/d。在一些流量分区存在观测负荷量离散程度较大，比如漕桥河的高流量区，总氮的75%～95%之间有较大的间隔，这说明水样采集的当天污染物浓度较大。我们需要指定与监测数据跟踪对比的允许每日最大污染负荷，一同调查TMDL贯彻执行后水质变化情况以及短期的流域污染负荷是否符合长期TMDL分配的条件。

本书建立两种TMDL情景模式——每日最大值负荷(P95)和每日中值负荷(P50)。前者考虑到出现的极端污染负荷，后者用于衡量长期的负荷条件。针对每一个流量分区，当仅有每日最大负荷的标准，如果每日的排放量都达到这个最大值，那么TMDL将被远远超过，当只有每日中值负荷的标准，我们又很难估计偶尔的高值负荷对TMDL的重要性，而且对管理过于保守。对于TMDL分配，本书设定非点源排放量近似等于TMDL的90%，因为通过有限的点源数据来看，点源排放量可以忽略不计，另外10%的TMDL作为安全余量。

表6-8展示了采用负荷历时曲线方法的TMDL框架结果，包括3条入湖河流的4种主要水污染物的当前排放量、TMDL和负荷消减量。针对整个河网系统，在每个流量分区所需要的BOD消减量在两种情景模式下近似相等，整体而言，在P50和P95情景模式下，平均BOD负荷消减量分别为47%和51%。相对而言，河流对氨氮有较大的同化能力，特别是在高流量区和丰水区，在P50条件下消减量为负值，这说明河流仍具有一定程度的纳污能力。相比之下，总氮在每个流量分区都需要大量消减，瞬时总氮的TMDL分配量的范围是4.3×10^3～38.2×10^3 kg/d，长期累积负荷的限制为每年841.0×10^3～8.4×10^6 kg。对于流域污染负荷更为有效的控制应该在低流量区，把它作为关键条件，在低流量区条件下，需要更大的负荷消减以满足TMDL分配并达到水质标准。

表 6-8　太滆运河、漕桥河和殷村港的 TMDL 统计学结果

入湖河流	当前排放量（t/d）								TMDL（t/d）								负荷消减量（%）							
	BOD		NH_3—N		TN		TP		BOD		NH_3—N		TN		TP		BOD		NH_3—N		TN		TP	
太滆运河	P50	P95	P50	P95	P50	P95	P50	P95	P50	P95	P50	P95	P50	P95	P50	P95	P50	P95	P50	P95	P50	P95	P50	P95
高流量区	34.78	54.95	6.71	10.45	26.92	42.39	1.11	2.04	19.01	29.90	6.79	10.68	13.58	21.36	0.51	0.80	51	51	9	8	55	55	59	65
丰水区	19.22	29.45	3.34	5.78	14.03	19.59	0.46	0.88	12.87	15.82	4.60	5.65	9.19	11.30	0.34	0.42	40	52	−24	12	41	48	32	57
中流量区	14.99	19.05	2.98	5.07	12.90	16.89	0.40	0.50	9.63	10.55	3.44	3.77	6.88	7.53	0.26	0.28	42	50	−4	33	52	60	41	50
枯水区	11.60	15.55	2.91	4.51	9.43	13.37	0.30	0.46	7.11	8.47	2.54	3.02	5.08	6.05	0.19	0.23	45	51	21	40	52	59	43	56
低流量区	4.88	10.24	0.65	2.42	3.14	7.74	0.14	0.27	2.66	4.49	0.95	1.60	1.90	3.21	0.07	0.12	51	61	−31	40	45	63	54	61
漕桥河	P50	P95	P50	P95	P50	P95	P50	P95	P50	P95	P50	P95	P50	P95	P50	P95	P50	P95	P50	P95	P50	P95	P50	P95
高流量区	14.58	24.97	1.62	4.22	7.16	35.85	0.39	1.00	8.32	14.78	2.97	5.28	5.94	10.56	0.22	0.40	49	47	−66	−13	25	73	48	64
丰水区	7.13	11.36	1.38	3.88	5.85	10.92	0.23	0.35	5.37	6.82	1.92	2.44	3.84	4.87	0.14	0.18	32	46	−25	43	41	60	43	53
中流量区	5.37	6.11	1.54	3.18	3.99	6.89	0.19	0.30	3.97	4.40	1.42	1.57	2.84	3.14	0.11	0.12	33	35	17	56	36	59	51	64
枯水区	3.93	5.35	1.66	3.32	3.16	5.44	0.16	0.26	2.66	3.38	0.95	1.21	1.90	2.41	0.07	0.09	39	43	48	67	46	60	59	68
低流量区	2.15	4.15	0.79	2.12	1.48	3.05	0.09	0.27	0.46	1.34	0.17	0.48	0.33	0.96	0.01	0.04	81	71	81	80	80	72	87	88
殷村港	P50	P95	P50	P95	P50	P95	P50	P95	P50	P95	P50	P95	P50	P95	P50	P95	P50	P95	P50	P95	P50	P95	P50	P95
高流量区	13.97	24.34	1.10	2.28	5.61	15.08	0.32	0.84	8.32	14.78	2.97	5.28	5.94	10.56	0.22	0.40	46	45	−143	−108	5	37	38	58
丰水区	7.81	11.65	1.15	3.18	3.98	6.93	0.20	0.35	5.37	6.82	1.92	2.44	3.84	4.87	0.14	0.18	38	47	−51	31	13	37	35	53
中流量区	5.86	7.13	1.39	2.32	3.57	4.48	0.15	0.24	3.97	4.40	1.42	1.57	2.84	3.14	0.11	0.12	39	44	8	39	29	37	35	57
枯水区	4.33	5.65	1.29	1.81	2.93	5.07	0.14	0.22	2.66	3.38	0.95	1.21	1.90	2.41	0.07	0.09	45	46	34	40	42	57	53	63
低流量区	2.37	3.12	0.65	1.27	1.47	2.87	0.07	0.13	0.46	1.34	0.17	0.48	0.33	0.96	0.01	0.04	82	61	77	66	80	70	83	75
河网系统	P50	P95	P50	P95	P50	P95	P50	P95	P50	P95	P50	P95	P50	P95	P50	P95	P50	P95	P50	P95	P50	P95	P50	P95
高流量区	63.33	104.27	9.43	16.95	39.68	93.32	1.82	3.89	35.66	59.46	12.74	21.24	25.47	42.47	0.96	1.59	49	49	−22	−13	42	59	53	63
丰水区	34.17	52.46	5.86	12.84	23.86	37.43	0.88	1.59	23.61	29.47	8.43	10.52	16.87	21.05	0.63	0.79	38	49	−30	26	36	49	36	55
中流量区	26.21	32.29	5.91	10.58	20.46	28.27	0.74	1.05	17.57	19.35	6.27	6.91	12.55	13.82	0.47	0.52	40	46	4	41	45	56	43	55
枯水区	19.87	26.54	5.86	9.64	15.52	23.88	0.59	0.94	12.43	15.22	4.44	5.44	8.88	10.87	0.33	0.41	44	48	32	49	49	59	50	61
低流量区	9.39	17.51	2.09	5.81	6.08	13.65	0.29	0.67	3.58	7.17	1.28	2.56	2.56	5.12	0.10	0.19	66	63	45	60	62	66	71	74

第七章 氮磷同位素、生物源示踪溯源技术研究及综合应用

7.1 污染现状调查

7.1.1 调查区域范围

调查(调研)资料收集范围为典型区域,具体包括常州市武进区的前黄镇和雪雁镇,以及宜兴市的和桥镇、万石镇、周铁镇。调查了社会经济与水环境基础信息、工农业点源污染现状、种植业面源污染、畜禽养殖污染、农村生活污染等各类数据库,并以行政村为空间单元,建立了专题数据库。

7.1.2 社会经济调查

研究区域内面污染源主要包括种植业源、畜禽养殖业源、农村生活源等类型(见表 7-1 和表 7-2)。种植业调查内容包括各村镇(包括农场)耕地面积、园地面积、施肥量、轮作方式、农作物熟制等;畜禽养殖业调查内容包括养殖场(含规模化和分散养殖场)名称、位置(经纬度、行政村)、养殖种类、养殖数量、粪污清理方式等;农村生活源调查可包括行政村人口、污水处理设施等。

1. 研究区域种植业情况

通过数据分析,典型区域内宜兴市周铁镇、和桥镇及常州市武进区前黄镇耕地面积较多,分别为 58 925 亩、55 950 亩和 50 142 亩。粮食作物主要种植在和桥镇,主要作物为小麦和大豆,其耕种面积分别占镇耕地总面积的 2.23%和 2.68%,其中,湖滨村小麦种植面积和种植大豆面积均为该镇最多。五镇均有经济作物分布,其中油菜种植只分布在和桥镇,占该镇耕地面积的 3.57%,湖滨村、白巷村、闸口村种植面积较多。茶叶种植只分布在武进区雪堰镇,占该镇耕地面积的 8.36%,楼村种植面积最多,为 212.82 亩,城西回民村和凤沟村种植面积也较多,均在 200 亩以上。五镇均有果园分布,其中武进区雪堰镇的果园面积占该镇耕地面积的 19.49%,楼村、凤沟村、城西回民村及夏墅村分布面积较多;宜兴市周铁镇的种植面积占 4.07%,宜兴市和桥镇的种植面积占比最小,为 0.84%。水生蔬菜只分布在宜兴市

表 7-1 典型区域内种植业情况数据表

地理位置	村	耕地面积（亩）	粮食作物		经济作物			蔬菜作物
镇域			小麦面积（亩）	大豆面积（亩）	果园面积（亩）	茶叶面积（亩）	油菜面积（亩）	水生蔬菜面积（亩）
江苏省常州市武进区前黄镇	大成村	1 519.45	0.00	0.00	29.70	0.00	0.00	0.00
	奋壮村	1 729.03	0.00	0.00	33.79	0.00	0.00	0.00
	祝庄村	1 729.03	0.00	0.00	33.79	0.00	0.00	0.00
	谭庄村	1 474.76	0.00	0.00	28.82	0.00	0.00	0.00
	奔庄村	1 432.63	0.00	0.00	28.00	0.00	0.00	0.00
	观咀村	1 519.45	0.00	0.00	29.70	0.00	0.00	0.00
	寨桥村	1 392.83	0.00	0.00	27.22	0.00	0.00	0.00
	东沙村	1 392.83	0.00	0.00	27.22	0.00	0.00	0.00
	公墅村	1 392.83	0.00	0.00	27.22	0.00	0.00	0.00
	成魁村	1 519.45	0.00	0.00	29.70	0.00	0.00	0.00
	墙门村	1 566.94	0.00	0.00	30.63	0.00	0.00	0.00
	灵台村	1 617.48	0.00	0.00	31.61	0.00	0.00	0.00
	湖滨村	1 591.81	0.00	0.00	31.11	0.00	0.00	0.00
	园东村	1 501.26	0.00	0.00	29.34	0.00	0.00	0.00
	高梅村	1 671.40	0.00	0.00	32.67	0.00	0.00	0.00
	前濮村	1 699.73	0.00	0.00	33.22	0.00	0.00	0.00
	坊前村	1 457.62	0.00	0.00	28.49	0.00	0.00	0.00
	运村	1 747.11	0.00	0.00	34.15	0.00	0.00	0.00
	杨桥村	1 676.99	0.00	0.00	32.78	0.00	0.00	0.00
	红星村	1 928.54	0.00	0.00	37.69	0.00	0.00	0.00
	丁舍村	1 644.00	0.00	0.00	32.13	0.00	0.00	0.00
	蒋排村	1 392.83	0.00	0.00	27.22	0.00	0.00	0.00
	漳湟村	1 445.01	0.00	0.00	28.24	0.00	0.00	0.00
	小漕村	1 319.53	0.00	0.00	25.79	0.00	0.00	0.00
	红旗村	1 644.00	0.00	0.00	32.13	0.00	0.00	0.00
	胜西村	1 790.79	0.00	0.00	35.00	0.00	0.00	0.00
	前进村	1 928.54	0.00	0.00	37.69	0.00	0.00	0.00
	夏坊村	1 542.83	0.00	0.00	30.15	0.00	0.00	0.00
	前黄镇总计	50 142.00	0.00	0.00	980.00	0.00	0.00	0.00

续表

地理位置	村	耕地面积（亩）	粮食作物		经济作物			蔬菜作物
镇域			小麦面积（亩）	大豆面积（亩）	果园面积（亩）	茶叶面积（亩）	油菜面积（亩）	水生蔬菜面积(亩)
江苏省常州市武进区雪堰镇	城西回民村	2 417.70	0.00	0.00	471.25	202.18	0.00	0.00
	夏墅村	2 302.57	0.00	0.00	448.81	192.55	0.00	0.00
	王允村	2 197.91	0.00	0.00	428.41	183.80	0.00	0.00
	南宅村	2 102.35	0.00	0.00	409.78	175.80	0.00	0.00
	善塘村	2 014.75	0.00	0.00	392.71	168.48	0.00	0.00
	新康村	1 934.16	0.00	0.00	377.00	161.74	0.00	0.00
	凤沟村	2 442.12	0.00	0.00	476.01	204.22	0.00	0.00
	黄墅村	1 874.19	0.00	0.00	365.31	156.72	0.00	0.00
	仁庄村	1 866.95	0.00	0.00	363.90	156.12	0.00	0.00
	夏庄村	1 690.70	0.00	0.00	329.55	141.38	0.00	0.00
	城湾村	1 739.35	0.00	0.00	339.03	145.45	0.00	0.00
	潘家村	2 197.91	0.00	0.00	428.41	183.80	0.00	0.00
	楼村	2 544.95	0.00	0.00	496.05	212.82	0.00	0.00
	漕桥村	1 965.61	0.00	0.00	383.13	164.37	0.00	0.00
	凤凰村	2 102.35	0.00	0.00	409.78	175.80	0.00	0.00
	夹南	2 218.07	0.00	0.00	432.34	185.48	0.00	0.00
	浒庄	2 023.18	0.00	0.00	394.35	169.18	0.00	0.00
	雪堰镇总计	48 354.00	0.00	0.00	9 425.00	4 043.50	0.00	0.00

续表

地理位置	村	耕地面积（亩）	粮食作物		经济作物			蔬菜作物
镇域			小麦面积（亩）	大豆面积（亩）	果园面积（亩）	茶叶面积（亩）	油菜面积（亩）	水生蔬菜面积（亩）
江苏省无锡市宜兴市和桥镇	白巷村	3 143.26	70.22	84.27	26.46	0.00	112.36	9.55
	北渠村	3 108.33	69.44	83.33	23.69	0.00	111.11	9.44
	北新村	2 543.18	56.82	68.18	21.41	0.00	90.91	7.73
	大生村	2 960.32	66.14	79.37	24.92	0.00	105.82	8.99
	何家村	2 370.76	52.97	63.56	19.15	0.00	92.59	7.20
	和桥村	2 811.56	62.81	75.38	23.67	0.00	100.50	8.54
	湖滨村	3 496.88	78.13	93.75	29.44	0.00	125.00	10.63
	聚龙村	2 797.50	62.50	75.00	23.55	0.00	100.00	8.50
	陆圩村	2 639.15	58.96	70.75	22.22	0.00	94.34	8.02
	民胜村	2 805.92	62.69	75.23	21.47	0.00	100.30	8.53
	石路村	2 590.28	57.87	69.44	29.44	0.00	102.04	7.87
	万福村	2 955.63	66.03	79.24	24.88	0.00	105.65	8.98
	王母桥村	2 969.75	66.35	79.62	25.00	0.00	106.16	9.02
	闸口村	2 967.70	66.30	79.56	24.98	0.00	112.03	9.02
	中巷村	3 126.75	69.86	83.83	29.44	0.00	111.77	9.50
	钟溪村	2 712.07	60.59	72.71	22.83	0.00	96.95	8.24
	和桥镇总计	55 950.00	1 250.00	1 500.00	471.00	0.00	2 000.00	170.00
江苏省无锡市宜兴市万石镇	余境村	2 786.92	0.00	0.00	31.38	0.00	0.00	105.46
	南漕社区	4 528.75	0.00	0.00	51.00	0.00	0.00	171.38
	黄土寺村	3 813.68	0.00	0.00	42.95	0.00	0.00	144.32
	马庄村	2 921.77	0.00	0.00	32.90	0.00	0.00	110.56
	后洪村	3 019.17	0.00	0.00	34.00	0.00	0.00	114.25
	万金村	2 447.97	0.00	0.00	27.57	0.00	0.00	92.64
	芦漕村	3 659.60	0.00	0.00	41.21	0.00	0.00	138.48
	西塘村	3 323.85	0.00	0.00	37.43	0.00	0.00	125.78
	塘田村	1 916.93	0.00	0.00	21.59	0.00	0.00	72.54
	万石镇总计	36 230.00	0.00	0.00	408.00	0.00	0.00	1 371.00

续表

地理位置	村	耕地面积（亩）	粮食作物		经济作物			蔬菜作物
镇域			小麦面积（亩）	大豆面积（亩）	果园面积（亩）	茶叶面积（亩）	油菜面积（亩）	水生蔬菜面积（亩）
江苏省无锡市宜兴市周铁镇	王茂村	4 532.69	0.00	0.00	184.62	2.00	0.00	21.77
	东湖村	7 856.67	0.00	0.00	320.00	0.00	0.00	47.17
	前观村	6 202.63	0.00	0.00	252.63	0.00	0.00	24.61
	龙亭村	4 752.02	0.00	0.00	193.55	0.00	0.00	56.60
	周铁村	7 365.63	0.00	0.00	300.00	0.00	0.00	35.38
	棠下村	3 981.42	0.00	0.00	162.16	2.00	0.00	19.12
	章茂村	6 620.79	0.00	0.00	269.66	0.00	0.00	31.80
	陈桥村	4 910.42	0.00	0.00	200.00	1.00	0.00	15.72
	分水村	3 169.71	0.00	0.00	129.10	0.00	0.00	15.22
	周铁镇总计	58 925.00	0.00	0.00	2 400.00	5.00	0.00	283.00

万石镇、和桥镇和周铁镇，分别占镇耕地面积的 3.78%、0.30%和 0.48%，其中万石镇南漕社区、黄土寺村、芦漕村和西塘村种植面积较多。

2. 研究区域养殖业情况

通过数据分析，典型区域内各镇养殖类型存在一定差异，但五镇均有生猪养殖，其中武进区前黄镇、雪堰镇、宜兴市和桥镇、万石镇和周铁镇生猪养殖量分别为 1.09 万头、0.48 万头、0.74 万头、1.17 万头和 0.03 万头，生猪单位耕地面积载畜量分别为 0.218、0.100、0.132、0.322 和 0.004 头/亩，可以发现，万石镇和周铁镇生猪养殖密度较高。前黄镇中，丁舍村和红旗村生猪养殖量较高；万石镇中大尖村、马庄村和南漕村生猪养殖量较多，分别为 0.21、0.21 和 0.43 万头。蛋禽主要分布在前黄镇、雪堰镇、和桥镇和万石镇，其中和桥镇蛋禽养殖量较高，为 7.5 万羽，占典型区域内蛋禽养殖总量的 70%，和桥镇内西锄村和永兴村蛋禽养殖量较多，且集中了大型的蛋禽养殖企业。肉禽主要分布在前黄镇、雪堰镇和万石镇，其养殖量分别占典型区域内养殖总量的 71.39%、5.24%和 23.37%，前黄镇中集中分布了多家大型肉禽养殖场，规模化养殖程度较高。奶牛养殖主要分布在万石镇，养殖量为 0.05 万头，镇内后洪村有一家大型奶牛养殖企业。前黄镇、雪堰镇、和桥镇、万石镇和周铁镇年处理粪便量分别为 19 965、2 935、2 117、32 693 和 258 万 t，粪便处理模式均以粪便农业利用堆肥还田为主（表 7-2）。

表 7-2 典型区域内养殖业情况数据表

镇域	村	养殖种类	养殖场占地面积(亩)	养殖栏舍占地面积(m^2)	存栏量(万头/万羽)	年出栏量(万头/万羽)	养殖规模(家)	年处理粪便量(t/a)	粪便处理模式		
									粪便农业利用堆肥还田(t/a)	粪便综合处理(t/a)	外运生产有机肥(t/a)
江苏省常州市武进区前黄镇	大成村	蛋禽	30.00	12 000.0	1.00	0.00	大型 1	547.50	0.00	547.50	0.00
		肉禽	40.70	11 990.0	0.00	42.00	大型 4 中型 5	2 268.00	2 268.00	0.00	0.00
	丁舍村	肉禽	10.10	3 300.0	0.00	10.00	大型 1 中型 1	540.00	540.00	0.00	0.00
		生猪	13.00	4 370.0	0.00	0.32	小型 1 中型 3	1 695.75	1 695.75	0.00	0.00
	观咀村	肉禽	5.00	1 700.0	0.00	4.80	中型 1 小型 1	259.20	259.20	0.00	0.00
	红旗村	生猪	12.00	4 600.0	0.00	0.38	中型 1 大型 1	1 995.00	262.50	157.50	1 575.00
	红星村	肉禽	62.00	18 400.0	0.00	62.10	中型 7 大型 7	3 353.40	3 353.40	0.00	0.00
	前进村	肉禽	15.00	6 000.0	0.00	15.00	大型 1	810.00	0.00	810.00	0.00
		生猪	3.00	1 500.0	0.00	0.06	小型 2	315.00	105.00	210.00	0.00
	谭庄村	生猪	2.90	1 380.0	0.00	0.08	小型 3	420.00	167.00	253.00	0.00
	夏坊村	肉禽	10.00	4 200.0	0.00	1.50	中型 1	81.00	81.00	0.00	0.00
	杨桥村	肉禽	21.50	7 100.0	0.00	18.70	大型 3	1 009.80	1 009.80	0.00	0.00
	运村村	肉禽	6.00	1 980.0	0.00	6.20	大型 1	334.80	334.80	0.00	0.00
		生猪	7.20	3 470.00	0.00	0.15	小型 6	777.00	688.80	88.20	0.00
	漳湟村	肉禽	58.90	26 080.0	0.00	67.90	中型 8 大型 8	3 666.60	3 666.60	0.00	0.00
		生猪	8.50	2 900.0	0.00	0.08	小型 2 中型 1	425.25	0.00	425.25	0.00
	祝庄村	蛋禽	13.60	7 720.0	0.86	0.00	小型 4 中型 1	470.85	470.85	0.00	0.00
		肉禽	20.40	6 680.0	0.00	16.40	中型 1 大型 2	885.60	885.60	0.00	0.00
		生猪	0.80	400.0	0.00	0.02	小型 1	110.25	110.25	0.00	0.00

续表

镇域	村	养殖种类	养殖场占地面积(亩)	养殖栏舍占地面积(m^2)	存栏量(万头/万羽)	年出栏量(万头/万羽)	养殖规模(家)	年处理粪便量(t/a)	粪便处理模式		
									粪便农业利用堆肥还田(t/a)	粪便综合处理(t/a)	外运生产有机肥(t/a)
江苏省常州市武进区雪堰镇	城湾村	生猪	1.60	500.0	0.00	0.03	小型 1	157.50	157.50	0.00	0.00
	城西村	生猪	1.00	240	0.00	0.02	小型 1	105.00	105.00	0.00	0.00
	楼村村	蛋禽	1.00	500	0.13	0.00	小型 1	71.18	71.18	0.00	0.00
		肉禽	5.00	1 200	0.00	4.50	中型 1	243.00	243.00	0.00	0.00
	南宅村	生猪	0.85	410	0.00	0.05	小型 2	241.50	241.50	0.00	0.00
	潘家村	蛋禽	0.60	150	0.60	0.00	中型 1	328.50	328.50	0.00	0.00
		生猪	22.60	1 490	0.00	0.11	小型 5	556.50	556.50	0.00	0.00
	王允村	生猪	17.30	4 080	0.00	0.10	小型 4	540.75	351.75	189.00	0.00
	夏墅村	生猪	8.00	730	0.00	0.05	小型 2	252.00	189.00	63.00	0.00
	夏庄村	生猪	6.50	2 180	0.00	0.09	小型 1 中型 1	472.50	472.50	0.00	0.00
	新康村	生猪	3.70	1 260	0.00	0.07	小型 3	367.50	367.50	0.00	0.00
江苏省无锡市宜兴市和桥镇	北渠村	肉禽	7.00	4 300	0.00	2.00	中型 1	120.00	120.00	0.00	0.00
		生猪	0.40	250	0.00	0.01	小型 1	17.00	17.00	0.00	0.00
	北新村	肉禽	3.00	1 600	0.00	6.00	大型 1	7.00	7.00	0.00	0.00
		生猪	10.50	2 900	0.00	0.12	中型 1	508.00	308.00	200.00	0.00
	福巷桥村	生猪	1.20	660	0.00	0.02	小型 1	45.00	45.00	0.00	0.00
	湖滨村	生猪	2.80	0	0.00	0.06	小型 3	230.00	230.00	0.00	0.00
	楝聚村	生猪	9.50	4 040	0.00	0.08	中型 2 小型 1	260.00	260.00	0.00	0.00
	同里村	生猪	14.10	0	0.00	0.32	中型 4	535.00	535.00	0.00	0.00
	王母桥村	肉禽	4.00	1 300	0.00	1.35	小型 1	60.00	0.00	0.00	60.00
	西锄村	蛋禽	7.00	4 500	1.30	0.00	大型 1	10.00	10.00	0.00	0.00
	永兴村	蛋禽	15.00	0	6.20	0.00	大型 1	0.00	0.00	0.00	0.00
	中巷村	生猪	3.00	1 200	0.00	0.12	小型 4	250.00	250.00	0.00	0.00
	钟溪村	肉禽	10.00	3 500	0.00	8.60	大型 1	60.00	0.00	0.00	60.00
		生猪	0.10	60	0.00	0.01	小型 1	15.00	15.00	0.00	0.00

续表

镇域	村	养殖种类	养殖场占地面积(亩)	养殖栏舍占地面积(m^2)	存栏量(万头/万羽)	年出栏量(万头/万羽)	养殖规模(家)	年处理粪便量(t/a)	粪便处理模式		
									粪便农业利用堆肥还田(t/a)	粪便综合处理(t/a)	外运生产有机肥(t/a)
江苏省无锡市宜兴市万石镇	漕东村	肉禽	3.00	3 000	0.00	0.20	小型 1	34.00	34.00	0.00	0.00
		生猪	1.90	410	0.00	0.09	中型 3 小型 1	961.00	961.00	0.00	0.00
	大尖村	蛋禽	23.00	2 400	0.00	0.63	中型 1 小型 1	110.00	110.00	0.00	0.00
		肉禽	2.85	3 000	0.00	9.80	大型 1	1 657.00	1 657.00	0.00	0.00
		生猪	8.90	3 730	0.00	0.21	小型 7	2 066.00	2 066.00	0.00	0.00
	后洪村	肉禽	4.00	2 200	0.00	10.50	大型 1	1 776.00	1 776.00	0.00	0.00
		生猪	2.60	550	0.00	0.03	小型 2	342.00	342.00	0.00	0.00
		奶牛	164.00	14 200	0.00	0.05	大型 1	7 500.00	3 500.00	1 500.00	2 500.00
	黄土寺村	肉禽	12.00	12 300	0.00	21.28	大型 2 中型 1	3 600.00	3 000.00	0.00	0.00
		生猪	2.00	550	0.00	0.03	小型 1 小型 3	537.00	537.00	0.00	0.00
	马庄村	生猪	15.00	3 600	0.00	0.21	中型 1	2 132.00	782.00	1 200.00	150.00
	南漕村	生猪	36.50	4 200	0.00	0.43	大型 1 小型 3	4 262.00	1 078.00	2 904.00	280.00
	万石村	生猪	0.90	600	0.00	0.02	小型 2	224.00	224.00	0.00	0.00
	余境村	生猪	3.00	800	0.00	0.03	小型 1	340.00	340.00	0.00	0.00
		肉禽	0.80	150	0.00	0.02	小型 1	167.00	167.00	0.00	0.00
	余庄村	肉禽	10.75	11 400	0.00	38.28	大型 4 中型 2	6 474.00	6 474.00	0.00	0.00
		生猪	1.00	410	0.00	0.08	大型 1 小型 1	253.00	253.00	0.00	0.00
江苏省无锡市宜兴市周铁镇	分水村	生猪	2.90	1 060	0.00	0.03	小型 2	257.81	257.81	0.00	0.00

7.1.3 环境现状调查

1. 土地利用状况调查

收集了典型区域土地利用现状，有关统计数据进行分析，统计了各类土地利用类型所占面积及比例，参考《土地利用现状分类》(GB/T 21010)中一级土地利用类型的分类标准，将林地、耕地、水域以及人类干扰区，统计各个用地类型所占面积和比例，分析研究区域受人类干扰的程度。

2. 水文水资源现状调查

收集了太滆运河、漕桥河和太滆南运河近 3 年的水位、水深、河宽、流量、流速等数据，同时收集相关水文站最枯月平均流量或 90%保证率最枯月平均流量、多年平均流量等数据。

3. 污染源排放现状调查

① 工业污染源调查

调查不符合国家产业政策的小型造纸、制革、印染、染料、炼焦、炼硫、炼砷、炼油、电镀、农药等严重污染水环境的“十小”行业生产项目，开列“十小”企业排污清单；调查造纸、焦化、氮肥、有色金属、印染、农副食品加工、原料药制造、制革、农药、电镀等“十大”重点行业排污现状，开列“十大”重点行业排污清单。主要调查内容包括企业名称、所在村镇、经纬度、所属行业、生产规模、产值、新鲜用水量、主要污染物和首要污染物产生量、削减量、排放量、在线监测设施建设运行情况等。同时，也调查了典型区域内部分工业企业排污情况，选出武进区和宜兴市废水排放量分别排在前五的代表企业，全面调查工业污染点源情况(见表 7-3)。

表 7-3 典型区域内工业情况数据表

单位名称	区(市)	乡(镇)	行业类别名称	受纳水体名称	工业废水排放量(t)	工业废水化学需氧量排放量(t)
常州中新绿叶产品有限公司	武进区	雪堰	食品及饲料添加剂制造	雅浦河	312 500	25
常州市士力化工有限公司	武进区	雪堰	其他专用化学产品制造	武宜运河	266 660	20
江苏太湖新材料控股有限公司	武进区	雪堰	其他基础化学原料制造	武宜运河	60 000	6
常州欣发表面处理有限公司	武进区	雪堰	金属表面处理及加工	漕桥河	25 000	2
常州市巨熊锻压件有限公司	武进区	雪堰	锻件及粉末冶金制品制造	武进港	13 250	1.06
江苏天音化工有限公司	宜兴市	周铁	化学试剂和助剂制造	殷村港	70 000	3.82
江苏润禾纺织实业有限公司	宜兴市	和桥	化纤织物染整精加工	殷村港	840 000	47.88

续表

单位名称	区(市)	乡(镇)	行业类别名称	受纳水体名称	工业废水排放量(t)	工业废水化学需氧量排放量(t)
宜兴市和盛轻纺织有限公司	宜兴市	和桥	棉印染精加工	锡溧槽河	480 000	28.78
宜兴市百丽纺织染整有限公司	宜兴市	和桥	棉印染精加工	殷村港	462 000	27.69
宜兴市事成织物后整理有限公司	宜兴市	和桥	棉印染精加工	殷村港	455 000	27.26

② 城镇生活污染源调查

主要调查城镇生活污水排放现状和生活垃圾排放现状。统计各控制网格、各村镇人口数,分析各镇街所提供的用水量数据,估算控制网格城市生活综合人均日用水量(见表7-4)。参考《城市排水工程规划规范》(GB 50318)等技术规范,确定城镇综合生活污水排放系数,计算生活污水产生量。调查生活污水处理设施的设计规模、工艺路线、出水标准、主要污染物,以及首要污染物产生量、削减量和排放量等数据,计算生活污染源削减量和排放量。根据人口数和人均垃圾产生量估算生活垃圾排放量。同时,也调研了典型区域内部的污水处理厂的相关情况,深入了解点源污染的潜在污染程度和潜在累积性风险。

表 7-4 典型区域内污水处理厂情况数据表

企业名称	区(市)	乡(镇)	建成时间(年)	污水处理方法	受纳水体名称	日污水实际处理量(万 t)	污水排放量(万 t)
常州鹏鹞水务有限公司	武进区	雪堰镇	2006	物理处理法	太滆运河	11.04	81.54
常州市武进双惠环境工程有限公司	武进区	前黄镇	1997	化学混凝沉淀法	武宜运河	9	9
宜兴市和桥污水处理有限公司	宜兴市	和桥镇	2005	A2/O 工艺	锡溧槽河	82	82
宜兴市万石镇南漕污水处理厂	宜兴市	万石镇	2005	化学混凝沉淀法	漕桥河	124.1	124.1
宜兴市周铁污水处理有限公司	宜兴市	周铁镇	2006	其他	殷村港	29.2	29.2

4. 入湖河流水质分析

在太滆运河、漕桥河和殷村港河布置典型采样点(图 7-1,表 7-5),与 2013—2014 年不同季度对 3 条河进行采样,测定水样总氮、总磷、TOC 含量。

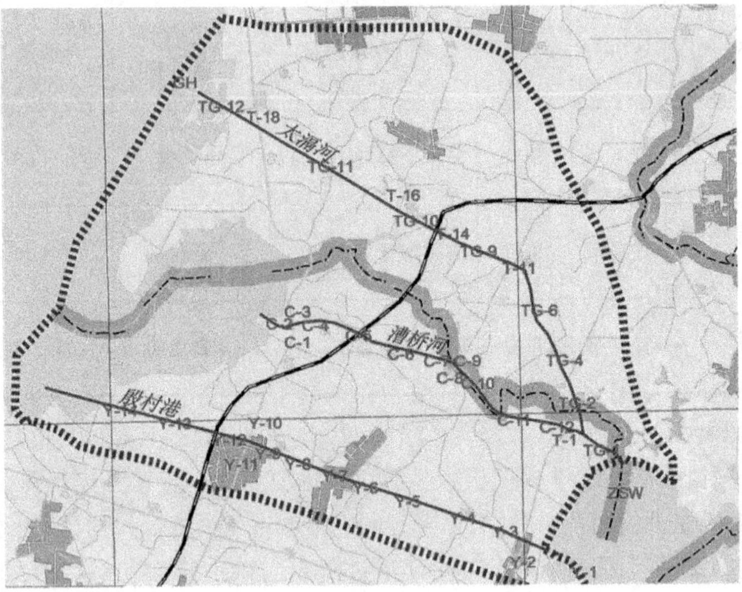

图 7-1　太滆运河、漕桥河、殷村港河采样点分布

表 7-5　太滆运河、漕桥河、殷村港河采样点详细信息

河流	测点名称	点位描述	实际到达	
			北纬 31°	东经 119°
太滆运河	GH	滆湖	31°36′51.0″	119°52′14.3″
	TG-12		31°36′22.1″	119°53′16.8″
	T-18	武宜运河上游	31°36′20.7″	119°53′48.3″
	TG-11		31°35′9.85″	119°55′31.1″
	T-16	永安河上游	31°34′27.9″	119°57′17.7″
	TG-10		31°34′0.85″	119°57′37.7″
	T-14	新锡溧漕河上游	31°34′4.90″	119°58′5.80″
	TG-9		31°33′41.9″	119°58′22.7″
	T-11	锡溧漕河	31°33′18.4″	120°0′19.0″
	TG-6		31°32′19.3″	120°0′25.4″
	TG-4		31°31′8.15″	120°0′59.4″
	TG-2		31°30′6.98″	120°1′23.6″
	TG-1		31°29′35.4″	120°1′58.8″
	T-1	漕桥河	31°29′13.9″	120°1′19.7″
	ZSW	竺山湾	31°29′20.0″	120°2′11.0″

续表

河流	测点名称	点位描述	实际到达	
			北纬 31°	东经 119°
殷村港河	Y-1	太湖	31°30′29.1″	119°57′33.9″
	Y-2		31°27′19.5″	119°59′58.5″
	Y-3		31°20′52.0″	119°57′58.5″
	Y-4		31°18′59.9″	119°56′15.3″
	Y-5		31°18′31.8″	119°56′19.7″
	Y-6	万石村下游 200 m	31°18′31.7″	119° 56′19.9″
	Y-7	342 省道桥下	31°28′39.9″	119° 55′39.2″
	Y-8	锡宜高速桥下	31°29′05.4″	119° 54′30.2″
	Y-9	武宜运河交汇口下游 200 m	31°29′21.2″	119° 53′45.2″
	Y-10	武宜运河上游	31°29′36.4″	119° 53′26.7″
	Y-11	武宜运河下游	31°29′20.4″	119° 53′20.8″
	Y-12	武宜运河交汇口上游 200 m	31°29′37.3″	119°52′49.5″
	Y-13		31°29′51.6″	119°51′51.3″
	Y-14	王母桥下	31°30′16.3″	119°50′11.1″
漕桥河	C-1	武宜运河下游	31°31′50.7″	119°54′38.4″
	C-2	武宜运河交汇口上游 200 m	31°31′53.8″	119°54′24.1″
	C-3	武宜运河上游	31°32′07.3″	119°54′33.1″
	C-4	武宜运河交汇口下游 200 m	31°32′00.3″	119°54′47.2″
	C-5	曹家滩，河流交汇处	31°31′44.0″	119°56′12.6″
	C-6	锡宜高速桥下	31°31′19.5″	119°57′26.5″
	C-7	漕桥镇入口	31°31′06.7″	119°58′18.7″
	C-8	漕桥镇 1	31°30′57.6″	119°58′31.4″
	C-9	漕桥镇 2	31°30′12.9″	119°57′20.4″
	C-10	漕桥镇出口	31°30′48.0″	119°58′44.1″
	C-11	西桥村	31°26′30.5″	119°52′25.5″
	C-12	太滆运河交汇口上游 500 m	31°29′41.5″	120°00′58.1″

表 7-6 太滆运河总氮、总磷、TOC 含量(mg/L)

样品编号	2013 年 4 月			2013 年 6 月			2013 年 7 月			2013 年 10 月		
	TN	TP	TOC	TN	TP	TOC	TN	TP	TOC	TN	TP	TOC
GH1	3.430	0.040 4	26.05	3.511	0.117 8	22.99	2.741	0.037 9	23.71	2.535	0.063 5	28.66
TG-12	4.624	0.042 2	23.49	3.499	0.202 1	22.18	2.787	0.083 6	25.73	3.980	0.122 1	30.92
T-18	4.268	0.0106	21.96	3.189	0.202 1	22.71	4.050	0.224 5	27.37	4.050	0.136 7	29.36
TG-11	4.372	0.145 9	19.32	4.073	0.191 6	22.38	3.935	0.186 1	26.46	3.462	0.091 0	30.16
T-16	4.510	0.773 3	35.70	4.222	0.485 1	32.70	4.200	0.347 1	32.17	3.243	0.277 6	32.06
TG-10	3.293	0.333 9	31.91	4.105	0.190 5	29.80	4.050	0.208 1	30.09	3.591	0.241 0	30.96
T-14	3.040	0.109 0	30.18	4.303	0.179 3	26.38	3.947	0.283 1	29.26	4.737	0.074 5	26.76
TG-9	4.050	0.202 1	29.71	4.360	0.145 9	26.52	4.211	0.235 5	29.19	5.08 6	0.089 1	26.25
T-11	4.670	0.056 3	27.84	4.303	0.151 2	26.33	5.198	0.155 0	32.23	4.81 7	0.166 0	27.32
TG-6	4.957	0.089 7	29.64	4.085	0.145 9	23.95	4.774	0.204 4	29.70	4.916	0.142 2	28.17
TG-4	4.337	0.214 4	27.52	4.303	0.163 5	25.28	4.408	0.202 6	29.69	4.598	0.109 3	27.95
TG-2	3.580	0.142 4	28.34	4.418	0.1740	28.01	4.129	0.213 5	30.92	4.936	0.103 8	27.47
T-1	4.280	0.186 3	29.38	4.188	0.184 6	26.61	4.139	0.200 7	29.68	4.777	0.1001	27.31
TG-1	8.310	1.602 9	30.27	4.200	0.182 8	25.32	3.721	0.288 9	30.24	4.777	0.118 4	26.09
ZSW	4.850	0.066 8	27.97	4.062	0.1740	26.06	5.195	0.281 2	29.84	4.448	0.101 9	28.65

从图 7-2 和表 7-6 可见,太滆运河总氮含量较高(>2 mg/L),达到劣Ⅴ类水质标准。太滆运河入湖口处(TG-1)总氮在 2013 年 4 月时段增加显著,其余采样点总氮随时空变化不显著。太滆运河水中总磷含量总体在 0.10～0.20 mg/L 范围内,6、7 月份总磷含量相对较高,但在 4 月份永安河上游(T-16)和太滆运河入湖口(TG-1)处出现了总磷含量异常高的现象。除此之外,各采样点的总磷水平无明显变化。太滆运河水中 TOC 含量在 19.32～35.70 mg/L 范围内,不同河段的 TOC 变化幅度较小,从滆湖到永安河上游河段(GH1、TG～12、T－8 和 TG－11),TOC 从春季到秋季呈上升趋势,其他采样点 TOC 随季节无明显变化。

表 7-7 漕桥河总氮、总磷、TOC 含量(mg/L)

样品编号	2013 年 7 月			2013 年 9 月			2013 年 11 月			2014 年 4 月		
	TN	TP	TOC	TN	TP	TOC	TN	TP	TOC	TN	TP	TOC
C1	3.660	0.1723	29.81	3.004	0.0745	27.99	3.811	0.0791	33.26	6.461	0.0845	32.97
C2	3.603	0.1863	30.98	2.954	0.070 8	27.70	4.030	0.071 8	32.33	6.908	0.066 4	35.66
C3	3.648	0.174 0	29.57	2.984	0.070 8	27.02	4.159	0.086 3	32.06	6.402	0.113 4	35.35

续表

样品编号	2013 年 7 月			2013 年 9 月			2013 年 11 月			2014 年 4 月		
	TN	TP	TOC	TN	TP	TOC	TN	TP	TOC	TN	TP	TOC
C4	3.752	0.172 3	29.58	3.053	0.076 3	26.55	4.079	0.095 3	30.97	6.98 6	0.144 1	35.15
C5	3.560	0.170 3	30.6	2.844	0.070 8	26.36	3.950	0.227 2	29.90	5.635	0.104 3	32.40
C6	3.430	0.172 3	31.37	2.715	0.085 5	28.99	3.581	0.059 2	31.58	5.275	0.088 1	38.80
C7	3.373	0.161 7	30.67	2.495	0.052 5	31.46	3.761	0.071 8	32.19	5.780	0.079 1	31.46
C8	3.350	0.154 7	31.37	2.784	0.059 9	32.76	3.840	0.077 2	31.14	5.926	0.084 5	27.13
C9	3.350	0.158 2	34.48	2.794	0.003 1	31.88	3.791	0.032 1	32.41	5.936	0.088 1	31.08
C10	3.430	0.179 3	31.04	3.063	0.096 5	31.42	4.010	0.030 3	34.56	6.383	0.124 2	35.68
C11	3.327	0.160 0	30.84	3.581	0.081 8	31.17	4.079	0.039 3	31.60	5.858	0.070 0	36.72
C12	3.396	0.165 2	30.27	4.578	0.105 6	32.18	3.382	0.057 4	32.41	5.790	0.080 9	34.18

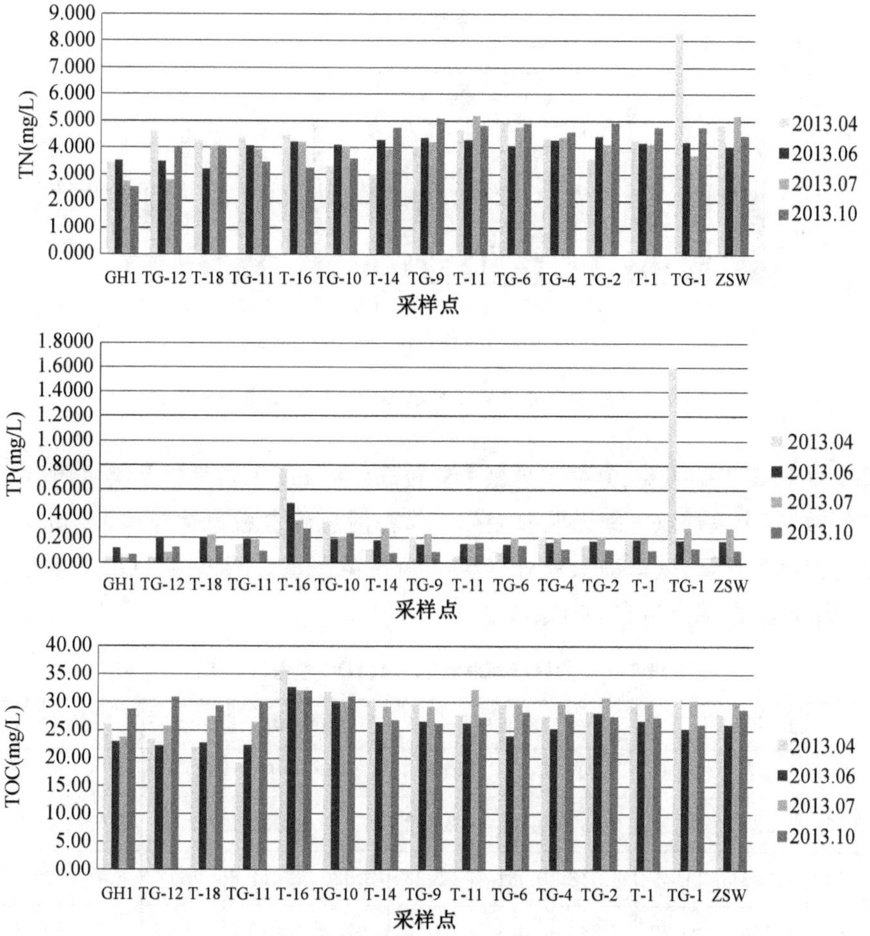

图 7-2 太滆运河各采样点总氮、总磷、TOC 含量(mg/L)

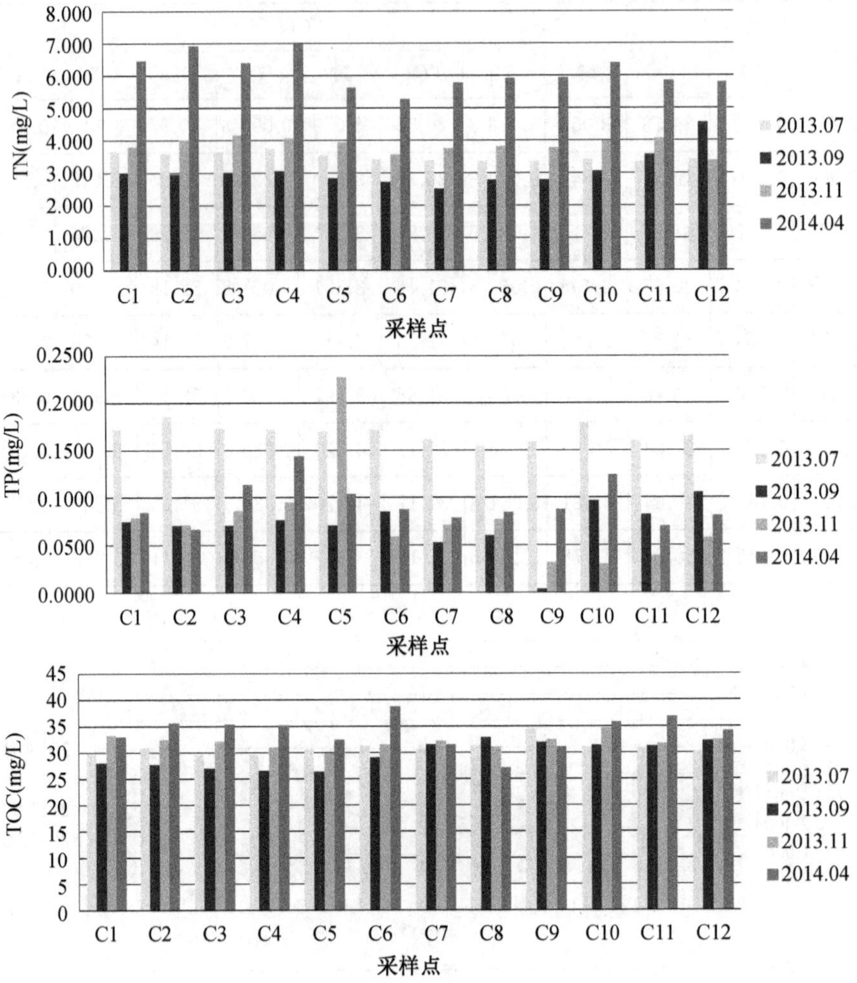

图 7-3　漕桥河各采样点总氮、总磷、TOC 含量(mg/L)

由图 7-3 和表 7-7 可见，漕桥河总氮含量较高(＞2 mg/L)，为劣Ⅴ类水质，春季较其他时段污染严重，其余采样点之间无明显变化。漕桥河总磷含量总体在＜0.2 mg/L 水平，夏季较其他时段污染严重，秋季曹家滩处(C5)总氮污染严重。漕桥河 TOC 含量随时空无明显变化，较为稳定，总体维持在 30 mg/L 左右。

表 7-8　殷村港河总氮、总磷、TOC 含量(mg/L)

样品编号	2013 年 7 月			2013 年 9 月			2013 年 11 月			2014 年 4 月		
	TN	TP	TOC	TN	TP	TOC	TN	TP	TOC	TN	TP	TOC
Y1	3.063	0.221 5	31.07	5.235	0.105 6	29.72	2.974	0.032 1	29.92	5.537	0.086 3	31.73
Y2	3.143	0.293 5	29.49	4.548	0.081 8	25.93	3.820	0.017 6	30.17	6.917	0.077 2	29.57
Y3	2.833	0.158 2	28.72	2.745	0.063 5	29.50	2.754	0.019 4	29.95	5.615	0.071 8	31.13

续表

样品编号	2013 年 7 月			2013 年 9 月			2013 年 11 月			2014 年 4 月		
	TN	TP	TOC	TN	TP	TOC	TN	TP	TOC	TN	TP	TOC
Y4	2.764	0.174 0	28.59	2.914	0.037 9	29.69	2.655	1.078 2	29.06	6.869	0.064 6	30.00
Y5	3.051	0.200 4	28.95	2.924	0.030 6	30.01	2.356	0.023 0	28.18	5.955	0.064 6	30.81
Y6	3.648	0.223 2	29.13	2.984	0.085 5	29.33	2.585	1.005 9	29.20	6.470	0.089 9	30.67
Y7	3.580	0.210 9	29.80	5.474	0.054 4	29.02	2.854	0.032 1	30.36	3.555	0.098 9	32.73
Y8	4.085	0.200 4	29.14	2.904	0.045 2	28.92	3.791	0.033 9	28.83	3.555	0.122 4	37.34
Y9	3.890	0.249 6	26.16	2.944	0.036 1	28.90	3.880	0.024 9	30.77	3.671	0.126 0	37.82
Y10	4.004	0.291 8	29.71	2.984	0.037 9	29.71	4.438	0.030 3	35.58	3.992	0.115 2	37.77
Y11	3.786	0.162 3	28.89	2.615	0.037 9	28.41	3.542	0.030 3	33.91	1.941	0.070 0	33.68
Y12	3.224	0.112 9	32.78	0.892	0.078 2	31.74	1.708	0.026 7	36.26	1.426	0.028 5	32.81
Y13	3.407	0.112 9	29.63	0.642	0.028 8	31.30	1.499	0.026 7	31.80	0.717	0.046 5	32.12
Y14	2.696	0.076 3	29.28	0.842	0.045 2	32.68	1.539	0.059 2	32.54	0.688	0.028 5	31.98

由图 7-4 和表 7-8 可见，殷村港河总氮含量总体较高，多数采样点处大于 2 mg/L，达到

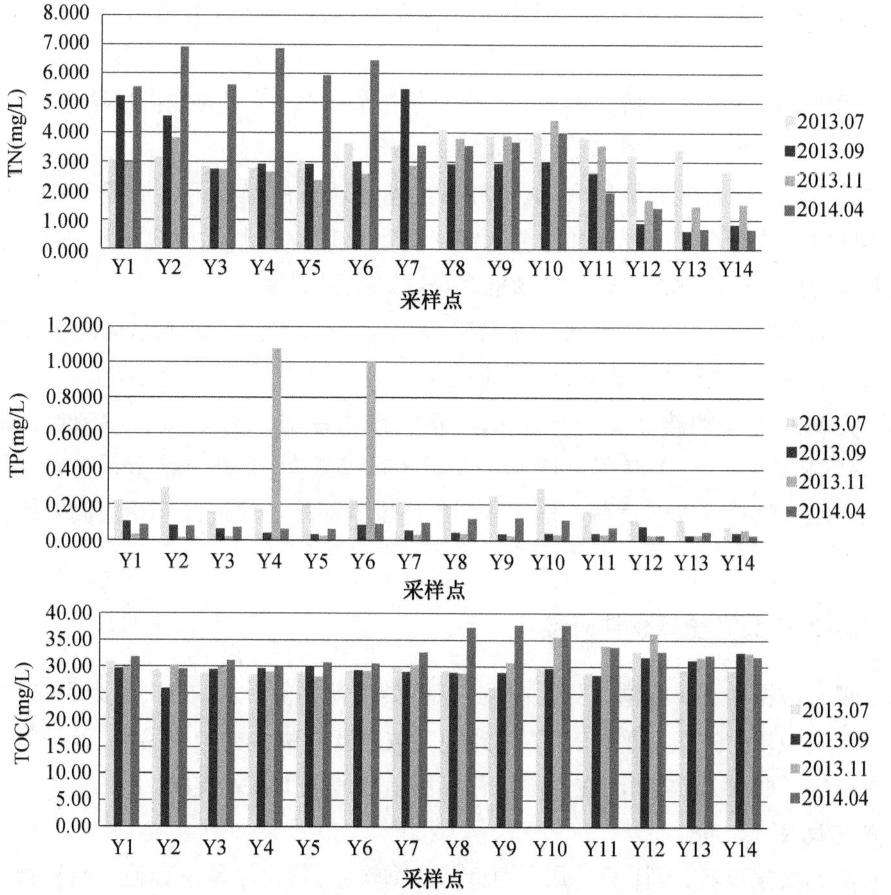

图 7-4　殷村港河各采样点总氮、总磷、TOC 含量(mg/L)

劣Ⅴ类水质标准，春季从太湖入湖口到万石村河段(Y1～Y6)总氮含量较其他采样点高，除夏季外，武宜运河交汇口到王母桥河段(Y12～Y14)总氮含量较低(<2 mg/L)，其他时段各采样点处无明显差异，总氮含量在3～4 mg/L之间。除冬季接近万石村的两处采样点Y4、Y6处总磷过高外，其他采样点处总磷含量均在Ⅲ类、Ⅳ类水质之间，其中夏季时段污染较其他时段严重。殷村港河TOC总体在30 mg/L左右，春季从锡宜高速桥下至武宜运河上游河段(Y8－Y10)TOC含量较高(约37 mg/L)，其余时段，TOC含量无明显变化。

7.2 面源污染负荷核算

7.2.1 面源污染入河负荷分析

基于典型区域环境污染现状调查，开展了各类污染源营养物入河量分析，计算方法简述如下。

工业污染源排放总量。根据对重点污染源废水治理和排放情况的实地调查和监测，结合该区域污染源普查资料，以及各地上报的污染源资料，校核通过河流水质估算的营养物入河量。

生活污染源排放总量。按照典型生活污染物排放系数，采用人均指标法进行测算，已经接管处理的生活污水的按照污水处理厂处理后水质估算。

畜禽养殖污染源排放总量。依据《江苏省太湖流域畜禽养殖污染治理专项规划》《畜禽养殖业污染物排放标准》《太湖流域主要入湖河流水环境综合整治研究编制技术规范》确定的畜禽养殖业污染物排放系数进行养殖业污染物产生量测算。

种植业面源污染排放量。根据文献报道，太湖农业面源污染进入水体的主要途径为地表径流，因此种植业污染物排放量只考虑通过地表径流进入河道的污染物量。

水产养殖业污染源排放量。根据水产养殖排污经验系数计算，其经验系数分别为COD_{Mn}－4.5 kg/(hm^2 · a)、总氮－18 kg/(hm^2 · a)和总磷－2.85 kg/(hm^2 · a)。

研究区的大气湿沉降年负荷。根据常州市环境监测站在武进区环境监测站的监测数据估算得到。

7.2.2 面源污染负荷核算软件开发

基于现有数据和计算模型，已开发了面源污染负荷估算软件，该软件为污染物削减-达标技术优化模型软件的核心平台，为识别典型区域内营养物主要控制网格、验证湖泊污染物标准的可达性、湖泊污染物标准在太湖达标应用示范提供了技术支持。

1. 软件概述

针对江苏太湖流域，设计了面源污染负荷估算软件，该软件是一套通过经济社会发展统计信息，对江苏太湖流域空间面源污染物入河总量进行计算的软件系统。软件使用OOP在

ArcGIS 环境下开发，需要安装了 ArcGIS Desktop 10.0 以上版本软件的 Windows PC，并有足够的硬盘空间(至少 1G)存放软件运行时产生的中间数据和结果信息。

本软件通过基础数据，能够对任意空间单元(空间范围)的面源污染进行分析计算，帮助用户通过将水污染物入河量与包括流域水环境容量、流域污水处理设施建设运行情况等信息进行对比，从而帮助制定更好的流域发展和/或流域减排政策。

2. 软件主要功能

农村生活排污量计算、种植业排污量计算、畜禽养殖业排污量计算、对任意空间单元计算上述指标，计算在一定处理能力或减排措施影响下的污染负荷变化，以帮助对减少污染物方式进行探讨。

3. 软件内置水污染负荷计算过程和方法

软件实现的计算模型能够计算附着在空间点状和面状地物上的污染源信息，针对不同数据特征采取不同的计算方法，以获取任意空间范围的污染总量。

➢ 面状数据，软件根据其所属空间单元的位置关系分摊到任意空间区划，保证空间总量的一致性(不变)；

➢ 点状数据，根据位置信息与目标计算空间区域的关系进行统计汇总，如统计某个特定范围内点状排污调查数据获取的各种污染源总量；

➢ 入河污染量计算逻辑上以清单法为主要方法，在技术实现上，过程如图 7-5 所示。

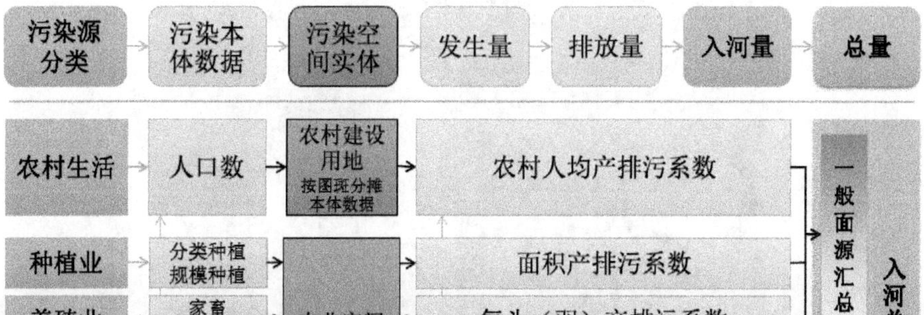

图 7-5　污染量计算流程

在计算入河污染量时,模型系统输入信息是污染本体数据与污染空间实体信息两部分(见图 7-5)。污染本体数据主要是以统计数据为主,包括(但不限于)农村人口、农业种植量、农业养殖量等信息;污染空间实体信息包括建成区范围,农业空间范围、区域等。在模型系统计算过程中,系统按照用户划定的任意空间,提取其中的农业空间图斑或行政区划图斑(多块),并根据每个图斑所在行政区划的总量,按照用户选择的空间分摊方法分摊经济社会统计量,并根据各地的经济社会排污系数计算发生量,最后结合排放系数和入河系数得到入河量。

4. 软件特点

输入数据简单,数据类型少,容易获取。污染本体数据主要为社会经济统计数据,可直接从统计资料中获取。污染空间实体数据采取遥感或中、小比例尺地形图提取可快速获取。软件系统内现已根据相关研究成果,按不同区域(按省市、按流域有所不同)预设排污系数等控制参数默认参考值。

空间灵活性强。软件可以按照多种空间数量分摊方法对数据进行切分和汇总处理,从而能够计算任意空间单元的面源污染源数量及其产生的污染物数量,而不局限于行政区划(见图 7-6)。用户可以通过任意空间分区图或用鼠标采取交互方式勾画任意区域多边形,即可进行计算并迅速给出结果。

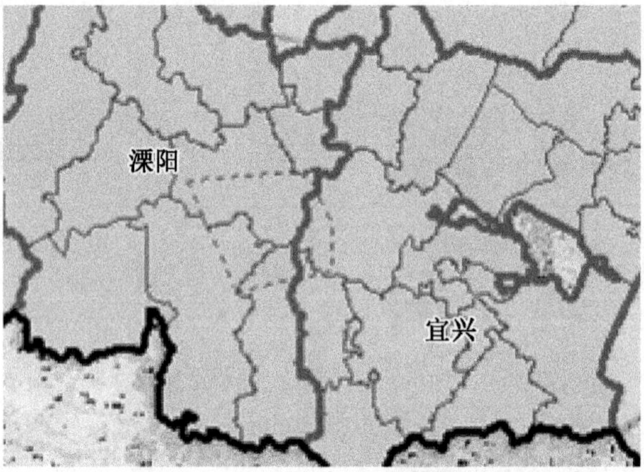

图 7-6 点选"绘制范围",按系统提示绘制范围亦可进行快速计算

即时试算帮助减排决策。软件计算不依赖缓存数据,不需要长时间的预处理,所有计算按即时操作完成(一个用户绘制图斑通常 10 s 内即可给出结果,全流域 100 个图斑也只需要几十秒时间即能给出结果),省却了进行大量预处理操作并每次重复的烦琐流程。通过设置输入不同的情景[如不同的处理率、不同的社会经济总量(农业种植养殖量等)、增减污水处理设施]即可得到多情景下的结果,通过这种即时的多条件下多情景比对,可以帮助用户做出优化的减排决策。

软件运行环境。软件直接嵌入 ArcMap 操作环境,只需要参照《数据格式要求与输入输出指南》文档的说明将数据载入后,直接点击 ArcMap 界面上本软件对应扩展工具栏上的

“面源污染负荷估算”按钮(如图 7-7)即可调出本软件的主界面,执行流域水污染负荷试算软件的各种功能。

软件操作说明。点击运行本软件功能后,系统将弹出主对话框。默认对话框是基本(简易)设置状态,用户通常只需要设置分析单元,或点击“绘制范围”按钮绘制分析区域即可。对话框右边将给出当前选定的分析单元信息。设置完成后,用户点击“开始分析”即可进行计算(见图 7-8)。

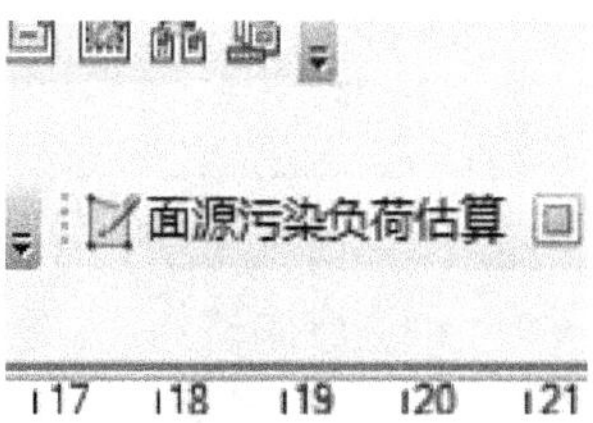

图 7-7　ArcMap 界面的工具栏

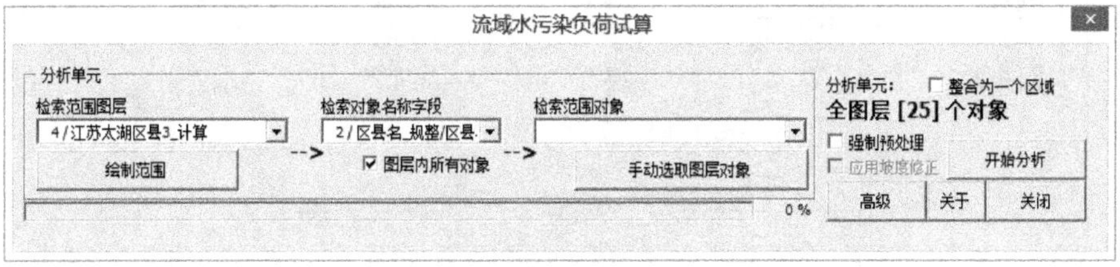

图 7-8　自定义流域水污染负荷计算的研究范围

若需要对计算参数进行调整或对计算过程(如数据空间分摊方式)进行手动设置,需要进入高级设置状态,点击“高级”按钮,即可打开高级设置界面(如图 7-9 所示)。在高级设置状态下,可以对计算方法进行详细的控制。包括空间分摊方法,产、排污系数,农业源中的分析因子(子类别)等,都可以进行详细的设置。系统亦预留了各种消减率的设置项,可以对包括提升生产工艺消减排污在内的情景进行模拟试算。设置完成后,点击“开始分析”,即可进行计算。

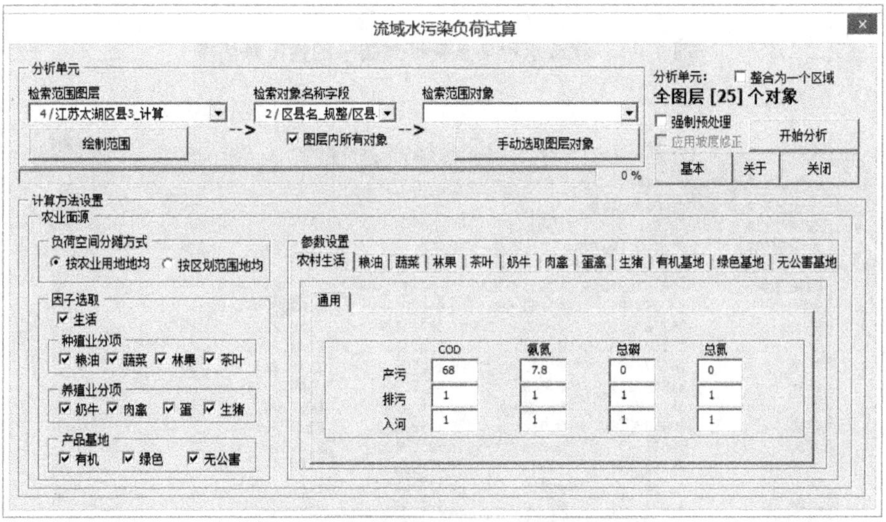

图 7-9　流域水污染负荷计算的高级菜单

系统计算完成后,将会输出整体计算结果预览,如图 7-10 所示。

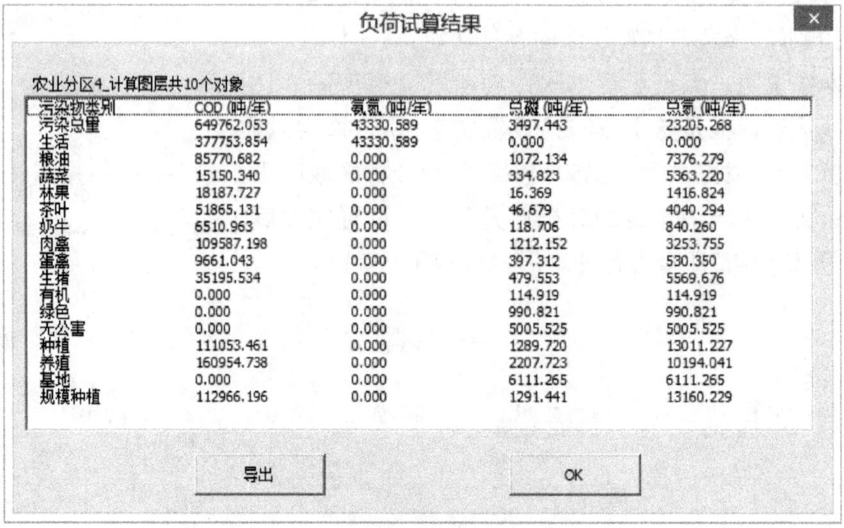

污染物类别	COD (吨/年)	氨氮 (吨/年)	总磷 (吨/年)	总氮 (吨/年)
污染总量	649762.053	43330.589	3497.443	23205.268
生活	377753.854	43330.589	0.000	0.000
粮油	85770.682	0.000	1072.134	7376.279
蔬菜	15150.340	0.000	334.823	5363.220
林果	18187.727	0.000	16.369	1416.824
茶叶	51865.131	0.000	46.679	4040.294
奶牛	6510.963	0.000	118.706	840.260
肉禽	109587.198	0.000	1212.152	3253.755
蛋禽	9661.043	0.000	397.312	530.350
生猪	35195.534	0.000	479.553	5569.676
有机	0.000	0.000	114.919	114.919
绿色	0.000	0.000	990.821	990.821
无公害	0.000	0.000	5005.525	5005.525
种植	111053.461	0.000	1289.720	13011.227
养殖	160954.738	0.000	2207.723	10194.041
基地	0.000	0.000	6111.265	6111.265
规模种植	112966.196	0.000	1291.441	13160.229

图 7-10　流域水污染负荷计算结果

该结果可以方便地导出成文本文件供用户存档或使用,如图 7-11 和图 7-12 所示。

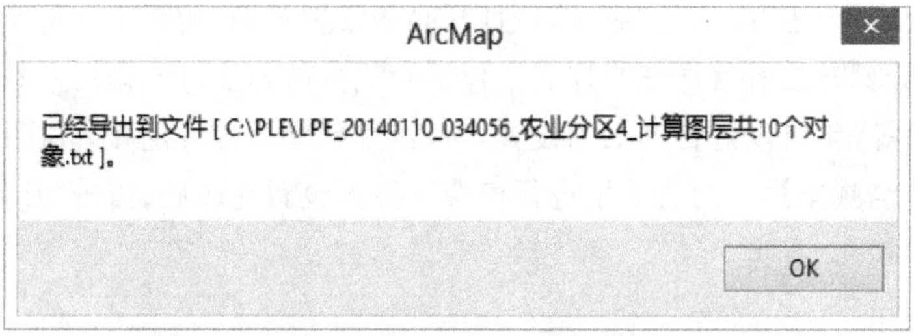

图 7-11　流域水污染负荷计算结果的输出对话框

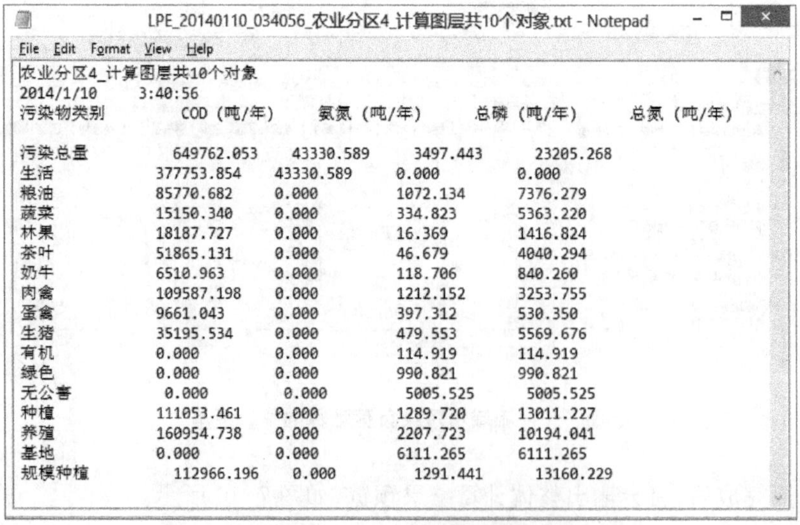

污染物类别	COD (吨/年)	氨氮 (吨/年)	总磷 (吨/年)	总氮 (吨/年)
污染总量	649762.053	43330.589	3497.443	23205.268
生活	377753.854	43330.589	0.000	0.000
粮油	85770.682	0.000	1072.134	7376.279
蔬菜	15150.340	0.000	334.823	5363.220
林果	18187.727	0.000	16.369	1416.824
茶叶	51865.131	0.000	46.679	4040.294
奶牛	6510.963	0.000	118.706	840.260
肉禽	109587.198	0.000	1212.152	3253.755
蛋禽	9661.043	0.000	397.312	530.350
生猪	35195.534	0.000	479.553	5569.676
有机	0.000	0.000	114.919	114.919
绿色	0.000	0.000	990.821	990.821
无公害	0.000	0.000	5005.525	5005.525
种植	111053.461	0.000	1289.720	13011.227
养殖	160954.738	0.000	2207.723	10194.041
基地	0.000	0.000	6111.265	6111.265
规模种植	112966.196	0.000	1291.441	13160.229

图 7-12　流域水污染负荷计算结果的输出文档

对用户绘制的图形，亦可以进行快速计算，如图 7-13 所示。

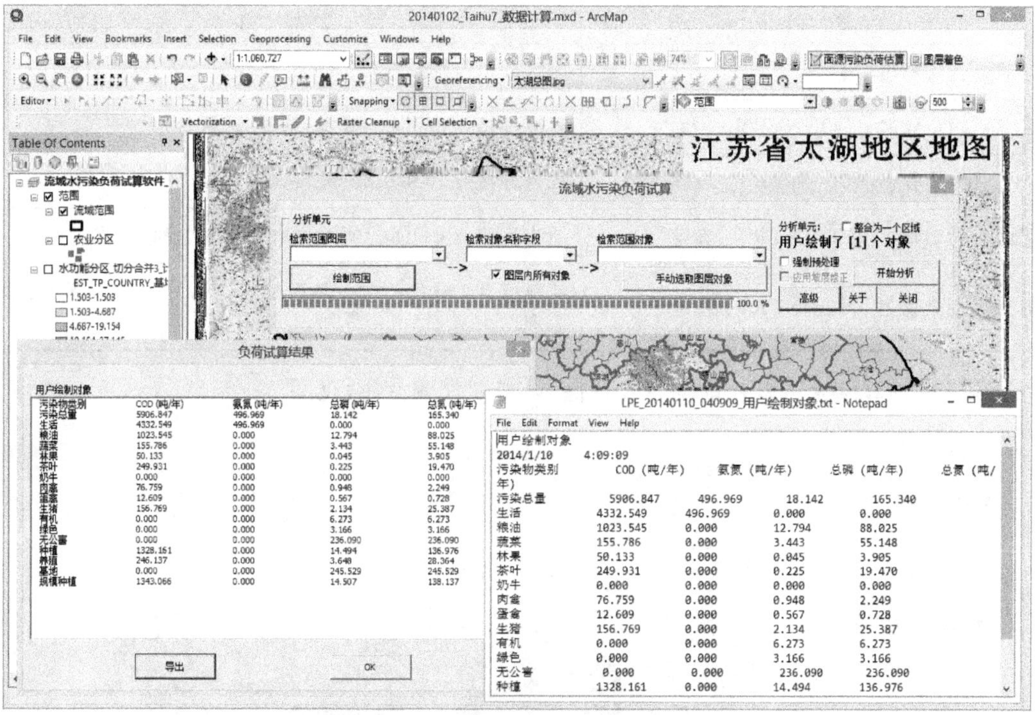

图 7-13　流域水污染负荷计算过程

若用户通过区划图层进行计算，系统同时将计算结果存入对应图层对象的属性字段内，用户可以直接使用结果数值开展进一步分析应用，如图 7-14 所示。

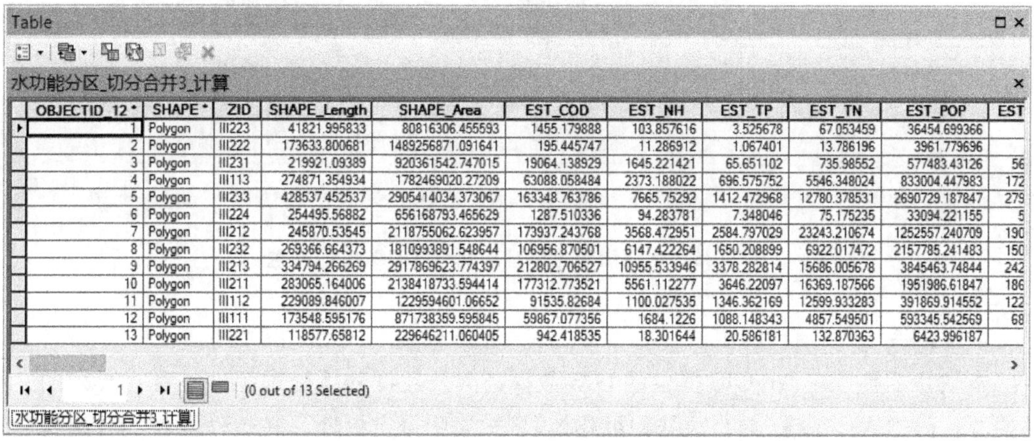

水功能分区_切分合并3_计算

OBJECTID_12 *	SHAPE *	ZID	SHAPE_Length	SHAPE_Area	EST_COD	EST_NH	EST_TP	EST_TN	EST_POP	EST
1	Polygon	III223	41821.995833	80816306.455593	1455.179888	103.857616	3.525678	67.053459	36454.699366	
2	Polygon	III222	173633.800681	1489256871.091641	195.445747	11.286912	1.067401	13.786196	3961.779696	
3	Polygon	III231	219921.09389	920361542.747015	19064.138929	1645.221421	65.651102	735.98552	577483.43126	56
4	Polygon	III113	274871.354934	1782469020.27209	63088.058484	2373.188022	696.575752	5546.348024	833004.447983	172
5	Polygon	III233	428537.452537	2905414034.373067	163348.763786	7665.75292	1412.472968	12780.378531	2690729.187847	279
6	Polygon	III224	254495.56882	656168793.465629	1287.510336	94.283781	7.348046	75.175235	33094.221155	5
7	Polygon	III212	245870.53545	2118755062.623957	173937.243768	3568.472951	2584.797029	23243.210674	1252557.240709	190
8	Polygon	III232	269366.664373	1810993891.548644	106956.870501	6147.422264	1650.208899	6922.017472	2157785.241483	150
9	Polygon	III213	334794.266269	2917869623.774397	212802.706527	10955.533946	3378.282814	15686.005678	3845463.74844	242
10	Polygon	III211	283065.164006	2138418733.594414	177312.773521	5561.112277	3646.22097	16369.187566	1951986.61847	186
11	Polygon	III112	229089.846007	1229594601.06652	91535.82684	1100.027535	1346.362169	12599.933283	391869.914552	122
12	Polygon	III111	173548.595176	871738359.595845	59867.077356	1684.1226	1088.148343	4857.549501	593345.542569	68
13	Polygon	III221	118577.65812	229646211.060405	942.418535	18.301644	20.586181	132.870363	6423.996187	

(0 out of 13 Selected)

图 7-14　流域水污染负荷计算的属性表

软件在计算时，根据用户定义，可以对全部或部分污染量进行分别加和，并一同存储以方便使用，本例中相关加和字段名及说明见表 7-9。

表 7-9　不同污染量的字段名称和意义

字段名	加和项目
EST_[污染物名]	全区人口、种植、养殖 COD_{Mn}/氨氮/总磷/总氮总和
EST_[污染物名]_COUNTRY_种植	所有种植业 COD_{Mn}/氨氮/总磷/总氮总和
EST_[污染物名]_COUNTRY _规模种植	规模种植业 COD_{Mn}/氨氮/总磷/总氮总和
EST_[污染物名]_COUNTRY _养殖	所有养殖业 COD_{Mn}/氨氮/总磷/总氮总和
EST_[污染物名]_COUNTRY _基地	所有有机、绿色、无公害基地 COD_{Mn}/氨氮/总磷/总氮总和

对各种计算结果可以以地均方式存储,以方便作图使用(见图 7-15)。

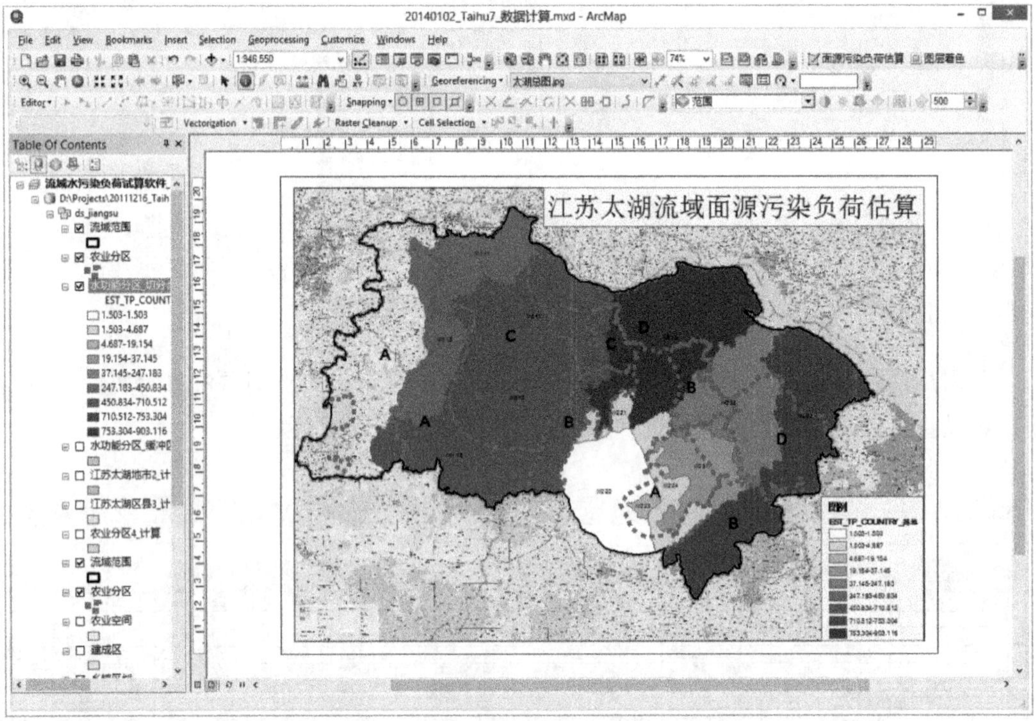

图 7-15　太湖流域水环境功能分区 COD_{Mn} 排放量

衍生扩展

本软件工具是在 ArcGIS 提供的 GIS 数据访问及数据分析处理组件平台上开发的完全掌握源代码的软件系统,具有很强的可移植、可扩展和可定制性。在软件算法和数据结构设计时,即针对水污染源的污染量核算特征设计了独特的数据结构。

➢ 软件支持多类污染物的计算,受数据限制当前样本可以对 COD_{Mn}、氨氮、总磷、总氮的计算,但软件内置了通用的污染物对象类(Class)可方便地扩展到对多种污染物同时进行计算。

➢ 软件实现的污染本体数据＋污染空间实体→污染发生量、排放量、入河量的计算过程完全由面向对象的程序实现，且已内置预留了冗余的多级别处理，可以应对更多类似需求，方便进行定制开展多级污染物处理(降解)过程的试算及分析。

7.2.3 典型区域面源污染负荷核算

应用本系统软件对典型区域范围面源污染负荷进行了初步分析，结果如表 7-10 所示。

表 7-10 典型区域污染负荷比例(%)

污染源		COD_{Mn}	TN	NH_4—N	TP
工业		14.09	2.5	3.6	7.4
生活		62.84	44.1	53.7	34.1
农业	种植业	6.06	19.1	10.5	13.2
	畜禽养殖	10.66	12.1	12.4	21.2
	水产养殖	6.35	4.8	0	17.6
	小计	23.07	36.0	22.9	52.0
大气沉降	干沉降	0	11.5	13.2	3.4
	湿沉降	0	5.8	6.6	3.1

由表 7-10 可以看出，生活污染源是典型区域氮污染的主要来源，其总氮、氨氮和总磷的入河量分别占各污染物入河总量的 44.1%、53.7%和 34.1%；农业污染源所占比例也较大，总氮、氨氮和总磷的入河量分别占各污染物入河总量的 36.0%、22.9%、52.0%，且其总磷的入河比重大于生活污染源，其中畜禽养殖在入河污染物中的贡献率最大；工业污染源在太滆运河流域污染物入河量比例较低，说明政府行政管理对太滆运河流域水质改善起了一定的作用；干、湿沉降对氮污染的贡献率较大，所占比重均在 17%以上。

7.3 氮磷累积性风险溯源分析技术

7.3.1 营养物累积性风险同位素法溯源

同位素溯源法以污染源环境样本和自然水样等为主要研究材料，以殷村港河、漕桥河、太滆运河、滆湖为主要研究对象，建立该区域内污染源端元混合模型和同位素值示踪库，通过计算分析初步查明研究区域主要氮磷营养盐污染源以及不同污染源的贡献比例，为制定氮磷削减方案和控制太湖氮磷输入量提供依据。由于氮磷污染来源复杂，且在环境中存在迁移和转化，因此该方法适用于污染源类型较为明确的河流、小型湖泊等水力停留时间较短(生物作用不剧烈)的水体。本书包括以下几个方面的内容。

1. 典型污染源的采集分析、同位素特征值

确定污染区域各种污染源的同位素特征值是利用同位素识别污染源的首要条件。目前已初步确立了太湖竺山湾周边几种主要污染源及其氮、氧同位素特征值，分别为城镇及农村生活污水面源、大气降水面源、农业化肥面源(可能包括工业面源和土壤面源)(见表7-11)。

表7-11 主要污染源种类及其同位素值(‰)

氮源	种类	$\delta^{15}N$ (‰)	$\delta^{18}O$(‰)	n
	生活污水[a]	14.5 ± 5.2	0.6±1.1	10
	化学肥料[b]	−1.4 ± 2.1	−5.6[f]	11
	工业废水[c]	0.7	−5.6[f]	1
	雨水[d]	0.52	46.7	2
	土壤[e]	5.0± 1.3	−5.6[f]	7
磷源	**种类**	**$\delta^{18}O$(‰)**		**n**
	生活污水[a]	11.6 ± 0.7		7
	化学肥料[b]	13.7 ± 0.6		11
	雨水[d]	—[g]		2

注：a. 生活污水包括污水厂4座，垃圾填埋场1座，农村生活污水3处，其中污水厂采样分别包括进水水样和出水水样。

b. 化学肥料为采样当地市面上随机购买的13种不同肥料，由共计9个不同厂家生产，成分随肥料种类而不同，主要N成分为尿素和氯化铵，主要P成分为P_2O_5。

c. 工业废水中主要形态为铵盐。

d. 雨水分别在苏州和常州采集，共计2次。

e. 土壤为太湖竺山湾周边乡镇农田土壤。

f. 由于此类氮污染源本身形态为有机态和铵盐，故无法直接测试此类污染源氧同位素$\delta^{18}O$值，但是根据硝化反应反应机理可计算出其值未检出。

生活污水：由于在人类生活生产中生活污水具有较高的氮同位素值，并且生活污水的来源具有复杂性和多变性，因此，生活污水产生的硝酸盐一般具有较大的同位素值范围，具体表现为其氮同位素值$\delta^{15}N$ (‰)为+8.7‰～25.2‰。并且，从污水厂采取的样品中氮同位素值结果表明，经过污水厂处理之后的水体中硝酸盐氮同位素值较未经过处理的污水中硝酸盐氮同位素值明显偏低，前者为+8.7‰～12.9‰，后者为+16‰～25.2‰。因此，应将这两种在同位素值上具有明显差别的生活污水作为不同来源予以区别。

化学肥料：目前广泛采用的农用化学肥料其主要成分为尿素和铵盐以及少量硝酸盐，根据实际调查采样发现，以尿素和铵盐为代表的化学肥料中氮的同位素值$\delta^{15}N$ (‰)为−5.5‰～+0.6‰，平均值为−1.4‰±2.1‰。由于尿素和铵盐中本身不含有硝酸盐，需要通过硝化作用才能转化为硝酸盐，故无法直接测试此类污染源氧同位素$\delta^{18}O$值，但是根据硝化反应机理可计算出其值为−5.6‰(理论值)。

工业污水：大部分企业加工过程中会使用和产生含氮(铵盐和少量硝酸盐)的废水，由于其原材料与氮化学肥料相同，故其同位素值也较氮化学肥料类似。

雨水：雨水中硝酸盐氮来自大气，故氮同位素值与大气相同(+0.52‰)。但是其具有较高的氧同位素值(+46.7‰)。

土壤：土壤中的氮含有氮肥和有机态氮两种形态，氮肥经过土壤固定后主要以有机态氮存在,因此,土壤中的氮同位素值表现为+4.2‰~6.0‰,平均值为+4.6‰±0.7‰。土壤中的有机氮经过硝化作用后转化为硝酸盐,根据硝化反应机理可计算出其值为-5.6‰(理论值)。

2. 建立端元混合模型

根据已有的不同污染源同位素特征值,通过建立端元混合模型,计算出不同来源在自然水体中所占的比例。本书通过对典型区域进行实地考察、样品采集和同位素分析手段,确立了生活污水、农业化肥和工业废水、大气降水(雨水)为典型区域河流中的主要氮污染来源。建立了以这 3 种氮污染源为端元的混合模型作为估算污染源来源贡献比例的工具。通过持续地对这 3 种污染源进行样品采集分析,不断完善适用于典型区域的端元混合模型(图 7-16)。

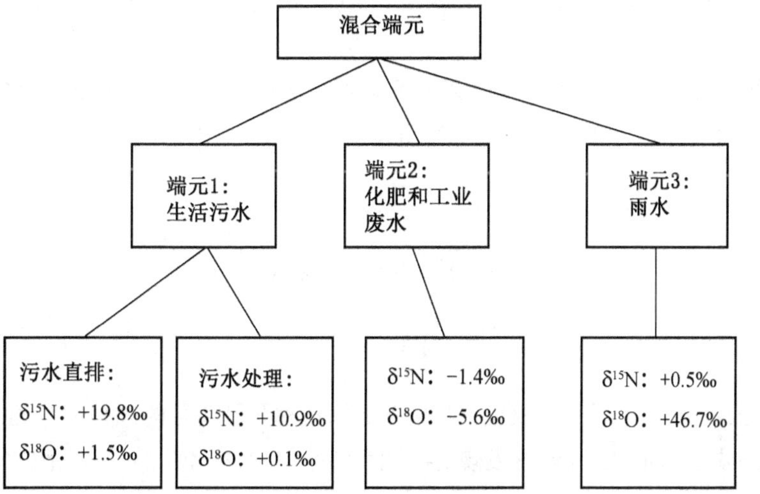

图 7-16 根据实际调研确定的典型区域氮来源端元及其特征值(取平均值)

生活污水作为典型区域氮来源的一个重要端元,其同位素值具有较明显的特征。生活污水产生的硝酸盐具有相对较高的氮同位素值。未经过污水处理厂处理过的生活污水具有最高的氮同位素值(平均值:+19.8‰),而经过污水处理厂处理后的生活污水由于生物作用使氮同位素值明显降低(平均值:+10.9‰)。这是由于生物作用过程中产生的同位素分馏效应使同位素较轻的氮元素被优先利用并转化为硝酸盐。生活污水中氧同位素值具有相对较小的变化,经过污水厂处理后氧同位素值略有下降(约 1‰~2‰)。由于调查过程中发现典型区域内 3 条河流周边区域的生活污水大量以未经过处理的形式进行排放,结合实际水体采样及同位素分析值发现,未经过污水厂处理过的生活污水可能是主要的生活污水来源。

农业化肥和工业废水来源的硝酸盐具有相似的同位素特征值,同时也是典型区域氮来源的另一个重要端元。由于工业生产中采用的氮原材料主要采购于市场上氮工业生产商,并且农业化肥也是来源于相似的氮工业生产商,因此,两者具有相似的氮同位素特征值便有了依据。来源于大气中的氮气被转化为氮材料,使得农业化肥和工业废水中氮同位素值接近于大气中氮气的同位素值(平均值:-1.4‰)。农业化肥和工业废水来源的硝酸盐中氧同位素值通过产生机理计算值为−5.6‰。

雨水中硝酸盐氮氧同位素值也具有较明显的特征，同样也是典型区域氮来源的一个端元。大气中含有大量的含氮化合物，随着雨水降落到地表汇成径流并进入地表水体，这种现象在多雨季节尤为显著。由于雨水中氮化合物的相对含量较低，故对地表水体中氮污染贡献相对较小。雨水中硝酸盐来源于大气中的光化学反应和燃料、汽车尾气等排放过程，氮同位素值相对较低(平均值：+0.5‰)，仅略高于农业化肥和工业废水中硝酸盐氮同位素值。雨水中硝酸盐氧同位素值较高(平均值：+46.7‰)，主要原因为大气反应过程中的氧同位素分馏效应。

综上所述，本书将生活污水、农业化肥和工业废水、雨水以及土壤作为硝酸盐氮来源的来源端元，并依据其同位素特征值构成端元混合模型的重要基础，并且结合实际情况筛选重要端元进行应用。

根据不同端元同位素特征值可得到由不同端元污染源混合构成的环境水样中硝酸盐的氮氧同位素值，如公式(7-1)～公式(7-3)所示：

$$\delta^{15}N = \sum f_i \times \delta^{15}N_i \tag{7-1}$$

$$\delta^{18}O = \sum f_i \times \delta^{18}O_i \tag{7-2}$$

$$1 = \sum f_i \tag{7-3}$$

其中：f_i为不同端元所占的权重，$\delta^{15}N_i$和$\delta^{18}O_i$为不同端元的同位素特征值。在实际研究区域典型区域水体中，经过调查发现，生活污水、化学肥料和工业废水、雨水为河流中氮来源的主要端元。

3. 典型区域氮磷累积性风险溯源

本阶段的研究主要以太滆运河、漕桥河和殷村港河为对象，通过对河流样品采集(图7-17)和同位素分析，结合已经建立的同位素端元混合模型，对以上3条河流水体中的氮来

图 7-17　典型区域环境水样采样点图

源贡献进行定量估算。采样时间分别为 2013 年 4 月(太滆运河)、2013 年 7 月(太滆运河、漕桥河和殷村港河)、2013 年 11 月(太滆运河、漕桥河和殷村港河)、2014 年 8 月(太滆运河)。每个采样点采集约 5 L 表层水体,经过过滤、预处理和同位素测试最终得到氮氧同位素值。

(1) 太滆运河累积性风险溯源

表 7-12　太滆运河氮含量及氮、氧同位素组成

时间	样品号	NO_3^- (μg/mL)	$\delta^{15}N$ (‰)	$\delta^{18}O_{NO_3^-}$ (‰)
2013.04	T1	11.19	7.09	3.24
	T2	11.64	17	5.25
	T3	11.06	14.86	4.75
	T4	20.77	20.19	8.88
	T5	19.84	24.52	8.15
	T6	17.99	16.55	−3.53
	T7	18.14	13.21	−4.29
2013.07	T1	8.43	3.53	2.86
	T2	12.6	8.11	0.42
	T3	13.12	9.33	0.93
	T4	13.05	11.06	2.45
	T5	13.99	13.23	3.23
	T6	17.79	15.11	1.97
	T7	16.39	16.12	0.22
	T8	12.3	11.24	−4.97
2013.10	T1	6.41	5.02	1.88
	T2	9.23	4.96	−0.23
	T3	11.7	7.98	−0.91
	T4	8	9.13	0.98
	T5	19.48	11.98	1.78
	T6	13.9	11.5	3.01
	T7	14.52	9.11	−1.22
	T8	14.17	8.89	−1.91

续表

时间	样品号	NO_3^- (μg/mL)	$\delta^{15}N$ (‰)	$\delta^{18}O_{NO_3^-}$ (‰)
2014.08	T1	4.77	4.28	2.37
	T2	9.01	6.54	0.10
	T3	11.64	8.66	0.01
	T4	14.06	10.10	1.72
	T5	16.09	12.61	2.51
	T6	17.15	13.31	2.49
	T7	12.04	10.18	−0.50
	T8	11.19	9.13	−1.19

如表 7-12 所示，太滆运河水体中硝酸盐含量在不同的季节里面有所变化，其中 2013 年 4 月硝酸盐含量最高(平均值 15.8 mg/L)，2013 年 7 月硝酸盐含量水平居中(平均值 13.9 mg/L)，2013 年 11 月和 2014 年 8 月硝酸盐含量最低(平均值分别为 12.2 mg/L 和 12.0 mg/L)。不同季节中，太滆运河水体中硝酸盐的含量都随着河流流向从上游到下游出河口，其硝酸盐的含量呈明显上升趋势，说明在河流流向过程中存在着氮的大量输入。

太滆运河水体中硝酸盐氮、氧同位素值在不同季节中也存在较明显的差异(图 7-18)。其中 2013 年 4 月硝酸盐氮同位素值最高(平均值：+16.2‰)，2013 年 7 月硝酸盐氮同位素值水平次之(平均值：+10.8‰)，2014 年 8 月硝酸盐氮同位素值稍低(平均值：+9.35‰)，2013 年 11 月硝酸盐氮同位素值最低(平均值：+8.6‰)。硝酸盐氮同位素值与硝酸盐含量具有较好的相关性(r=0.76)，说明硝酸盐的输入显著影响了水体中硝酸盐氮同位素值。

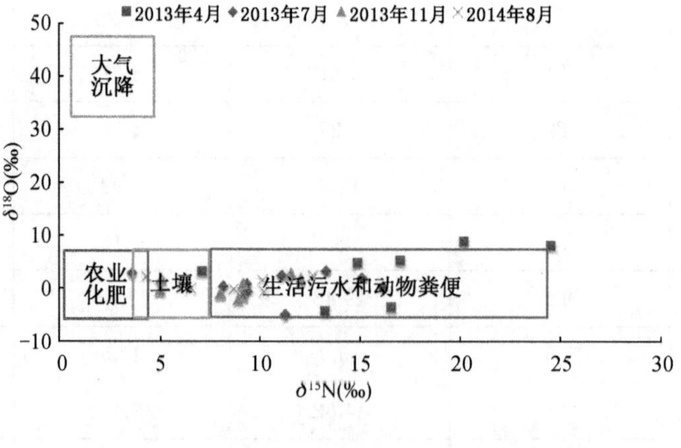

图 7-18　太滆运河水体中氮、氧同位素值分布图

同时，考虑到氮在河流中受到生物作用产生的影响，反硝化作用通常对氮、氧同位素值产生较大影响，且存在显著线性关系（$\Delta\delta^{15}N/\Delta\delta^{18}O=1/2$），而在本次样品结果分析中未发现此线性关系，反映出在样品采集时间和空间范围内无显著生物反硝化作用影响。

基于本书所建立的氮污染源端元混合模型，根据水体样品中的硝酸盐氮、氧同位素值，可定量计算出不同污染源在太滆运河水体中的贡献比例（见表 7-13）。

表 7-13 太滆运河水体中氮来源比例估算

时间	样品号	生活污水(%)	化肥和工废(%)	雨水(%)
2013.04	T1	39	49	12
	T2	86	5	9
	T3	76	15	9
	T4	100	0	0
	T5	100	0	0
	T6	82	18	0
	T7	66	34	0
2013.07	T1	22	65	13
	T2	44	50	5
	T3	50	44	6
	T4	58	34	7
	T5	68	24	8
	T6	78	19	3
	T7	83	17	0
	T8	57	43	0
2013.11	T1	29	60	11
	T2	30	64	6
	T3	44	53	3
	T4	49	45	6
	T5	63	32	5
	T6	60	32	8
	T7	49	49	2
	T8	48	51	1

续表

时间	样品号	生活污水(%)	化肥和工废(%)	雨水(%)
2014.08	T1	24	67	9
	T2	36	62	2
	T3	48	52	0
	T4	56	43	1
	T5	70	30	0
	T6	73	27	0
	T7	55	45	0
	T8	49	51	0

从计算结果可以得知:在不同季节里,太滆运河水体中氮来源具有相似的变化趋势,即随着太滆运河的水流方向,生活污水在氮污染源中的比重逐渐升高,而农业肥料和工业废水比重则呈现下降趋势,说明太滆运河周边的人类聚集区向太滆运河中输入了大量的生活污水。然而,在太滆运河下游区域,可能由于工业废水的输入,生活污水所占的比重有所降低(见图 7-19)。在相同采样点,在 2013 年 4 月生活污水所占的比重最高,2013 年 11 月生活污水所占的比重最低。在太滆运河的上游区域,雨水输入的硝酸盐比例明显高于中下游区域。

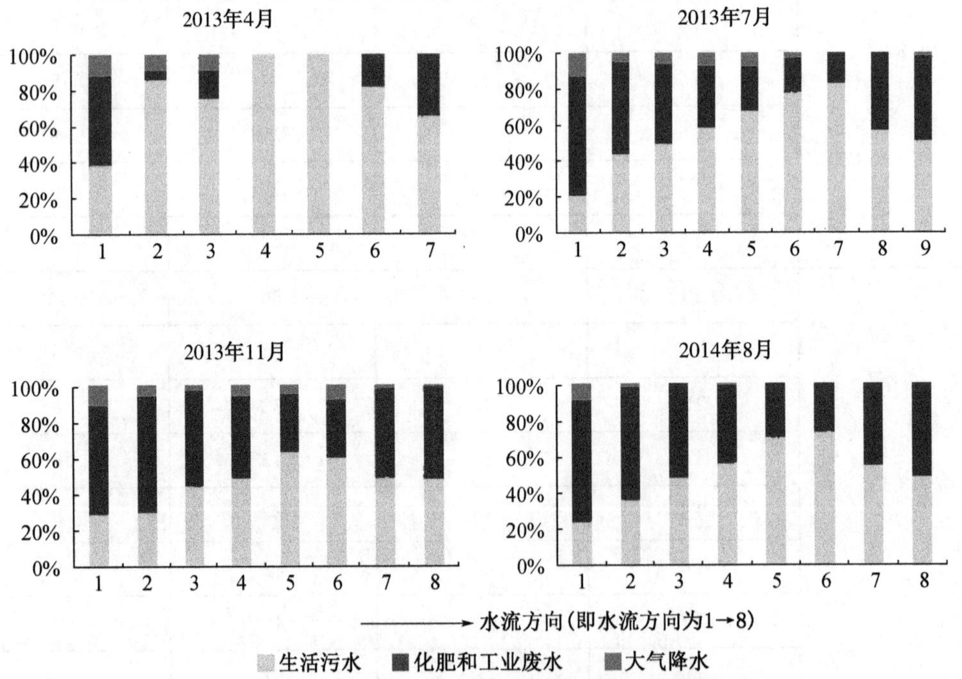

图 7-19 太滆运河随水流方向氮污染源比例变化

综合太滆运河不同采样地点的硝酸盐浓度权重以及不同氮污染来源所占的比重，可大致估算出太滆运河整条河流中不同污染来源所占的总体比重(见图 7-20)。

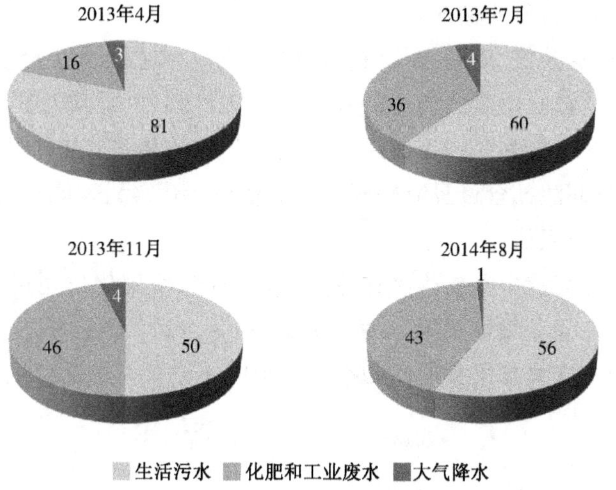

图 7-20 太滆运河整体氮污染源来源比例估算

(2) 漕桥河累积性风险溯源

表 7-14 漕桥河水体中氮含量及氮、氧同位素组成

时间	样品号	NO_3^-(μg/mL)	$\delta^{15}N$(‰)	$\delta^{18}O_{NO_3^-}$(‰)
2013.07	C1	8.75	6.77	−0.21
	C2	9.57	8.67	−0.79
	C3	9.4	9.91	1.65
	C4	9.03	12.1	2.1
	C5	9.27	11	2.4
	C6	10.41	14.47	2.8
	C7	10.89	16	2.02
	C8	10.45	14.22	0.95
	C9	11.88	12.89	−1.94
2013.11	C1	8.1	5.77	−2.22
	C2	9	7.17	−1.79
	C3	8.25	8.11	−1.15
	C4	9.31	10.1	0.1
	C5	9.45	11.3	0.77
	C6	9.9	12.27	−1.8
	C7	11.11	11.9	−1.02
	C8	9.85	10.2	−2.95
	C9	10.71	9.87	−2.34

如表 7-14 中所示，漕桥河水体中硝酸盐含量在不同的季节(2013 年 7 月和 2013 年 11 月)里变化不大。漕桥河水体中硝酸盐的含量都随着河流流向从上游到下游略有升高，说明在河流流向过程中存在着氮的输入。

漕桥河水体中硝酸盐氮、氧同位素值在不同季节中存在较明显的差异(如图 7-21)，其中 2013 年 7 月硝酸盐氮同位素值较高(平均值：+11.8‰)，2013 年 11 月硝酸盐氮同位素值较低(平均值：+9.6‰)，说明 2013 年 7 月漕桥河水体中的氮来源更多的受生活污水的影响。硝酸盐氮同位素值与硝酸盐含量具有较好的相关性($r=0.74$)，说明硝酸盐的输入显著影响了水体中硝酸盐氮同位素值。

同时，考虑到氮在河流中受到生物作用产生的影响，反硝化作用通常对氮、氧同位素值产生较大影响，且存在显著线性关系($\Delta\delta^{15}N/\Delta\delta^{18}O=1/2$)，而在本次样品结果分析中未发现此线性关系，反映出在样品采集时间和空间范围内无显著生物反硝化作用影响。

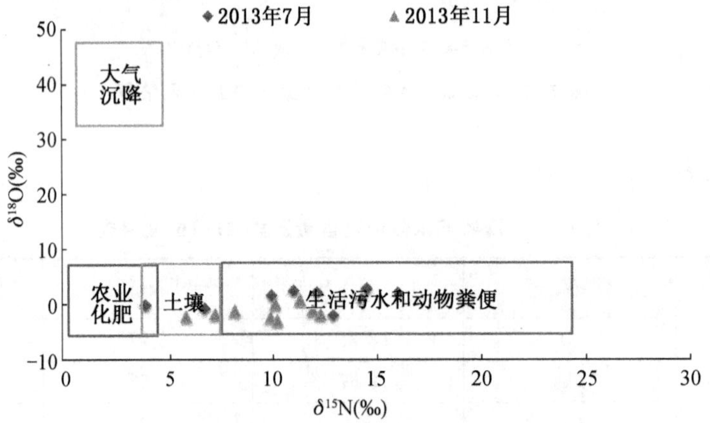

图 7-21 漕桥河水体中氮、氧同位素值分布图

基于本书所建立的氮污染源端元混合模型，根据水体样品中的硝酸盐氮、氧同位素值，可定量计算出不同污染源在漕桥河水体中的贡献比例(见表 7-15)。

表 7-15 漕桥河水体中氮来源比例估算

时间	样品号	生活污水(%)	化肥和工业废水(%)	雨水(%)
2013.07	C1	38	57	5
	C2	47	50	3
	C3	52	41	7
	C4	63	31	6
	C5	58	35	7
	C6	74	20	6
	C7	82	15	3
	C8	73	24	3
	C9	66	33	0

续表

时间	样品号	生活污水(%)	化肥和工业废水(%)	雨水(%)
2013.11	C1	34	64	2
	C2	40	58	2
	C3	45	53	2
	C4	54	42	4
	C5	60	36	4
	C6	64	36	0
	C7	63	37	0
	C8	54	46	0
	C9	53	47	0

从计算结果可以得知:在不同季节里,漕桥河水体中氮来源也具有相似的变化趋势,即随着漕桥河的水流方向,生活污水在氮污染源中的比重逐渐升高,而农业肥料和工业废水比重则呈现下降趋势,说明在漕桥河流向过程中周边的人类聚集区向漕桥河中输入了大量的生活污水。然而,在漕桥河下游区域(虚线所示为漕桥镇东南方向),可能由于工业废水的输入,生活污水所占的比重显著降低(见图 7-22)。在相同采样点,在 2013 年 7 月生活污水和雨水所占的比重高于 2013 年 11 月生活污水所占的比重。

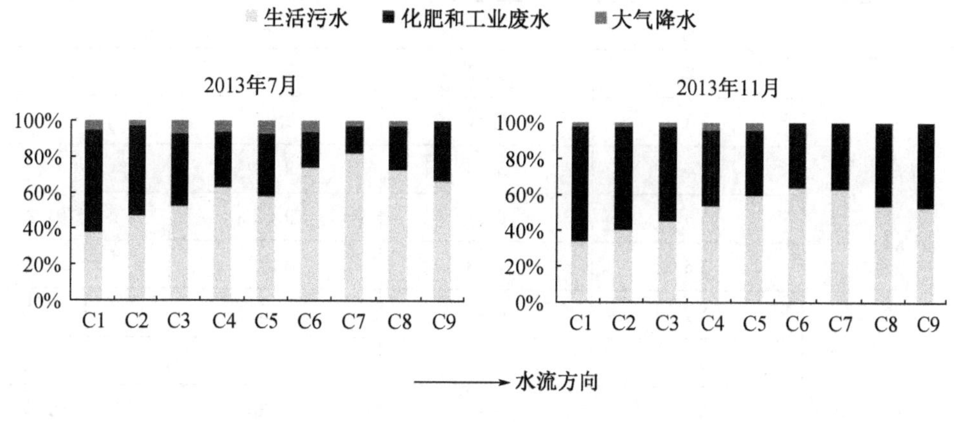

图 7-22 漕桥河随水流方向氮污染源比例变化

综合漕桥河不同采样地点的硝酸盐浓度权重以及不同氮污染来源所占的比重,可大致估算出漕桥河整条河流中不同污染来源所占的总体比重(见图 7-23)。

(3) 殷村港河累积性风险溯源

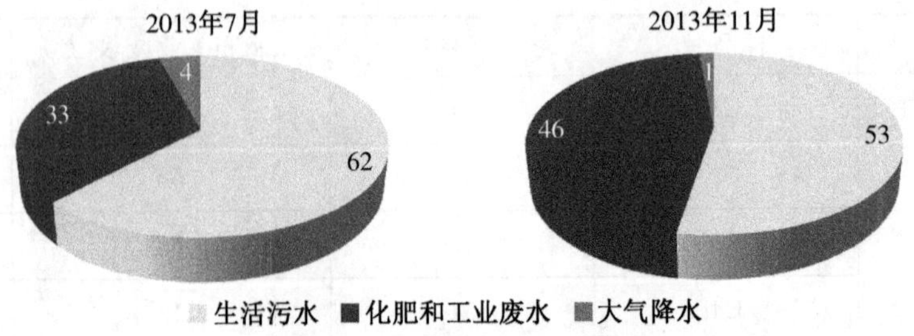

图 7-23 漕桥河河整体氮污染源来源比例估算

表 7-16 殷村港河水体中氮含量及氮、氧同位素组成

时间	样品信息	NO_3^- (μg/mL)	$\delta^{15}N$(‰)	$\delta^{18}O_{NO_3^-}$ (‰)
2013.07	Y1	6.52	1.18	2.55
	Y2	6.97	4.22	0.12
	Y3	7.23	7.01	−0.77
	Y4	7.08	6.68	−1.02
	Y5	11.39	8.02	−2.11
	Y6	13.28	7.98	−3.01
	Y7	12.63	9.21	−2.53
	Y8	11.38	10.62	−0.95
	Y9	9.58	8.33	−1.56
	Y10	6.71	9.08	−3.35
2013.11	Y1	3.08	5.2	0.15
	Y2	3.97	8.42	1.32
	Y3	6.01	8.01	−1.77
	Y4	5.76	9.68	0.02
	Y5	6.22	9.02	−0.19
	Y6	7.13	10.98	−2.02
	Y7	6.67	11.21	−1.59
	Y8	7.43	10.99	−0.91
	Y9	8.13	11.33	−0.56
	Y10	8.21	11.88	−1.31

如表 7-16 中所示,殷村港河水体中硝酸盐含量在不同的季节里存在较大差异,其中 2013 年 7 月殷村港河水体中硝酸盐含量(平均值:9.3 μg/mL)显著高于 2013 年 11 月(平均值:6.3 μg/mL)。殷村港河水体中硝酸盐的含量都随着河流流向从上游到下游硝酸盐的含量显著升高,说明在河流流向过程中存在着大量氮的输入。

殷村港河水体中硝酸盐氮、氧同位素值在不同季节中存在较明显的差异(见图 7-24)。其中 2013 年 7 月硝酸盐氮同位素值较低(平均值：+7.2‰)，2013 年 11 月硝酸盐氮同位素值较高(平均值：+9.6‰)，说明 2013 年 11 月殷村港河中硝酸盐氮来源更多受生活污水的影响。硝酸盐氮同位素值与硝酸盐含量的相关性较弱(r=0.23)，说明硝酸盐的输入未显著影响水体中硝酸盐氮同位素值。

同时，考虑到氮在河流中受到生物作用产生的影响，反硝化作用通常对氮、氧同位素值产生较大影响，且存在显著线性关系($\Delta\delta^{15}N/\Delta\delta^{18}O=1/2$)，而在本次样品结果分析中未发现此线性关系，反映出在样品采集时间和空间范围内无显著生物反硝化作用影响。

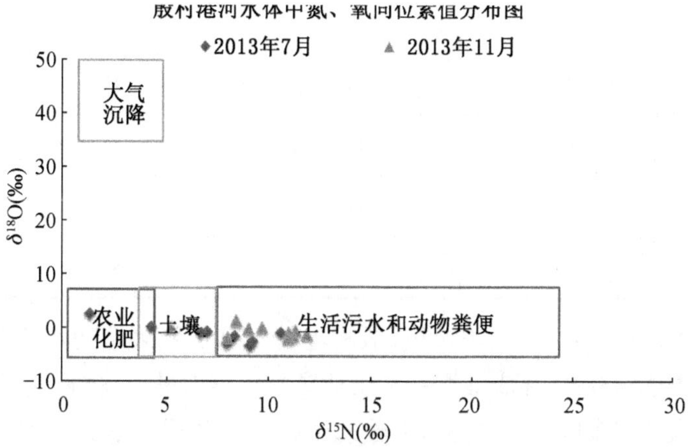

图 7-24　殷村港河水体中氮、氧同位素值分布图

基于本书所建立的氮污染源端元混合模型，根据水体样品中的硝酸盐氮、氧同位素值，可定量计算出不同污染源在殷村港河水体中的贡献比例(见表 7-17)。

表 7-17　殷村港河水体中氮来源比例估算

时间	样品号	生活污水(%)	化肥和工业废水(%)	雨水(%)
2013.07	Y1	11	75	14
	Y2	26	67	7
	Y3	39	57	4
	Y4	37	59	4
	Y5	44	55	1
	Y6	44	56	0
	Y7	50	50	0
	Y8	57	42	1
	Y9	45	53	2
	Y10	49	51	0

续表

时间	样品号	生活污水(%)	化肥和工业废水(%)	雨水(%)
2013.11	Y1	30	63	7
	Y2	46	47	7
	Y3	44	54	2
	Y4	52	44	4
	Y5	49	47	4
	Y6	58	42	0
	Y7	59	41	0
	Y8	58	41	1
	Y9	60	38	2
	Y10	63	37	0

从计算结果可以得知:在不同季节里,殷村港河水体中氮来源随水流方向,生活污水在氮污染源中的比重逐渐升高,而农业肥料和工业废水比重则呈现逐渐下降趋势,说明在殷村港河周边区域内人类聚集区向殷村港河中输入了大量的生活污水。在相同采样点,在2013年11月生活污水所占的比重高于2013年7月生活污水所占的比重(见图7-25)。值得关注的是,化肥和工业废水在硝酸盐氮来源贡献比例中始终占有较高比重(约40%~60%),原因可能是殷村港河周边区域工业活动较为活跃。

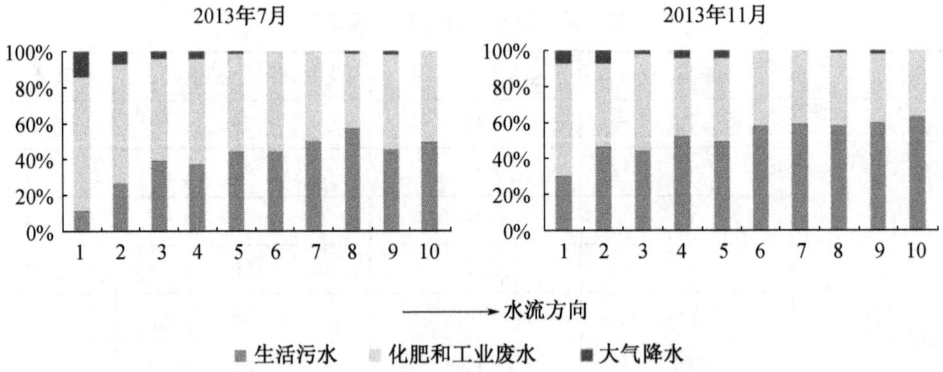

图7-25 殷村港河水体中随水流方向氮污染源比例变化

综合殷村港河不同采样地点的硝酸盐浓度权重以及不同氮污染来源所占的比重,可大致估算出殷村港河整条河流中不同污染来源所占的总体比重(见图7-26)。

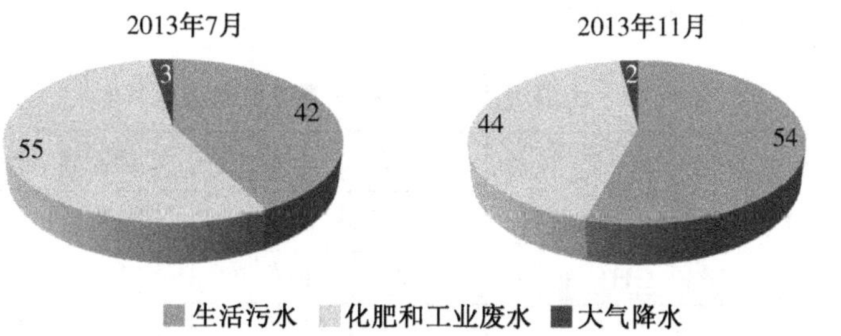

图 7-26　殷村港河整体氮污染源来源比例估算

7.3.2　营养物累积性风险生物法溯源

畜禽粪便和生活污水是许多水体氮磷营养物的重要来源，也是造成水体污染的主要因素之一，快速、准确地区分粪便污染来源，对于污染控制和治理尤为重要。本项目以殷村港河、漕桥河、太滆运河、滆湖为主要研究对象，建立基于微生物和线粒体特异性核酸标志物的粪便污染生物溯源方法，旨在调查研究区域内水体粪便污染来源和分布情况，同时对同位素溯源进行验证和补充，为该区域氮磷削减方案的制定提供依据。

1. 微生物溯源方法建立

设计检测水体中不同宿主（人、猪、牛、家禽）的微生物标记基因的特异性 PCR 扩增产物，建立非培养微生物溯源技术，调查太滆运河入湖水体遭受的主要粪便的污染来源，研究人和畜禽粪便污染对水体 N、P 负荷的贡献。按照入湖河流等地表径流特点，进行布点和水样采集，并通过实时定量 PCR 技术，对水环境中标记基因进行定量分析，分析主要粪便污染的相对负荷。

按照入湖河流等地表径流特点，按照丰水期和枯水期进行季度布点和水样采集，并提取环境样品总 DNA。

① 设计不同宿主肠道微生物标记基因的特异性 PCR 产物，包括：人、猪、牛和家禽肠道内拟杆菌（Bacteroides）的各自特异性 16S rRNA 引物，人肠道中拟杆菌的甘露聚糖酶（Mannanase）特异性基因引物或探针，及家禽粪便中短杆菌（Brevibacterium）的特异性 16S rRNA 引物。

② 建立标记基因的定性 PCR 和实时定量 PCR 方法，分析水体中污染粪便的宿主类型和相对丰度。

③ 运用主成分分析（PCA）与典型相关分析（CCA）等统计学方法，调查入湖水体的主要粪便污染来源，定量分析不同污染源对湖体粪便污染负荷的相对贡献。

2. 微生物溯源技术在典型区域的应用

项目实施期间对太滆运河、漕桥河、殷村港河进行定期采样（见表 7-18），并提取样品 DNA。对 DNA 样品进行宿主特异性微生物基因的定性 PCR 和实时定量 PCR 检测，部分样品可以检测出受猪、鸡等家禽粪便的污染，但是由于部分样品浓度较低，达不到检测限，无法检测，可视为污染程度较轻或未受到污染。

表 7-18 太滆运河、殷村港河、漕桥河采样点列表

河流	测点名称	实际到达	
		北纬 31°	东经 119°
太滆运河	GH	31°36′51.0″	119°52′14.3″
	TG12	31°36′22.1″	119°53′16.8″
	T18	31°36′20.7″	119°53′48.3″
	TG11	31°35′9.85″	119°55′31.1″
	T16	31°34′27.9″	119°57′17.7″
	TG10	31°34′0.85″	119°57′37.7″
	T14	31°34′4.90″	119°58′5.80″
	TG9	31°33′41.9″	119°58′22.7″
	T11	31°33′18.4″	120°0′19.0″
	TG6	31°32′19.3″	120°0′25.4″
	TG4	31°31′8.15″	120°0′59.4″
	TG2	31°30′6.98″	120°1′23.6″
	TG1	31°29′35.4″	120°1′58.8″
	ZSW	31°29′20.0″	120°2′11.0″
殷村港河	T1	31°29′13.9″	120°1′19.7″
	S-1	31°30′29.1″	119°57′33.9″
	S-2	31°27′19.5″	119°59′58.5″
	S-3	31°20′52.0″	119°57′58.5″
	S-4	31°18′59.9″	119°56′15.3″
	S-5	31°18′31.8″	119°56′19.7″
	S-6	31°18′31.7″	119° 56′19.9″
	S-7	31°28′39.9″	119° 55′39.2″
	S-8	31°29′05.4″	119° 54′30.2″
	S-9	31°29′21.2″	119° 53′45.2″
	S-10	31°29′36.4″	119° 53′26.7″
	S-11	31°29′20.4″	119° 53′20.8″
	S-12	31°29′37.3″	119°52′49.5″
	S-13	31°29′51.6″	119°51′51.3″
	S-14	31°30′16.3″	119°50′11.1″

续表

河流	测点名称	实际到达	
		北纬 31°	东经 119°
漕桥河	S-1	31°31′50.7″	119°54′38.4″
	S-2	31°31′53.8″	119°54′24.1″
	S-3	31°32′07.3″	119°54′33.1″
	S-4	31°32′00.3″	119°54′47.2″
	S-5	31°31′44.0″	119°56′12.6″
	S-6	31°31′19.5″	119°57′26.5″
	S-7	31°31′06.7″	119°58′18.7″
	S-8	31°30′57.6″	119°58′31.4″
	S-9	31°30′12.9″	119°57′20.4″
	S-10	31°30′48.0″	119°58′44.1″
	S-11	31°26′30.5″	119°52′25.5″
	S-12	31°29′41.5″	120°00′58.1″

由于定性检测过程中在绝大多数样品中检测到了猪粪的污染，故接下来对猪粪污染进行定量分析，实时定量 PCR 实验结果如图 7-27、图 7-28、图 7-29 所示，猪粪的污染程度较低，部分样品中的丰度达不到文献中提到的检测限，并且整体采样点中的微生物标记基因的绝对浓度(copies/mL 水样)出现季节性变化，即随着季节的变化温度的升高，同批次样品整体污染程度有所降低，这是由污染物排放量和微生物标记基因的衰减造成的。

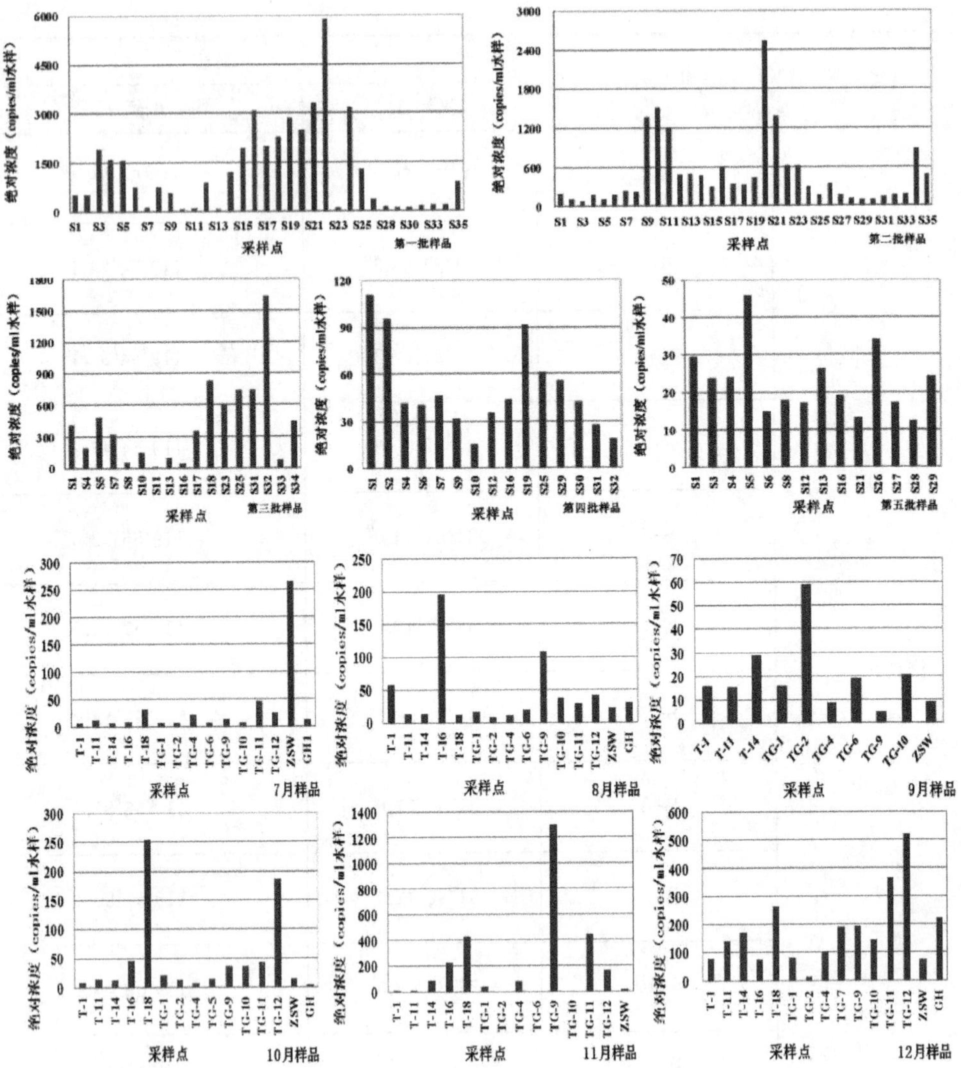

图 7-27　太滆运河 11 批样品的定量 PCR 扩增结果

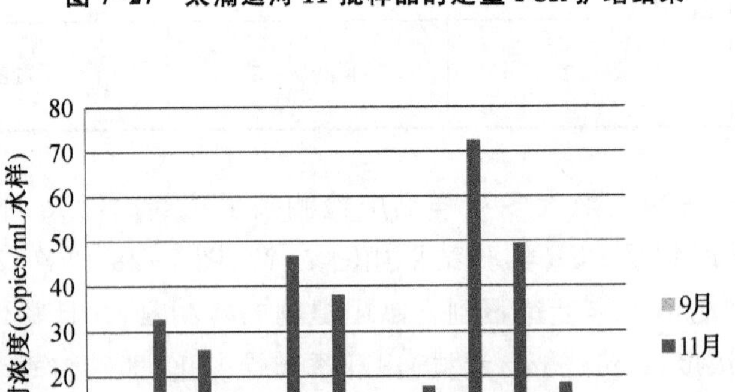

图 7-28　漕桥河两批样品的定量 PCR 扩增结果

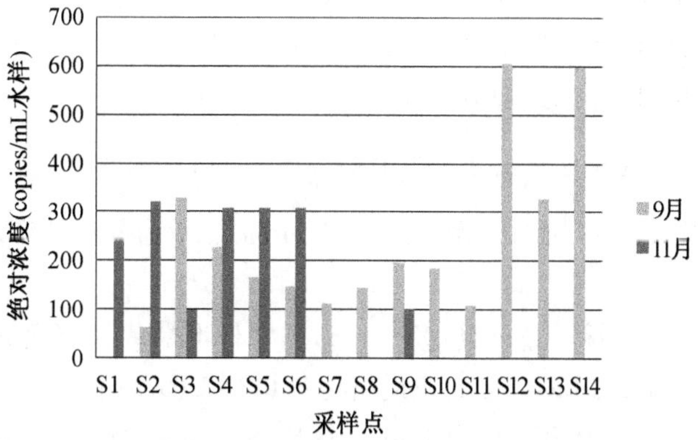

图 7-29 殷村港河两批样品的定量 PCR 检测结果

3. 线粒体示踪定量溯源技术建立

表 7-19 Real-time PCR 特异性引物和探针序列

Primer/probe	Sequence(5′to 3′)	Expected amplicon length (bp)
Human forward	AGTCCCACCCTCACACGATTATTT	195
Human reverse	AGTAAGCCGAGGGCGTCTTTGATT	
Human probe	ACCCTTCATTATTGCAGCCCTAGCAGCACT	
Cow forward	AATGCATTCATAGACCTTCCAGCC	173
Cow reverse	ACGTCTCGGCAGATATGGGTAACA	
Cow probe	TCGGTTCCCTCCTGGGAATCTGCCT	
Pig forward	CGACAAAGCAACCCTCACACGATT	197
Pig reverse	TAGGGTTGTTGGATCCGGTTTCGT	
Pig probe	ATCCTGCCATTCATCATTACCGCCCT	
Chicken forward	TAGCCATGCACTACACAGCAGACA	103
Chicken reverse	TTTGCGTGGAGATTCCGGATGAGT	
Chicken probe	ACTTGCCGGAACGTACAATACGGCT	
Sheep forward	ACGCATTCATTGATCTCCCAGCTC	167
Sheep reverse	TCGGGAAATGTGGGTTACAGAGGA	
Sheep probe	ACTTTGGCTCTCTCCCAGGCATTTGC	

将纯化的线粒体 DNA PCR 产物连接至 Pmd19－Tvector 克隆载体，导入大肠杆菌受体细胞后恒温培养，挑取阳性克隆子，富集培养后提取质粒，利用公式(7-4)将质粒浓度($ng/\mu L$)转化为质粒拷贝数($copies/\mu L$)。

$$A = C \times 6.02 \times 1\ 023/[(M+N) \times 109] \tag{7-4}$$

其中：A 为拷贝数，$copies/\mu L$；C 为质粒浓度，$ng/\mu L$；M 为载体长度，bp；N 为扩增片段长度，bp。

利用已知浓度的梯度稀释的质粒(102～108)建立标准曲线，qPCR 反应体系为 20 μL，其中 Taqman Gene Master Mix 10 μL，正反引物各 0.3 uL(0.15 μM)，Taqman 探针 0.3 μL(0.15 μM)，ddH_2O 5.1 μL，模板 DNA 4 μL。反应条件为：95℃、10 min，接着 40cycles、95℃、10sec，60℃、15sec，72℃、20sec。得到的人、猪、鸡线粒体 DNA 标曲见图 7-30。

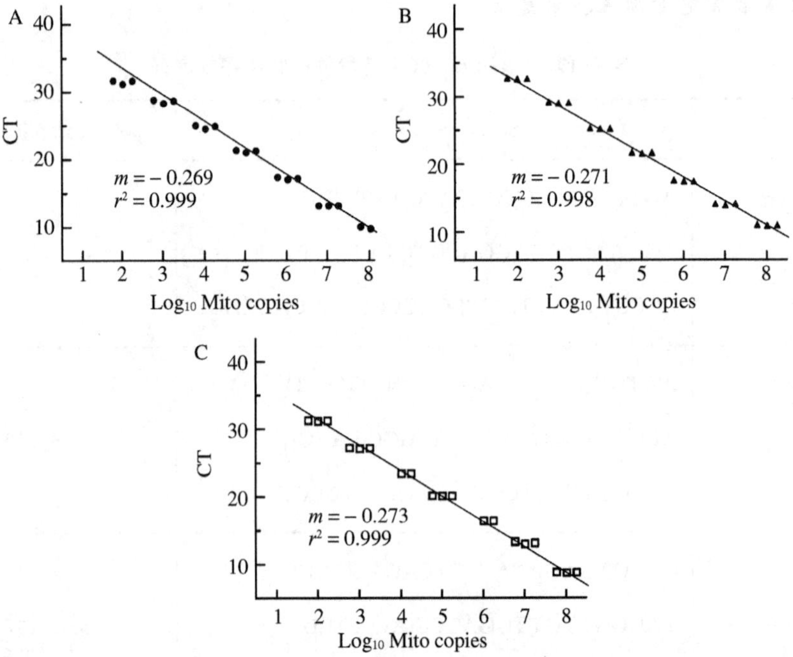

图 7-30　人(A)、猪(B)、鸡(C)线粒体 DNA 标曲

4. 线粒体示踪溯源技术在典型区域的应用

利用线粒体 DNA 定性、定量溯源方法对部分太滆运河、漕桥河以及殷村港河水样进行营养物溯源(如图 7-31、图 7-32、图 7-33)。在定性溯源过程中检测到了多数水样中存在人线粒体 DNA，表明水体受到了人类生活污水污染。定量溯源发现太滆运河中 T-11 点的污染相对其他点较重。总体上看，水中的线粒体 DNA 丰度较低，这可能是由于线粒体 DNA 在粪便中的含量较低，加上其在水环境中存在衰减造成的。与微生物溯源结果类似，水样中线粒体 DNA 的含量同样存在季节性变化。

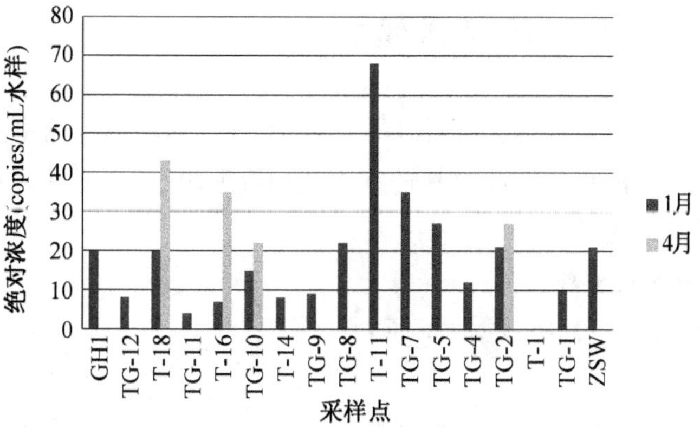

图 7-31　太滆运河水样中人线粒体 DNA 含量

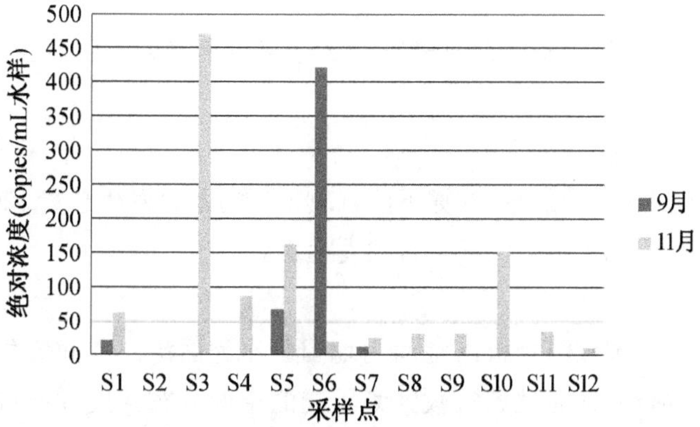

图 7-32　漕桥河水样中人线粒体 DNA 含量

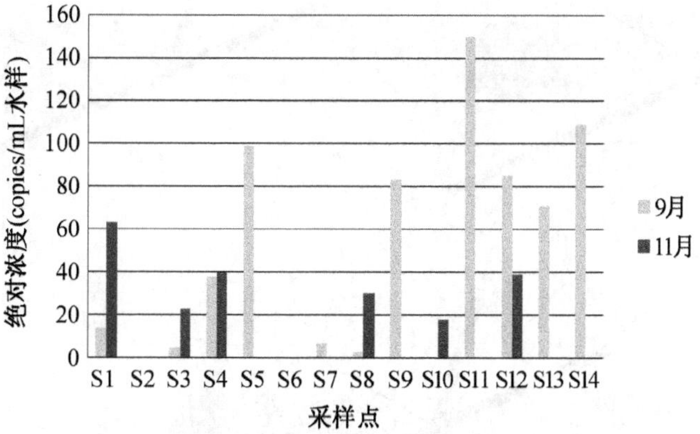

图 7-33　殷村港河水样中人线粒体 DNA 含量

7.4 面源污染点源化 GIS 技术建立

面源污染点源化指明确一定范围内面源污染在空间上的具体排放位置，有效核算其排放量，并以类似点源污染的相关手段对其进行监测和管理的过程，通常涉及空间范围划定、排放量测算、管理策略制定三个方面。

1. 溯源分析主要数据资料

溯源分析主要使用以下几组数据集开展：

① 水系河网信息

典型区域范围内的水系河网信息，按河段进行组织，河段与河段间仅能在首末端相连，为简单起见，河段具有确定的流向，在多个多向河段交汇处，水量按确定比例分配，污染物随水量分配进行分配。

② 空间汇水区信息

将整个典型区域空间按照不同河段分割为各个河段所属的汇水区，在汇水区内的面源污染将汇入该河段。

③ 村级行政区划信息

通过村级行政区划和统计信息，核算不同行政区划的面源发生总量，以此再结合下述不同类型用地图斑的位置，确定不同空间位置的发生量。

④ 用地图斑信息

在面源发生过程上，本溯源分析以空间用地图斑作为面源的空间实体。不同用地类型对应不同的生产生活活动，并通过各行政区划不同的空间分布密度和产排污系数产生发生量和入河量(见图 7-34)。

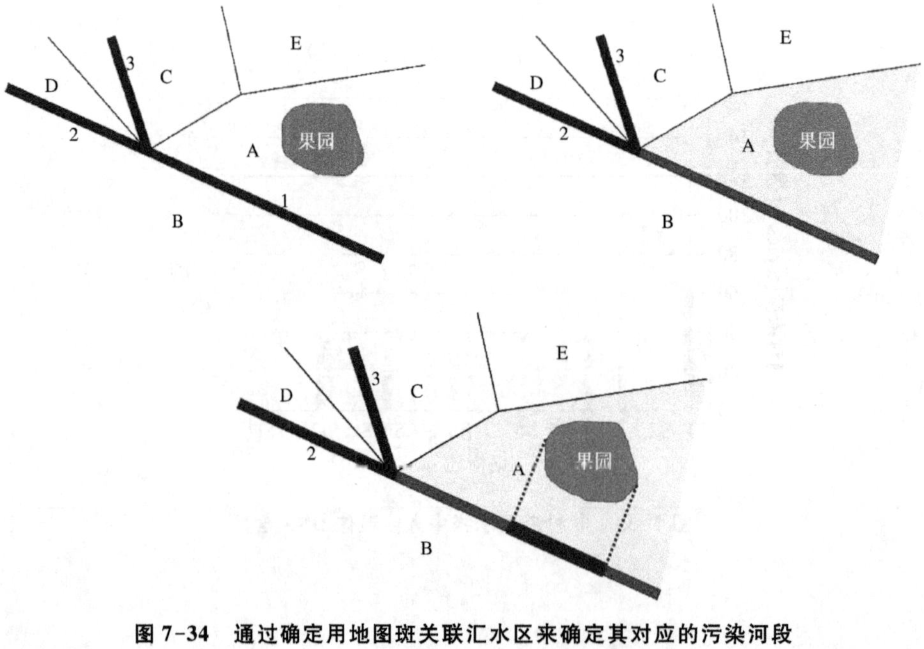

图 7-34 通过确定用地图斑关联汇水区来确定其对应的污染河段

⑤ (重点)点源信息

典型区域范围内的点源信息,包括点源的位置、类型、典型排放量(允许排放量)并能获取实时排放量。点源同时在某一个河段上具有明确的汇入位置,为寻找某一部分河段对应的潜在污染源提供了可能(见图 7-35)。

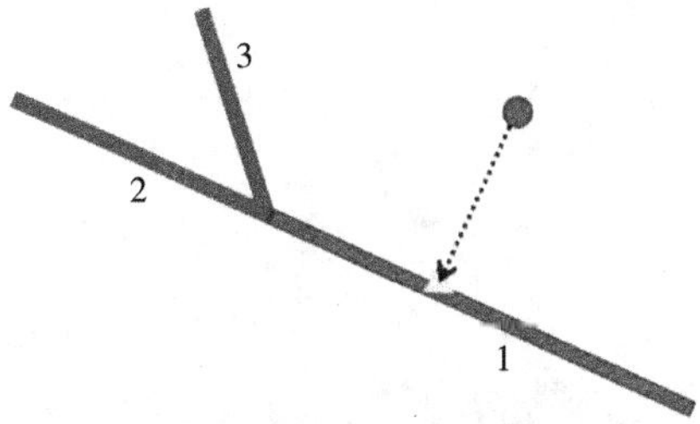

图 7-35　确认污染点源排放口位置与其污染河段对应关系

⑥ 监测站点信息和采样点信息

平台集成了典型区域内监测站点的历史信息,以及采样站点的采样信息,为溯源分析提供可供参考的基底值,并提供容量总量核算模型使用。站点实时监测信息作为溯源操作的触发器和溯源目标河段的筛选器,同时作为污染物超标量核算的基础,是溯源操作的关键数据。

⑦ 规则可比管理格网

研究将整个空间按 2 km×2 km 划分为若干相同大小的规则格网。格网打破行政区划和河流流域的界限,但通过空间关系同时与其两者及用地图斑、点源建立联系,在溯源过程中,在目标河段所涉及的空间范围内,以等大小格网的形式展现溯源的空间情景概率分析结果及其基础总排放量、目标排放量、点源排放量和面源估计排放量等不同信息,具有直观、可比的优势。除此之外,管理格网空间污染物溯源概率的确定使针对确定格网能够以更统一的方式对其中面源污染进行监控、评估和治理,符合城市与社会空间网格化管理的趋势。根据上述原理,我们得到典型区域网格示意图(见图 7-36 和图 7-37)。

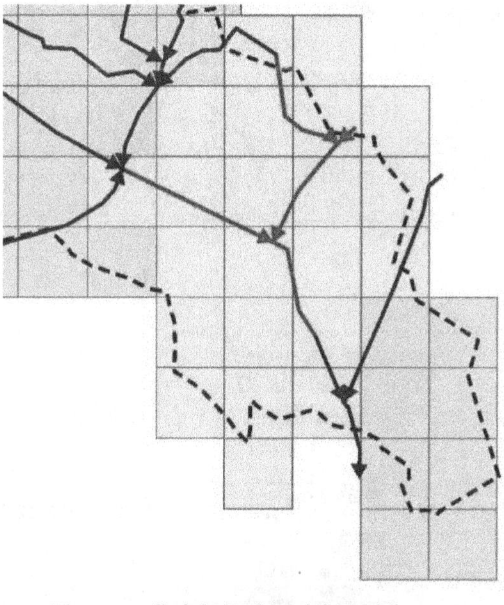

图 7-36　将空间通过规则格网划分为各个管理网格

2. 溯源分析总体过程

溯源分析操作过程如流程图 7-38 所示:

溯源数据预处理过程通过 GIS 系统完成,数据预处理完成后,数据集将可以部署在不需要 GIS 系统即可运行的 Web 平台上进行操作。空间数据的图形、属性和空间关系存储在 XML 文档表示的文档中,分析程序可以识别、载入和操作。

3. 溯源关键过程和结果

溯源操作的结果以数据表和可视化空间图形的方式展现,包括溯源结果河段;溯源结果点源;溯源结果管理格网三个部分。

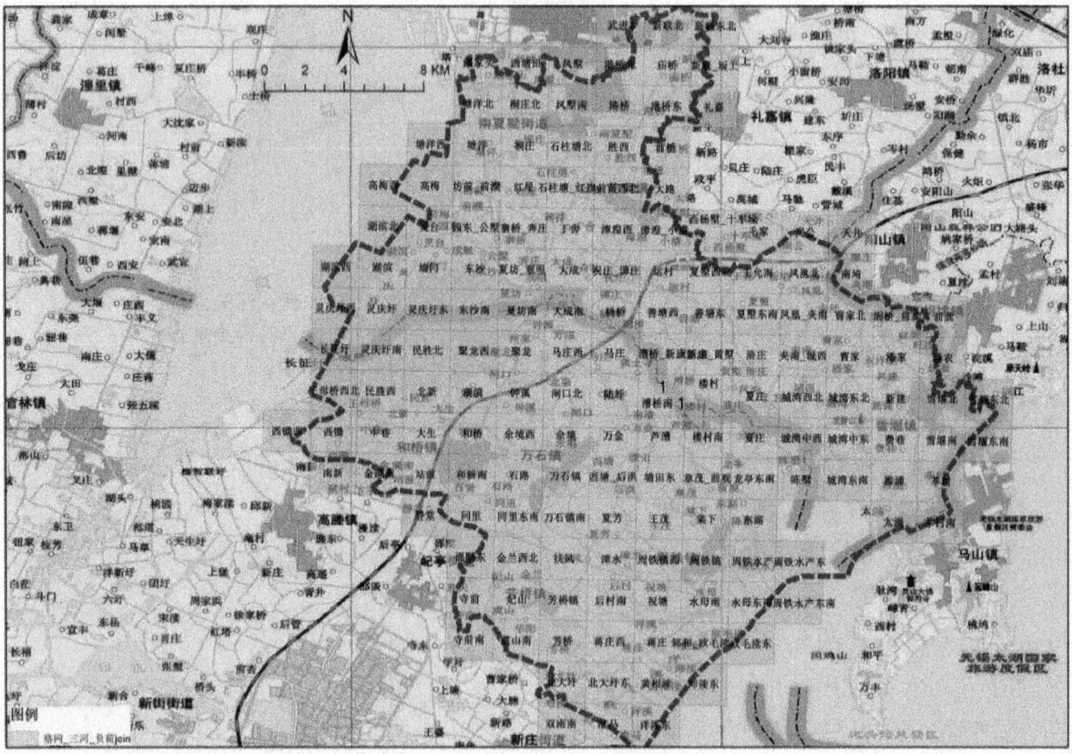

图 7-37　典型区域网格位置对照图

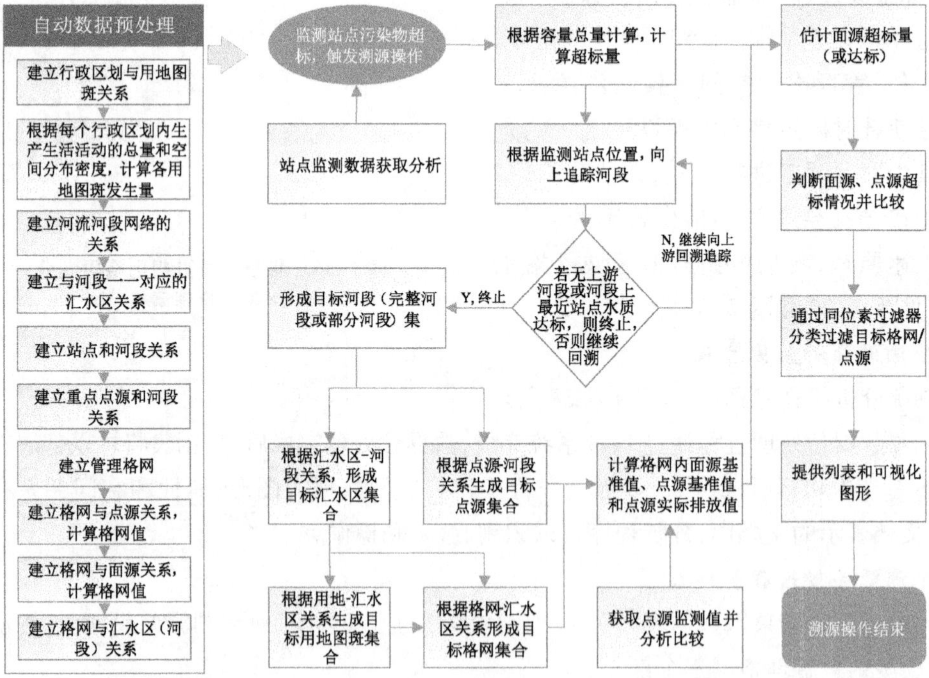

图 7-38　溯源流程图

① 追溯污染来源河段

溯源结果河段表示根据观测数据所能追溯到的污染浓度超标发生的河流水系部分如图7-39所示,红色部分表示溯源结果河段部分。溯源河段的准确性受限于监测站点密度和河流水系的组织。在有复杂外源汇入河流时,溯源河段在汇入处没有监测数据时只能假设污染非外源产生,后续溯源过程将在当前分析空间范围内尝试寻找污染来源。

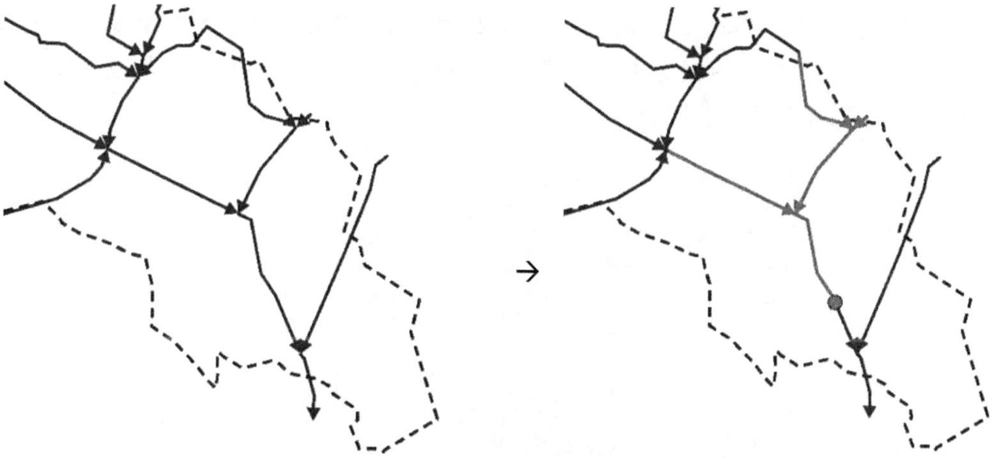

图 7-39 追溯污染河段

② 追溯污染来源空间范围及其中点源

根据污染来源所涉及的河段,追踪汇入这些河段的汇水区范围,并根据这些河段汇水区范围获取其中点源信息(如图7-40)。在点源排放量上,通过重点污染源点源排放量数据的获取和与基准值的对比,能够确定或排除点源污染对造成超标事件产生的贡献程度,同时以渐变色专题图表达不同点源排放量的相对大小关系,帮助用户判读。在有同位素分类过滤

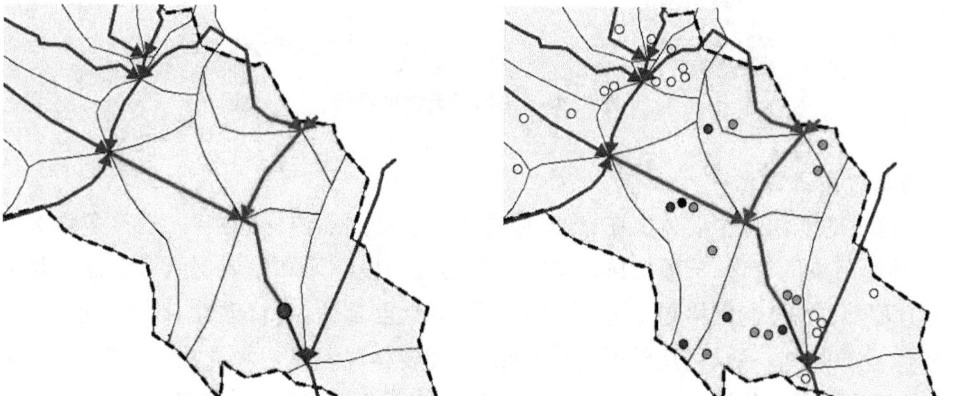

图 7-40 确定污染河段对应汇水区和其中点源排放情况

信息的情况下,可以进一步地进行排除或判定潜在污染点源集合。

③ 寻找相关管理网格,并计算格网排放量并可视化

溯源结果管理格网。如上文相关部分所属,管理格网集成了其中的点源、面源的基准值和当前(估计)排放量值信息。通过格网内点源、面源和分别或汇总加和计算,能够在空间上直观展现出格网间对比情况,对某一污染物或经过同位素过滤的某一来源的某一污染物在空间上不同格网中的汇总量进行直观的核算和可视化,提供用户直观的方法解读污染源空间分布特征,真正实现空间上的溯源。如图 7-41 所示,颜色较深的格网中氨氮的排放量显著高于颜色浅的格网中的氨氮排放量,对氨氮这一污染物来说,该组格网所覆盖的空间是主要污染来源地区,需要重点防控治理。

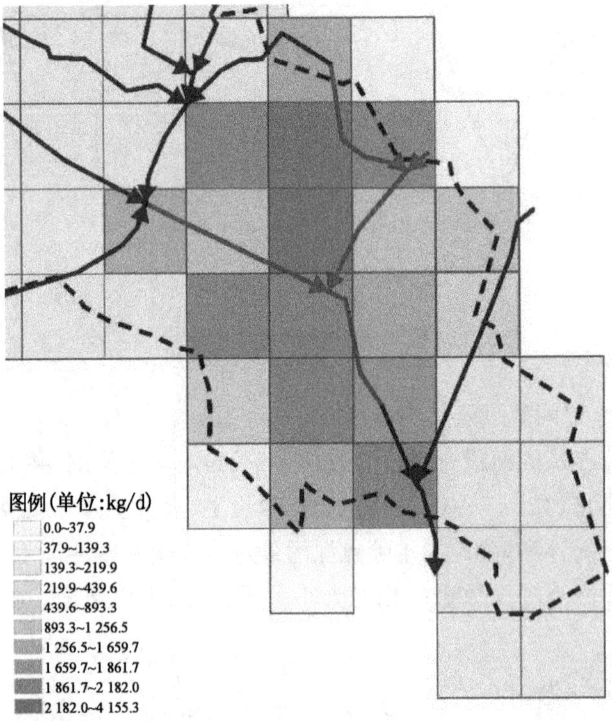

图 7-41　格网污染物可视化

4. 面源污染点源化

面源污染的点源化主要体现在:①对面源污染监测向点源化的实时、日常多频次监测靠拢;②对面源污染的管理、治理措施向点源污染治理手段学习和发展这两个方面。其中②需要基于①展开。在控制网格划定上,需要兼顾空间尺度合适、可管理性,数量基准统一、可对比可参照,计算规则一致、可规整可重用的原则,既要体现河流汇水过程的自然属性,又要体现行政区划的管理主体属性。本平台溯源过程所实现的管理格网即是对面源污染点源化的深度实践尝试,具体主要体现在时间上的可连续多次测算和空间上的可比较可识别上(见图 7-42):

a. 在时间上,在本平台溯源过程的支持下,空间面源排放量能够随着断面监测值的每次

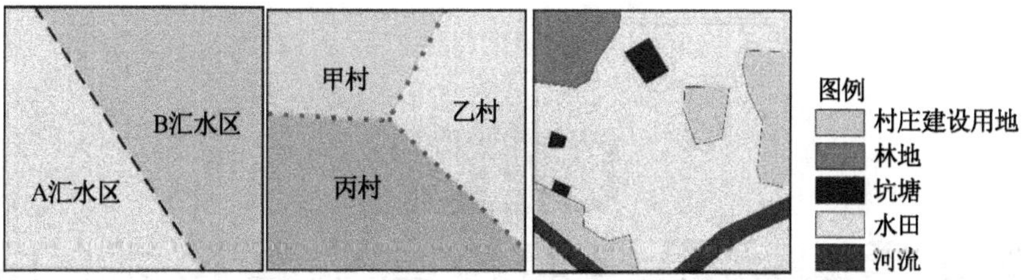

图 7-42　管理网格集成空间汇水区信息、村级行政区划信息与用地图斑信息

产生和点源监测值的每次获取进行频繁的估计，观察其分布格局伴随时间变化而变化的规律和趋势，为管理提供依据和支撑。

b. 在空间上，通过管理格网，在直接应用于组织管理的合适空间尺度上，将格网内点源、面源汇总“集成”在该网格上。鉴于每个网格的空间尺寸接近，总量的比较与强度(密度)的比较在直观上和客观上都更加接近，帮助识别空间上各类污染物排放的强度格局，并回到格网来进行管理。

第八章

主要水污染物总量监控与预警技术的应用

8.1 典型汇水通道入湖总量核定

8.1.1 殷村港河入湖通量核定

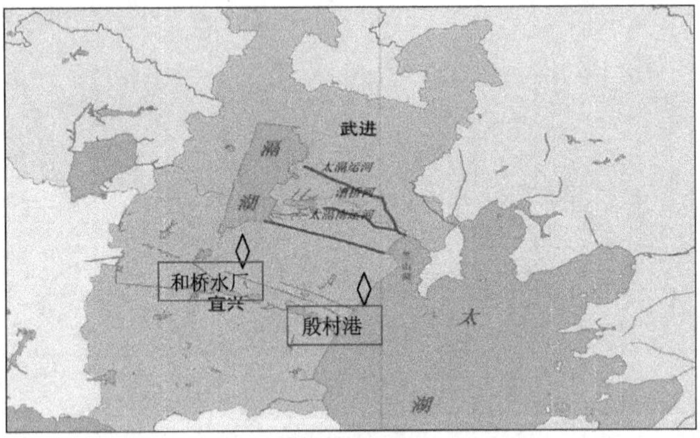

图 8-1 殷村港河流域水系示意图

水质方面，殷村港河断面水质总体保持稳定，每年年均水质稳定在Ⅳ类。断面主要水污染物年浓度变化趋势如图 8-2 所示，高锰酸盐指数和氨氮浓度呈下降趋势，总磷和总氮略呈上升趋势，2015 年与 2011 年相比，高锰酸盐指数和氨氮分别降低了 33%和 19%；总磷和总氮分别升高了 19%和 14%。

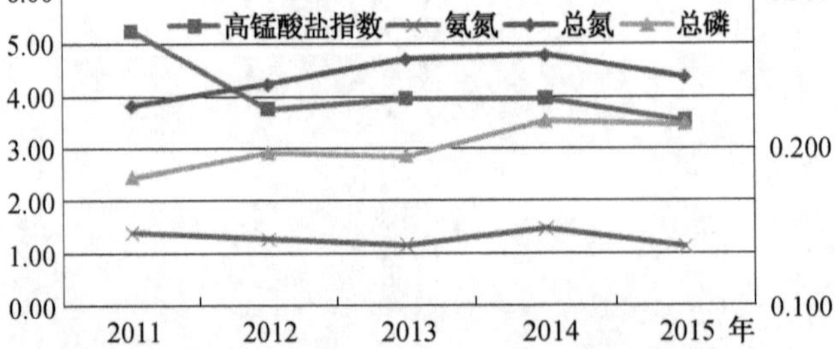

图 8-2 殷村港河“十二五”水质浓度变化趋势(总磷为右侧坐标，单位均为 mg/L)

水量方面，收集整理气象部门对太湖流域武进、江阴、无锡、常熟等地区的降雨量，整体上“十二五”期间该区域降雨量有所波动，2012 年和 2014 年相对较大，2011 年和 2013 年相对较小，但变化幅度较正常。统计殷村港河修正后的流量，整体与该区域降雨量呈一定的同步相关性，2013 年前基本在 1.3 亿 m^3 上下波动，2014 年后增加到 2.4 亿 m^3 左右(图 8-3)。

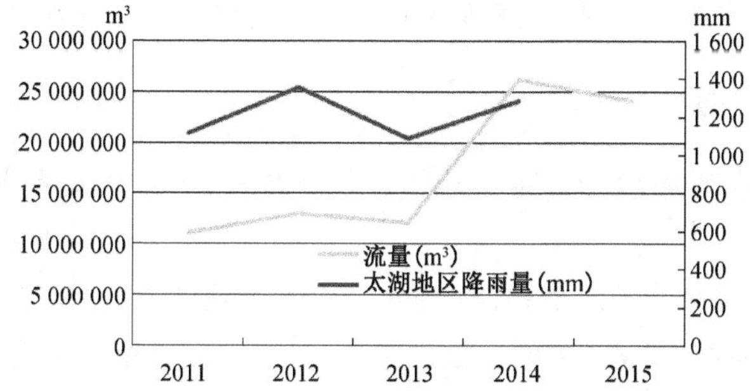

图 8-3　太湖地区降雨量和殷村港河流量趋势图(降雨量为右侧坐标轴)

此外，殷村港河常年(2004 年至 2013 年)流量规律性较强，每年汛期 7 月、8 月、9 月流量较大，达到 18 m^3/s 左右。“十二五”期间，殷村港河入湖总量随着流量变化波动较大，但 2012 年能看出总体的总磷总氮入湖量呈增加趋势。

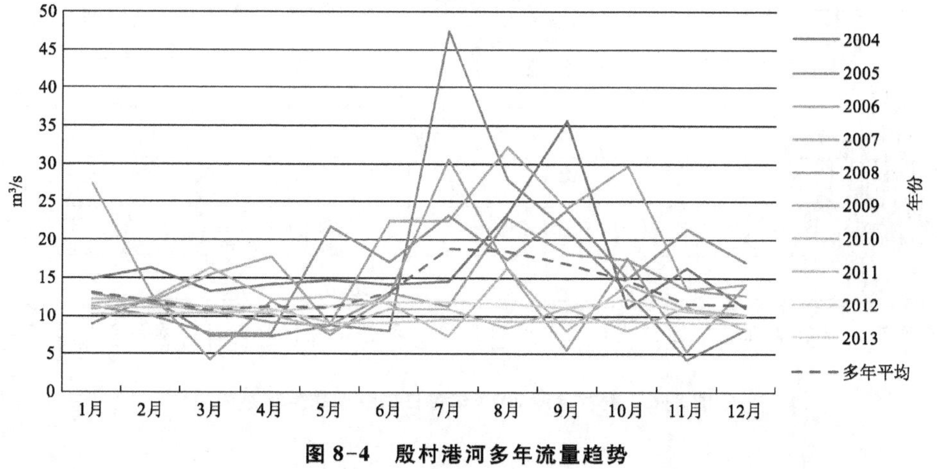

图 8-4　殷村港河多年流量趋势

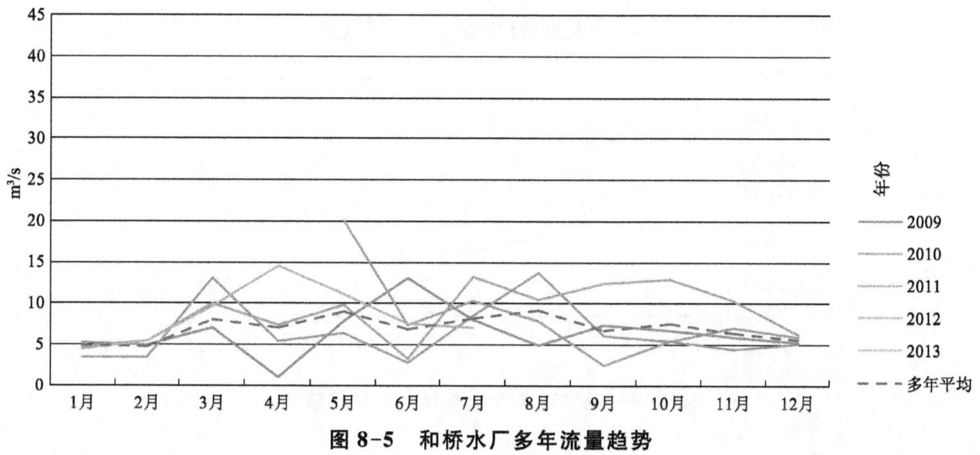

图 8-5　和桥水厂多年流量趋势

手工流量数据是在自动监测流量计无法提供有效数据时，选择以多年平均流量数据修正自动站流量数据，尽可能使流量数据达到准确(图 8-4、图 8-5)。

通过对殷村港河多年手工流量数据和自动监测站自动监测流量计提供的有效数据的分析，算出殷村港河 2012 年高锰酸盐指数入湖量、氨氮入湖量、总磷及总氮入湖总量。在自动监测流量计无法提供有效数据时，以多年平均流量数据修正自动站流量数据。

$$\text{每日总量(t)} = 10^{-6} \times \sum[\text{日均浓度} \times \text{日均瞬时流量} \times 24]$$

计算结果：殷村港河 2012 年高锰酸盐指数入湖量为 1 474 t、氨氮为 581 t、总磷 87 t、总氮 1 894 t。

根据太湖氮磷污染来源及总量控制研究(江苏省太湖办课题，课题编号：TH2010101)，测算出 2011 年殷村港河高锰酸盐指数、氨氮、总磷、总氮入湖总量分别为 5 124.7 t、1 383.8 t、183.8 t、3 757.1 t，除高锰酸盐指数的误差稍微偏高为 30%，其余 3 项指标误差都在 5%以内(图 8-6、图 8-7)。

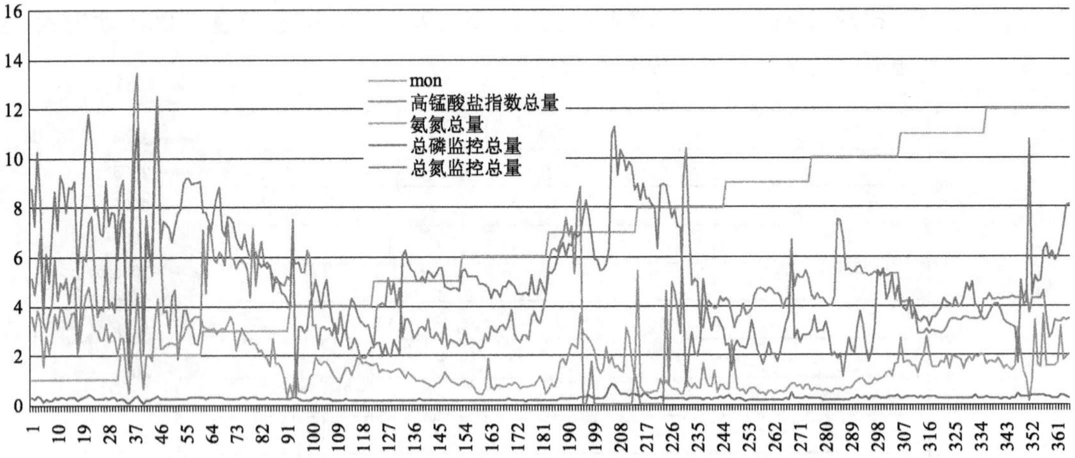

图 8-6 殷村港河 2012 年每日总量动态变化过程

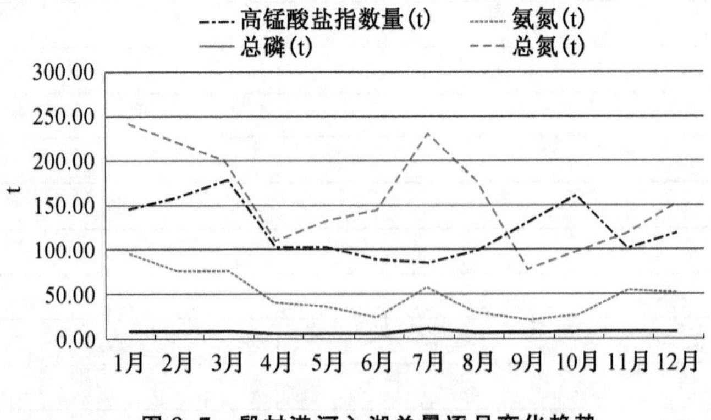

图 8-7 殷村港河入湖总量逐月变化趋势

8.1.2 “十二五”殷村港河总量控制目标

按照2013年底太湖修编后的总体方案，对江苏省15条主要入湖河流确定了水质年均控制浓度，其中殷村港河2015年目标，高锰酸盐指数为5 mg/L，氨氮2 mg/L，总磷0.15 mg/L，总氮4 mg/L，参考殷村港河历年每月流量，计算出殷村港河4项指标逐月通量控制目标，详见表8-1。

表8-1 殷村港河4项指标逐月通量控制目标

河流名称	年度	1月	2月	3月	4月	5月	6月	7月	8月	9月	10月	11月	12月	合计(t)
殷村港河	流量(m^3/h)	47 257	43 384	38 606	40 259	40 010	47 131	68 098	66 877	60 595	53 197	41 810	41 418	
	高锰酸盐指数(t)	170.1	145.8	143.6	144.9	148.8	169.7	253.3	248.8	218.1	197.9	150.5	154.1	2 145.6
	氨氮(t)	68.1	58.3	57.4	58	59.5	67.9	101.3	99.5	87.3	79.2	60.2	61.6	858.3
	总磷(t)	5.1	4.4	4.3	4.3	4.5	5.1	7.6	7.5	6.5	5.9	4.5	4.6	64.3
	总氮(t)	136.1	116.6	114.9	115.9	119.1	135.7	202.7	199	174.5	158.3	120.4	123.3	1 716.5

通过每日对殷村港河入湖通量监控，每月累计，并对照上表，判断每月总量是否超标排放，从而调节年内剩余月份总量排放情况，确保全年总量控制在目标内，确保水质浓度达到控制要求。

从2012年殷村港河入湖通量来看，高锰酸盐指数和氨氮通量达到控制要求，但总磷、总氮超过总量控制目标，其中总磷超出36%，总氮超出10%。从结果来看，总磷、总氮总量基本每月都超过目标值。将2012年1月份总磷目标平均分解到每天，图8-8表示2012年1月份每天总磷、总氮总量动态变化以及与控制目标的关系，几乎每日都超标。

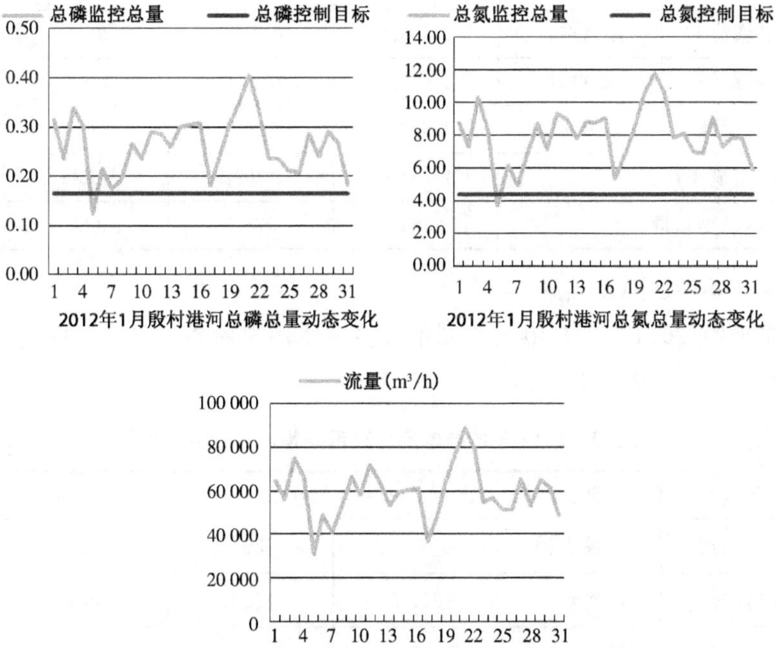

图8-8 2012年1月殷村港河流量动态变化

8.2 典型控制单元主要水污染物排放总量核定应用

8.2.1 典型控制单元主要水污染物总量监测应用

以 2013 年和 2014 年两年实测结果进行计算为基础，其中断面水量数据全部以水文部门监测数据为准，水质数据以环保部门监测结果为准，参见表 8-2 对控制单元入境断面和出境断面四项主要污染物通量进行统计计算，从而计算控制单元内主要水污染物产生总量。

(1) 2013 年示范区监测结果

计算结果表明，2013 年殷村港河控制单元主要水污染物排放量 COD_{Mn} 884 t(折算 COD_{Cr} 约为 1 780 t)，氨氮 378.7 t，总磷 33.2 t，总氮 423.8 t。

表 8-2 2013 年控制单元主要污染物总量计算结果表

性质	河流	断面	COD_{Mn}(t/a)	NH_3-N(t/a)	TP(t/a)	TN(t/a)
入境	武宜运河	钟溪大桥	3 517.1	740.7	190.1	3 564.9
入境	殷村港河	和桥水厂	1 012.5	88.8	15.5	616
入境	烧香港河	静堂大桥	905.4	230.9	24.7	542.9
入境	槽桥河	滆湖南出口	568.5	125.6	28.9	158
入境	横塘河	棉堤桥上	867.1	245.2	38.5	1 545.1
入境小计			6 870.6	1 431.2	297.7	6 426.9
出境	槽桥河	槽桥	1 204.3	456.6	91.5	1 819.6
出境	横塘河	沙塘港口	2 539.4	483	92.5	2 032
出境	殷村港河	殷村港	2 477.6	750.1	126.1	2 438.2
出境	武宜运河	巡测断面	1 533.3	120.2	20.8	560.9
出境小计			7 754.6	1 809.9	330.9	6 850.7
污染物总量			884	378.7	33.2	423.8

(2) 2014 年示范区监测结果

计算结果表明，2014 年殷村港河控制单元主要水污染物排放量为 COD_{Mn} 905.6 t，氨氮 398.1 t，总磷 28.7 t，总氮 372.5 t(表 8-3)。

表 8-3 2014 年控制单元主要污染物总量计算结果表

性质	河流	断面	COD_{Mn}(t/a)	NH_3-N(t/a)	TP(t/a)	TN(t/a)
入境	武宜运河	钟溪大桥	3 008.1	720.7	172.3	3 364.9
入境	殷村港河	和桥水厂	912.5	128.2	25.5	586
入境	烧香港河	静堂大桥	855.3	242.9	17.7	562.9

续表

性质	河流	断面	COD_{Mn}(t/a)	NH_3-N(t/a)	TP(t/a)	TN(t/a)
入境	槽桥河	漏湖南出口	559.4	95.6	25.5	139
入境	横塘河	棉堤桥上	907.2	195.2	32.2	1 420.1
入境小计			6 242.5	1 382.6	273.2	6 072.9
出境	槽桥河	槽桥	1 117.2	386.6	78.5	1 619.6
出境	横塘河	沙塘港口	2 333.1	491	89.5	1 812
出境	殷村港河	殷村港	2 258.6	690.9	114.1	2 333.8
出境	武宜运河	巡测断面	1 439.2	212.2	19.8	680
出境小计			7 148.1	1 780.7	301.9	6 445.4
污染物总量			905.6	398.1	28.7	372.5

按照控制单元总量监测体系设置方案的断面监测结果进行计算，结合 2013 年、2014 年水文部门水量巡测统计控制单元总量情况，殷村港河控制单元 2013 年主要水污染物排放增量为 COD_{Mn}884 t(折算为 CODcr 约为 1 780 t)，氨氮 379 t，总磷 33 t，总氮 423 t。2014 年殷村港河控制单元主要水污染物排放增量为 COD_{Mn}905.6 t(折算为 COD_{cr}约为 1 811 t)，氨氮 398.1 t，总磷 28.7 t，总氮 372.5 t。

8.2.2 与控制单元主要水污染物总量理论测算值比较

(1) 生活污水排放量

控制单元总面积 239 km^2，包含和桥、万石、芳桥、周铁 4 个乡镇人口约 10.9 万人，其中 55%左右人口居住在城镇，45%人口分散居住在村庄，按照《城镇生活源产排污系数手册》规定，太湖流域城镇属于二区，根据人口计算控制单元内生活源主要水污染物总量，见表 8-4。

表 8-4 典型控制单元生活源污染物排放量理论估算值

单位：kg/a

	COD	NH_3-N	TN	TP
农村生活污水	392 084	46 347	128 646	11 292
城镇生活污水	456 368	68 093	85 479	7 099

(2) 工业污染源主要水污染物排放量

控制单元内水污染源分为两类，一类是国控重点污染源，共 3 家，全部为污水处理厂，分别为宜兴市建邦环境投资有限责任公司承建的和桥污水处理厂、南漕污水处理厂、周铁污水处理厂，其建设情况见表 8-5。

表 8-5 控制单元内污水处理厂建设情况

序号	名称	地址	受纳水体	设计处理能力(t/d)	实际处理能力(t/d)
1	和桥污水处理厂	和桥镇	武宜运河	15 000	9 000
2	南漕污水处理厂	万石镇	漕桥河	5 000	3 000
3	周铁污水处理厂	周铁镇	殷村港河	5 000	3 000

另一类是规模化工业污染污染源,共计 40 家,15 家为市属重点污染源,另外 25 家为一般污染源,由宜兴市当地乡镇、街道、环保分局负责管理(见表 8-7)。其中 11 家废水量小于 1 t/d 或不产生废水;剩余 29 家中排水总量超过 6 000 t/d。详见表 8-6、表 8-7。

表 8-6 控制单元工业污染源污染物排放量理论估算值 单位:kg/a

	COD	NH_3-N	TN	TP
一般工业源	141 186	1 830	29 451	982
污水处理厂	123 460	5 600	15 110	920

表 8-7 殷村港河控制单元内的规模化工业污染污染源

序号	名称	乡镇	村镇、街道	工业废水排放量*(t/d)	排水去向(接管、入河)	是否正常生产,并开展监督监测	是否安装在线监测仪	是否为国(省)控、市控重点污染源
1	江苏瑞佳化学有限公司	周铁	分水	126.0	接管	是	是	市控
2	江苏傲伦达科技实业股份有限公司	周铁	分水	95.9	接管	是	是	市控
3	无锡美新化工有限公司	周铁	分水	1.1	接管	是		
4	宜兴市宏润化工有限公司	芳桥	工业集中区	1.6	接管	是		
5	宜兴市邦尔特化纤有限公司	芳桥	阳山村	24.7	接管	不正常		
6	宜兴市长江稀土冶炼厂	和桥	闸口	493.2	入河	是	是	市控
7	宜兴市百丽纺织染整有限公司	和桥	北庄	1 123.3	接管	是	是	市控
8	宜兴市鑫禾颜料化工有限公司	和桥	大生村	7.1	接管	是	是	市控
9	宜兴市和桥轻质保温建材厂	和桥	北庄	0.0		停产		

续表

序号	名称	乡镇	村镇、街道	工业废水排放量*（t/d）	排水去向（接管、入河）	是否正常生产，并开展监督监测	是否安装在线监测仪	是否为国（省）控、市控重点污染源
10	宜兴市和盛轻纺织有限公司	和桥	同里	383.6		停产		市控
11	无锡市鼎宏赛峰电源有限公司	和桥	南新人民南路8号	0.0		停产		
12	宜兴市中正化工有限公司	芳桥	龙眼社区	0.0	回用	是		
13	宜兴市江山生物科技有限公司	周铁	徐渎村	0.0	接管	是	是	
14	无锡市虎皇漆业有限公司	芳桥	扶风村	95.9	接管	是	流量计	市控
15	宜兴市通达化学有限公司	周铁	分水	2.3	接管	是		
16	宜兴市兴业树脂原料有限公司	周铁	周铁	1.0	接管			
17	宜兴市燎原化工有限公司	周铁	周铁村	5.4	接管	是	是	市控
18	宜兴市利达化学有限公司	周铁	彭干村	16.4	接管	是	是	市控
19	宜兴市大东方实业有限公司	和桥	南新	0.0				
20	江苏天音化工有限公司	周铁	前观村	191.8	接管	是	是	市控
21	宜兴市滆湖蓄电池制造厂	和桥	西㘵	0.0		关停		
22	宜兴狮王木业有限公司	和桥	锡宜公路旁	0.0				
23	江苏银燕化工股份有限公司	周铁	周铁村	0.0		关停		
24	宜兴市久伦锌业有限公司	周铁	洋溪	0.0	回用			

续表

序号	名称	乡镇	村镇、街道	工业废水排放量*(t/d)	排水去向(接管、入河)	是否正常生产，并开展监督监测	是否安装在线监测仪	是否为国(省)控、市控重点污染源
25	江苏润禾纺织实业有限公司	和桥	中巷	2 274.0	接管	是	是	市控
26	宜兴市豪强电源有限公司	和桥	中巷	0.0	回用	是		市控
27	无锡市天裕建材有限公司	芳桥	屺山村	0.0				
28	宜兴市宏博精细化工有限公司	万石	南漕	18.1	接管	是	是	市控
29	宜兴市事成织物后整理有限公司	和桥	中巷	1 257.5	接管		是	
30	宜兴大平杆塔制造有限公司	万石	大尖	0.0	回用			
31	宜兴市和桥新型墙体材料生产基地	和桥	同里	0.0		停产		
32	江苏省华东石材市场有限公司	万石	华东石材市场	0.0				
33	宜兴市盛伟水泥有限公司	和桥	北庄	0.0				
34	宜兴市雯达建筑保温材料有限公司	和桥	南新西路10号	0.0				
35	江苏鹏鹭电源有限公司	和桥	中巷	0.0	回用	是		
36	宜兴佳成印染有限公司	和桥	南新	520.5	接管	是	是	市控
37	宜兴市宏力电源有限公司	芳桥	龙眼村	0.0		关停		
38	宜兴市益昌金属板业有限公司	万石	南漕	0.0				
39	无锡市普发电源有限公司	和桥	中巷	0.0	回用	是	是	市控
40	天乾(无锡)科技有限公司	周铁	竺山工业集中区	0.0		停产		

注：工业废水排放量来源2013年环统表。

(3) 农业面源主要水污染物排放量

控制单元内四个乡镇农业生产发达，其农林牧副土地利用面积及农产品产量情况见表8-8、表8-9。

表 8-8　控制单元内的农林牧副面积

乡镇名称	耕地面积(亩)	林地面积(亩)	果园面积(亩)	蔬菜面积(亩)	养殖面积(亩)
和桥镇	66 083	3 773	660	14 180	37 233
万石镇	34 730	5 530	725	8 027	1 620
周铁镇	57 506	12 623	3 451	25 258	2 145
芳桥镇	39 040	6 285	2 318	8 613	3 561

表 8-9　控制单元内的农林牧副产品产量

	水果产量(t)	家禽出栏数(万头)	肉类总产量(t)	水产品总产量(t)	化肥施用量(t)	农药施用量(t)	农村用电量(万 kW·h)
和桥镇	567	136	5 959	20 031	6 454	117	52 850
万石镇	925	73.83	2 103	1 351	5 206	67	24 834
周铁镇	2 293	34.24	1 569	4 196	6 393	58	34 770
芳桥镇	2 960	0	0	2 895	3 773	3 561	18 000

根据太湖流域《畜禽养殖业产污系数与排污系数手册》《水产养殖业污染源产排污系数手册》等公式计算，控制单元内农业面源主要水污染污染物排放总量见表8-10。

表 8-10　控制单元农业源污染物排放量理论估算值　　单位：kg/a

	COD	NH_3-N	TN	TP
畜禽养殖废水	135 393	1 354	11 440	1 415
池塘养殖业	240 975	5 600	15 110	920

(4) 控制单元内水污染物排放总量

根据以上统计表明，殷村港河控制单元内COD产生量为1 489 t/a左右，氨氮为329 t/a左右，总氮为385 t/a左右，总磷为27 t/a左右。将示范区总量监测结果与依据2012年产排污基数的示范区水污染排放总量理论测算值进行比较，监测结果与理论计算值较为一致，参见表8-11：

表 8-11 示范区监测结果与理论测算值比较情况 单位:kg/a

数据类型	COD	NH_3-N	TN	TP
理论测算值(2012 年)	1 489	329	385	27
2013 年实测值	1 780	379	424	33
2014 年实测值	1 811	398	373	29

附　　录

太湖流域基于控制单元的流域主要水污染总量排放监测断面一览表

序号	名称	河流、湖库	河道、湖库属性	断面属性	控制单元编号	断面水质所代表的城市	水利分区	断面级别	河道/湖泊	对应的生态功能区名称	是否已建自动站
1	新河桥	运粮河	县域河流	镇江市内控制断面	1	镇江市	太湖湖西区	二级以下	河道	生态Ⅳ级区-01镇江北部重要物种保护-水文调节功能区	
2	谏壁桥	京杭运河	流域性骨干河道	京杭运河起点	2	镇江市	太湖湖西区	一级	河道	生态Ⅳ级区-01镇江北部重要物种保护-水文调节功能区	已建
3	葛村桥	团结河	重要跨县河道	入江控制	3	镇江市	太湖湖西区	二级	河道	生态Ⅳ级区-01镇江北部重要物种保护-水文调节功能区	
4	句容桥	洛阳河	县域河流	镇江市内控制断面	4	镇江市	太湖湖西区	二级以下	河道	生态Ⅱ级区-01镇江东部水环境维持-水源涵养功能区	
5	紫阳桥	通济河	重要跨县河道	丹阳市—金坛市(镇江—常州市)跨行政区域交接控制断面	5	镇江市	太湖湖西区	二级	河道	生态Ⅱ级区-01镇江东部水环境维持-水源涵养功能区	已建
6	前塍庄	丹金溧漕河	区域性骨干河道	丹金溧漕河起点	6	镇江市	太湖湖西区	一级	河道	生态Ⅲ级区-01丹阳城镇水环境维持-水质净化功能区	已建
7	王家桥	京杭运河(江南运河)	流域性骨干河道	丹徒区—丹阳市跨行政区域交接控制断面	7	镇江市	太湖湖西区	一级	河道	生态Ⅳ级区-01镇江北部重要物种保护-水文调节功能区	已建

续表

序号	名称	河流、湖库	河道、湖库属性	断面属性	控制单元编号	断面水质所代表的城市	水利分区	断面级别	河道/湖泊	对应的生态功能区名称	是否已建自动站
8	林家闸	九曲河	区域性骨干河道	入江控制	8	镇江市	太湖湖西区	一级	河道	生态Ⅲ级区-02 丹阳东部水环境维持-水文调节功能区、生态Ⅲ级区-03 丹武重要生境维持-水质净化功能区	已建
9	黄埝桥	丹金溧漕河	区域性骨干河道	镇江—常州市跨行政区域交接断面	9	镇江市	太湖湖西区	一级	河道	生态Ⅲ级区-01 丹阳城镇水环境维持-水质净化功能区	已建
10	吕城（九里）	京杭运河（江南运河）	流域性骨干河道	丹阳市—武进区（镇江市—常州市）跨行政区域交接控制断面	10	镇江市	太湖湖西区	一级	河道	生态Ⅱ级区-01 镇江东部水环境维持-水源涵养功能区	已建
11	泥炭桥	泥炭河	重要跨县河道	金坛市—武进区跨行政区域交界控制断面	10	常州市	太湖湖西区	二级	河道	生态Ⅲ级区-03 丹武重要生境维持-水质净化功能区	已建
12	薛埠桥	薛埠河	县域河流	控制	11	常州市	太湖湖西区	二级以下	河道	生态Ⅳ级区-01 镇江北部重要物种保护-水文调节功能区	
13	张塘村	湟里河	县域河流	金坛市—武进区跨行政区域交界控制断面	12	常州市	太湖湖西区	二级以下	河道	生态Ⅲ级区-04 金坛城镇重要生境维持-水质净化功能区	
14	别桥	丹金溧漕河	区域性骨干河道	金坛—溧阳市跨行政区域交接断面	13	常州市	太湖湖西区	一级	河道	生态Ⅰ级区-01 金坛洮湖重要物种保护-水文调节功能区	已建
15	芳泉村	中干河	重要跨县河道	金坛市—宜兴市（常州—无锡市）跨行政区域交接断面	13	常州市	太湖湖西区	二级	河道	生态Ⅰ级区-01 金坛洮湖重要物种保护-水文调节功能区	已建

续表

序号	名称	河流、湖库	河道、湖库属性	断面属性	控制单元编号	断面水质所代表的城市	水利分区	断面级别	河道/湖泊	对应的生态功能区名称	是否已建自动站
16	前留桥	大溪河	重要县域河道	控制	14	常州市	太湖湖西区	二级	河道	生态Ⅲ级区-05 溧高重要生境维持-水文调节功能区	
17	山前桥	北溪河	县域河流	常州—无锡市跨行政区域交接控制断面	15	常州市	太湖湖西区	二级以下	河道	生态Ⅲ级区-06 溧阳城镇重要生境维持-水文调节功能区	已建
18	杨巷桥	北溪河	区域性骨干河道	溧阳市—宜兴市（常州—无锡市）跨行政区域交接断面	15	常州市	太湖湖西区	一级	河道	生态Ⅲ级区-06 溧阳城镇重要生境维持-水文调节功能区	已建
19	塘东桥	邮芳河	重要跨县河道	溧阳市—宜兴市（常州—无锡市）跨行政区域交接断面	15	常州市	太湖湖西区	二级	河道	生态Ⅲ级区-06 溧阳城镇重要生境维持-水文调节功能区	已建
20	潘家坝	南溪河	区域性骨干河道	溧阳市—宜兴市（常州—无锡市）跨行政区域交接断面	15～19控制单元的汇水通道	常州市	太湖湖西区	一级	河道	生态Ⅲ级区-05 溧高重要生境维持-水文调节功能区、生态Ⅲ级区-06 溧阳城镇重要生境维持-水文调节功能区、生态Ⅰ级区-02 溧阳南部重要生境维持-水源涵养功能区	已建
21	王江泾	京杭运河（江南运河）	流域性骨干河道	江苏—浙江省跨行政区域交接控制断面	18	苏州市	浦南区	一级	河道	Ⅳ-13 吴江南部重要生境维持-水文调节功能区	已建
22	落蓬湾	胥河	重要跨县河道	高淳区—溧阳市跨境河流	19	南京市	太湖湖西区	二级以下	河道	生态Ⅲ级区-05 溧高重要生境维持-水文调节功能区、生态Ⅲ级区-06 溧阳城镇重要生境维持-水文调节功能区、生态Ⅰ级区-02 溧阳南部重要生境维持-水源涵养功能区	已建

续表

序号	名称	河流、湖库	河道、湖库属性	断面属性	控制单元编号	断面水质所代表的城市	水利分区	断面级别	河道/湖泊	对应的生态功能区名称	是否已建自动站
23	横山水库	横山水库	湖体	湖体	20	无锡市	太湖湖西区	一级	湖体	Ⅰ-03 宜兴南部生物多样性维持-水源涵养功能区	
24	大港桥	大港河	重要跨县河道	入太湖	21	无锡市	太湖湖西区	二级	河道	Ⅰ-03 宜兴南部生物多样性维持-水源涵养功能区	已建
25	乌溪港桥	乌溪港	重要跨县河道	入太湖	22	无锡市	太湖湖西区	二级	河道	Ⅱ-03 宜兴丁蜀水环境维持-水文调节功能区	已建
26	黄渎港桥	朱渎港	重要跨县河道	入太湖	22	无锡市	太湖湖西区	二级以下	河道	Ⅱ-03 宜兴丁蜀水环境维持-水文调节功能区	已建
27	双桥港	双桥港	县域河流	入太湖	22	无锡市	太湖湖西区	二级以下	河道	Ⅱ-03 宜兴丁蜀水环境维持-水文调节功能区	已建
28	陈东桥	陈东港	重要跨县河道	入太湖	23	无锡市	太湖湖西区	二级	河道	Ⅲ-11 太湖西岸水环境维持-水文调节功能区	已建
29	大浦港桥	大浦港	重要跨县河道	入太湖	23	无锡市	太湖湖西区	二级	河道	Ⅲ-11 太湖西岸水环境维持-水文调节功能区	已建
30	东氿	东氿	区域性骨干河道	控制	23	无锡市	太湖湖西区	一级	河道	Ⅲ-11 太湖西岸水环境维持-水文调节功能区	已建
31	官渎桥	官渎港	重要跨县河道	入太湖	23	无锡市	太湖湖西区	二级	河道	Ⅲ-11 太湖西岸水环境维持-水文调节功能区	已建
32	洪巷桥	洪巷港	重要跨县河道	入太湖	23	无锡市	太湖湖西区	二级	河道	Ⅲ-11 太湖西岸水环境维持-水文调节功能区	已建

续表

序号	名称	河流、湖库	河道、湖库属性	断面属性	控制单元编号	断面水质所代表的城市	水利分区	断面级别	河道/湖泊	对应的生态功能区名称	是否已建自动站
33	社渎港桥	社渎港	重要跨县河道	入太湖	23	无锡市	太湖湖西区	二级	河道	Ⅲ-11 太湖西岸水环境维持-水文调节功能区	已建
34	黄渎港桥	黄渎港	重要跨县河道	入太湖	23	无锡市	太湖湖西区	二级	河道	Ⅲ-11 太湖西岸水环境维持-水文调节功能区	
35	庙渎港桥	庙渎港	重要跨县河道	入太湖	23	无锡市	太湖湖西区	二级以下	河道	Ⅲ-11 太湖西岸水环境维持-水文调节功能区	已建
36	沙塘港口	横塘河	重要跨县河道	入太湖	23	无锡市	太湖湖西区	二级以下	河道	Ⅲ-11 太湖西岸水环境维持-水文调节功能区	已建
37	茭渎河桥	茭渎河	重要跨县河道	入太湖	23	无锡市	太湖湖西区	二级以下	河道	Ⅲ-11 太湖西岸水环境维持-水文调节功能区	已建
38	团氿	团氿	区域性骨干河道	控制	23	无锡市	太湖湖西区	一级	河道	Ⅲ-11 太湖西岸水环境维持-水文调节功能区	
39	西氿大桥	西氿	区域性骨干河道	控制	24	无锡市	太湖湖西区	一级	河道	Ⅲ-10 滆湖南岸水环境维持-水质净化功能区、Ⅰ-03 宜兴南部生物多样性维持-水源涵养功能区	
40	入湖口	中干河	重要跨县河道	控制	25	无锡市	太湖湖西区	二级	河道	Ⅲ-07 宜兴西部重要生境维持-水文调节功能区	已建
41	入西氿口	南溪河	重要跨县河道	入滆湖	26	无锡市	太湖湖西区	二级	河道	Ⅲ-07 宜兴西部重要生境维持-水文调节功能区	已建
42	殷村港桥	殷村港河	重要跨县河道	入太湖	27	无锡市	太湖湖西区	二级	河道	Ⅲ-11 太湖西岸水环境维持-水文调节功能区	已建

续表

序号	名称	河流、湖库	河道、湖库属性	断面属性	控制单元编号	断面水质所代表的城市	水利分区	断面级别	河道/湖泊	对应的生态功能区名称	是否已建自动站
43	静堂大桥	烧香港	区域性骨干河道	控制	27	无锡市	太湖湖西区	一级	河道	Ⅲ-11太湖西岸水环境维持-水文调节功能区	
44	百渎港桥	百渎港	重要跨县河道	控制	27、28	无锡市	太湖湖西区	二级	河道	Ⅲ-11太湖西岸水环境维持-水文调节功能区	已建
45	裴家	漕桥河	重要跨县河道	武进区—宜兴市(常州—无锡市)跨行政区域交接断面	27、30	常州市	太湖湖西区	二级	河道	生态Ⅲ级区-12竺山湖北岸重要生境维持-水源涵养功能区	已建
46	沙塘港桥	沙塘港	重要跨县河道	入太湖	27	无锡市	太湖湖西区	二级	河道	Ⅲ-11太湖西岸水环境维持-水文调节功能区	已建
47	陈墅港口	陈墅港	县域河流	入太湖	27	无锡市	太湖湖西区	二级以下	河道	Ⅲ-11太湖西岸水环境维持-水文调节功能区	
48	青店港桥	青店港	县域河流	入太湖	27	无锡市	太湖湖西区	二级以下	河道	Ⅲ-11太湖西岸水环境维持-水文调节功能区	
49	分水	太滆运河	区域性骨干河道	武进区—宜兴市(常州—无锡市)跨行政区域交接断面	28	常州市	太湖湖西区—武澄锡虞区分界河流	一级	河道	生态Ⅲ级区-12竺山湖北岸重要生境维持-水源涵养功能区	已建
50	雅浦桥	雅浦港	重要跨县河道	入太湖	28	常州市	武澄锡虞区	二级	河道	生态Ⅲ级区-12竺山湖北岸重要生境维持-水源涵养功能区	已建
51	姚巷桥(武进港闸)	武进港	重要跨县河道	入太湖	28	常州市	武澄锡虞区	二级	河道	生态Ⅲ级区-12竺山湖北岸重要生境维持-水源涵养功能区	已建

续表

序号	名称	河流、湖库	河道、湖库属性	断面属性	控制单元编号	断面水质所代表的城市	水利分区	断面级别	河道/湖泊	对应的生态功能区名称	是否已建自动站
52	漕桥	漕桥河	重要跨县河道	宜兴市—武进区（无锡市—常州市）跨行政区域交接控制断面	27、30	无锡市	太湖湖西区	二级	河道	生态Ⅲ级区-09滆湖东岸水环境维持-水质净化功能区、Ⅲ-11太湖西岸水环境维持-水文调节功能区	已建
53	万塔	武宜运河	区域性骨干河道	武宜运河武进段控制断面	30	常州市	武澄锡虞区	一级	河道	生态Ⅳ级区-02常州城市水环境维持-水文调节功能区、生态Ⅲ级区-09滆湖东岸水环境维持-水质净化功能区	已建
54	东尖大桥	锡溧漕河	区域性骨干河道	无锡市—常州市跨行政区域交接控制断面	29	无锡市	武澄锡虞区	一级	河道	生态Ⅲ级区-09滆湖东岸水环境维持-水质净化功能区	已建
55	分庄桥	锡溧漕河	重要跨县河道	常州市—无锡市跨行政区域交接控制断面	30	常州市	太湖湖西区	二级	河道	生态Ⅲ级区-09滆湖东岸水环境维持-水质净化功能区	已建
56	钟溪大桥	武宜运河	重要跨县河道	武进区—宜兴市（常州—无锡市）跨行政区域交接断面	30	常州市	太湖湖西区	二级	河道	生态Ⅲ级区-09滆湖东岸水环境维持-水质净化功能区	已建
57	厚余	扁担河	区域性骨干河道	入滆湖	31,32	常州市	太湖湖西区	一级	河道	生态Ⅱ级区-02滆湖西岸水环境维持-水质净化功能区	
58	戚墅堰	京杭运河	流域性骨干河道	控制	33	常州市	太湖湖西区	一级	河道	生态Ⅳ级区-02常州城市水环境维持-水文调节功能区、生态Ⅳ级区-03锡武城镇水环境维持-水质净化功能区	已建

续表

序号	名称	河流、湖库	河道、湖库属性	断面属性	控制单元编号	断面水质所代表的城市	水利分区	断面级别	河道/湖泊	对应的生态功能区名称	是否已建自动站
59	青洋桥	北塘河	重要跨县河道	常州市区—新北区跨行政区域交接断面	33	常州市	太湖湖西区	二级	河道	生态Ⅳ级区-02常州城市水环境维持-水文调节功能区、生态Ⅳ级区-03锡武城镇水环境维持-水质净化功能区	
60	五牧	京杭运河	流域性骨干河道	武进区—惠山区(常州市—无锡市)跨行政区域交接断面	33	常州市	武澄锡虞区	一级	河道	生态Ⅳ级区-02常州城市水环境维持-水文调节功能区、生态Ⅳ级区-03锡武城镇水环境维持-水质净化功能区	已建
61	九号桥	澡江河	区域性骨干河道	入江控制	34	常州市	武澄锡虞区	一级	河道	生态Ⅲ级区-08江阴西部水环境维持-水质净化功能区、生态Ⅳ级区-02常州城市水环境维持-水文调节功能区、	已建
62	卫东桥	横港	县域河流	入江控制	34	常州市	武澄锡虞区	二级以下	河道	生态Ⅲ级区-08江阴西部水环境维持-水质净化功能区、生态Ⅳ级区-02常州城市水环境维持-水文调节功能区、	
63	连江桥	京杭大运河	流域性骨干河道	武进区—常州市区跨行政区域交接断面	34	常州市	太湖湖西区	一级	河道	生态Ⅲ级区-08江阴西部水环境维持-水质净化功能区、生态Ⅳ级区-02常州城市水环境维持-水文调节功能区、	已建
64	新河口	京杭大运河	流域性骨干河道	镇江市—常州市跨行政区域交接控制断面	34	镇江市	太湖湖西区	一级	河道	生态Ⅲ级区-08江阴西部水环境维持-水质净化功能区、生态Ⅳ级区-02常州城市水环境维持-水文调节功能区、	已建

续表

序号	名称	河流、湖库	河道、湖库属性	断面属性	控制单元编号	断面水质所代表的城市	水利分区	断面级别	河道/湖泊	对应的生态功能区名称	是否已建自动站
65	钟楼大桥	京杭运河	流域性骨干河道	武进区—钟楼区跨行政区域交接断面	34	常州市	太湖湖西区	一级	河道	生态Ⅲ级区-08江阴西部水环境维持-水质净化功能区、生态Ⅳ级区-02常州城市水环境维持-水文调节功能区、	已建
66	德胜河桥	德胜河	区域性骨干河道	新北区—钟楼区跨行政区域交接断面	34	常州市	太湖湖西区	一级	河道	生态Ⅲ级区-08江阴西部水环境维持-水质净化功能区、生态Ⅳ级区-02常州城市水环境维持-水文调节功能区、	
67	殷家桥	鹤溪河	重要跨县河道	控制	34	镇江市	太湖湖西区	二级	河道	生态Ⅲ级区-08江阴西部水环境维持-水质净化功能区、生态Ⅳ级区-02常州城市水环境维持-水文调节功能区、	已建
68	东潘桥	德胜河	区域性骨干河道	控制	34	常州市	太湖湖西区	一级	河道	生态Ⅲ级区-08江阴西部水环境维持-水质净化功能区、生态Ⅳ级区-02常州城市水环境维持-水文调节功能区、	
69	新孟河闸	新孟河	区域性骨干河道	控制	35	常州市	太湖湖西区	一级	河道	生态Ⅲ级区-03丹武重要生境维持-水质净化功能区	已建
70	晃山桥	东青河	区域性骨干河道	无锡市—江阴市跨行政区域交接断面	36	无锡市	太湖湖西区	一级	河道	生态Ⅲ级区-08江阴西部水环境维持-水质净化功能区	
71	卫东桥	利港	重要县域河道	入江控制	36	无锡市	武澄锡虞区	二级	河道	生态Ⅲ级区-08江阴西部水环境维持-水质净化功能区	已建

续表

序号	名称	河流、湖库	河道、湖库属性	断面属性	控制单元编号	断面水质所代表的城市	水利分区	断面级别	河道/湖泊	对应的生态功能区名称	是否已建自动站
72	金潼桥	白屈港	区域性骨干河道	控制	37	无锡市	武澄锡虞区	一级	河道	Ⅳ-04 江阴城市重要生境维持-水文调节功能区	已建
73	太浦闸（庙港）	太浦河	流域性骨干河道	出湖断面	38	苏州市	阳澄淀泖区	一级	河道	Ⅲ-17 淀山湖东岸重要生境维持-水文调节功能区	已建
74	界标（汾湖大桥）	太浦河	流域性骨干河道	江苏省—上海市跨行政区域交接断面	38	苏州市	阳澄淀泖区	一级	河道	Ⅲ-17 淀山湖东岸重要生境维持-水文调节功能区	已建
75	泗河桥	锡澄运河	区域性骨干河道	惠山区—江阴市跨行政区域交接断面	39	无锡市	武澄锡虞区	一级	河道	Ⅳ-03 锡武城镇水环境维持-水质净化功能区	
76	十一圩闸	二干河	区域性骨干河道	入江控制	40	苏州市	武澄锡虞区	一级	河道	Ⅳ-05 江阴南部重要生境维持-水质净化功能区	已建
77	码头大桥	张家港河	区域性骨干河道	江阴—张家港（无锡—苏州市）跨行政区域交接断面	41	无锡市	武澄锡虞区	一级	河道	Ⅲ-14 无锡东部水环境维持-水质净化功能区	已建
78	张塘桥	锡北运河	区域性骨干河道	惠山区河段控制断面	43	无锡市	武澄锡虞区	一级	河道	Ⅳ-06 无锡城市水环境维持-水文调节功能区	已建
79	大溪港	大溪港	重要县域河道	入太湖	48	无锡市	武澄锡虞区	二级	河道	Ⅲ-13 无锡南部城镇水环境维持-水文调节功能区	已建
80	高桥	京杭运河	流域性骨干河道	控制	42	无锡市	武澄锡虞区	一级	河道	Ⅳ-03 锡武城镇水环境维持-水质净化功能区	已建

续表

序号	名称	河流、湖库	河道、湖库属性	断面属性	控制单元编号	断面水质所代表的城市	水利分区	断面级别	河道/湖泊	对应的生态功能区名称	是否已建自动站
81	锡澄铁路桥	锡澄运河	区域性骨干河道	控制	42	无锡市	武澄锡虞区	一级	河道	Ⅳ-03 锡武城镇水环境维持-水质净化功能区	
82	阳山大桥	直湖港	重要跨县河道	惠山区—滨湖区的交界断面	42	无锡市	武澄锡虞区	二级	河道	Ⅳ-03 锡武城镇水环境维持-水质净化功能区	已建
83	蠡桥	梁溪河	区域性骨干河道	无锡市区—滨湖区跨行政交接断面	43	无锡市	武澄锡虞区	一级	河道	Ⅳ-06 无锡城市水环境维持-水文调节功能区	已建
84	钓邾大桥(乌嘴桥)	九里河	重要跨县河道	无锡市—苏州市跨行政区域交接控制断面	44	无锡市	武澄锡虞区	二级	河道	Ⅲ-14 无锡东部水环境维持-水质净化功能区	已建
85	羊尖大桥	羊尖塘	重要跨县河道	无锡市—苏州市跨行政区域交接控制断面	44	无锡市	武澄锡虞区	二级以下	河道	Ⅲ-14 无锡东部水环境维持-水质净化功能区	已建
86	王庄北新桥	锡北运河	区域性骨干河道	锡山区—常熟市(无锡—苏州市)跨行政区域交接断面	44	无锡市	武澄锡虞区	一级	河道	Ⅲ-14 无锡东部水环境维持—水质净化功能区	已建
87	承泽坎桥	伯渎港	重要跨县河道	控制	45	无锡市	武澄锡虞区	二级	河道	Ⅲ-14 无锡东部水环境维持-水质净化功能区、Ⅲ-19 苏州北部生物多样性维持-水文调节功能区	已建
88	鹅真塘	望虞河	流域性骨干河道	相城区控制断面	45	苏州市	武澄锡虞区(西岸)—阳澄淀泖区(东岸)	一级	河道	Ⅲ-14 无锡东部水环境维持-水质净化功能区、Ⅲ-19 苏州北部生物多样性维持-水文调节功能区	已建

续表

序号	名称	河流、湖库	河道、湖库属性	断面属性	控制单元编号	断面水质所代表的城市	水利分区	断面级别	河道/湖泊	对应的生态功能区名称	是否已建自动站
89	湖山桥（原杨家村）	直湖港	重要跨县河道	控制	46、47	无锡市	武澄锡虞区	二级	河道	Ⅲ-12 竺山湖北岸重要生境维持-水源涵养功能区	已建
90	鸿桥（景宜桥）	梁溪河	区域性骨干河道	控制	48	无锡市	武澄锡虞区	一级	河道	Ⅲ-13 无锡南部城镇水环境维持-水文调节功能区	已建
91	硕放大桥	京杭运河	流域性骨干河道	控制	48	无锡市	武澄锡虞区	一级	河道	Ⅲ-13 无锡南部城镇水环境维持-水文调节功能区	已建
92	新虹桥	京杭运河	流域性骨干河道	控制	49	无锡市	武澄锡虞区	一级	河道	Ⅲ-13 无锡南部城镇水环境维持-水文调节功能区	已建
93	沙墩港桥	望虞河	流域性骨干河道	出入湖河流	48	无锡市	武澄锡虞区	一级	河道	Ⅲ-13 无锡南部城镇水环境维持-水文调节功能区	已建
94	小溪港桥	小溪港	重要跨县河道	入太湖	48	无锡市	武澄锡虞区	一级	河道	Ⅲ-13 无锡南部城镇水环境维持-水文调节功能区	已建
95	吴塘门套闸	横大江	县域河流	入太湖	48	无锡市	武澄锡虞区	二级以下	河道	Ⅲ-13 无锡南部城镇水环境维持-水文调节功能区	
96	张桥港闸	张桥港	县域河流	入太湖	48	无锡市	武澄锡虞区	二级以下	河道	Ⅲ-13 无锡南部城镇水环境维持-水文调节功能区	
97	高敦港闸	高敦港	县域河流	入太湖	48	无锡市	武澄锡虞区	二级以下	河道	Ⅲ-13 无锡南部城镇水环境维持-水文调节功能区	

续表

序号	名称	河流、湖库	河道、湖库属性	断面属性	控制单元编号	断面水质所代表的城市	水利分区	断面级别	河道/湖泊	对应的生态功能区名称	是否已建自动站
98	望亭上游	京杭运河(江南运河)	流域性骨干河道	无锡市—苏州市跨行政区域交接控制断面	48	无锡市	武澄锡虞区—阳澄淀泖区	一级	河道	Ⅲ-13 无锡南部城镇水环境维持-水文调节功能区	已建
99	张家港闸	张家港河	区域性骨干河道	入江控制	50	苏州市	武澄锡虞区	一级	河道	Ⅳ-08 张家港城镇重要生境维持-水质净化功能区	已建
100	顾家桥	张家港河	区域性骨干河道	张家港—江阴市(苏州市—无锡市)跨行政区域交接断面	50	苏州市	武澄锡虞区	一级	河道	Ⅳ-08 张家港城镇重要生境维持-水质净化功能区	已建
101	凤凰	张家港河	区域性骨干河道	江阴市—张家港(无锡市—苏州市)跨行政区域交接断面	50	无锡市	武澄锡虞区	一级	河道	Ⅳ-08 张家港城镇重要生境维持-水质净化功能区	已建
102	大义光明村	张家港河	区域性骨干河道	入望虞河	51	苏州市	武澄锡虞区	一级	河道	Ⅳ-09 张家港东部水环境维持-水质净化功能区	已建
103	栏杆桥	十一圩港/二干河	区域性骨干河道	江阴市—张家港(无锡—苏州市)跨行政区域交接断面	51	无锡市	武澄锡虞区	一级	河道	Ⅳ-09 张家港东部水环境维持-水质净化功能区	已建
104	官塘	锡北运河	区域性骨干河道	入望虞河	52	苏州市	武澄锡虞区	一级	河道	Ⅲ-16 常熟城镇重要生境维持-水文调节功能区	已建
105	张桥	望虞河	流域性骨干河道	常熟市控制断面	52	苏州市	武澄锡虞区(西岸)—阳澄淀泖区(东岸)	一级	河道	Ⅲ-16 常熟城镇重要生境维持-水文调节功能区	已建

续表

序号	名称	河流、湖库	河道、湖库属性	断面属性	控制单元编号	断面水质所代表的城市	水利分区	断面级别	河道/湖泊	对应的生态功能区名称	是否已建自动站
106	江枫桥	白茆塘	区域性骨干河道	入江控制	53、54	苏州市	阳澄淀泖区	一级	河道	Ⅳ-10 常熟东部水环境维持-水质净化功能区	
107	白宕桥	常浒河	区域性骨干河道	控制	53、54	苏州市	阳澄淀泖区	一级	河道	Ⅳ-10 常熟东部水环境维持-水质净化功能区	
108	沈家市（高敦泾）	盐铁塘	区域性骨干河道	常熟市控制断面	53、54	苏州市	阳澄淀泖区	一级	河道	Ⅳ-10 常熟东部水环境维持-水质净化功能区	
109	江边闸	望虞河	流域性骨干河道	入江控制	54	苏州市	武澄锡虞区（西岸）—阳澄淀泖区（东岸）	一级	河道	Ⅲ-15 常熟北部水环境维持-水质净化功能区	已建
110	荡茜河桥	新七浦塘	区域性骨干河道	入江控制	55	苏州市	阳澄淀泖区	一级	河道	Ⅳ-11 太仓北部重要生境维持-水质净化功能区	
111	仪桥	杨林塘	区域性骨干河道	一般入江河流	55、56	苏州市	阳澄淀泖区	一级	河道	Ⅳ-11 太仓北部重要生境维持-水质净化功能区、Ⅳ-12 昆太城镇重要生境维持-水文调节功能区	已建
112	浏河闸	浏河塘	区域性骨干河道	入江控制	56	苏州市	阳澄淀泖区	一级	河道	Ⅳ-11 太仓北部重要生境维持-水质净化功能区、Ⅳ-12 昆太城镇重要生境维持-水文调节功能区	已建

续表

序号	名称	河流、湖库	河道、湖库属性	断面属性	控制单元编号	断面水质所代表的城市	水利分区	断面级别	河道/湖泊	对应的生态功能区名称	是否已建自动站
113	新丰桥镇	盐铁塘	区域性骨干河道	江苏省—上海市跨行政区域交接控制断面	56	苏州市	阳澄淀泖区	一级	河道	Ⅳ-11 太仓北部重要生境维持-水质净化功能区、Ⅴ-12 昆太城镇重要生境维持-水文调节功能区	
114	杨林桥	杨林塘	区域性骨干河道	入江控制	56	苏州市	阳澄淀泖区	一级	河道	Ⅳ-11 太仓北部重要生境维持-水质净化功能区、Ⅳ-12 昆太城镇重要生境维持-水文调节功能区	
115	傀儡湖水源地	傀儡湖	湖库	控制	57	苏州市	阳澄淀泖区	/	湖库	Ⅳ-12 昆太城镇重要生境维持-水文调节功能区	
116	振东渡口	浏河塘	区域性骨干河道	昆山市—太仓市跨行政交接控制断面	58	苏州市	阳澄淀泖区	一级	河道	Ⅳ-12 昆太城镇重要生境维持-水文调节功能区	已建
117	赵屯（石浦大桥）	吴淞江	区域性骨干河道	江苏省—上海市跨行政区域交接控制断面	58	苏州市	阳澄淀泖区	一级	河道	Ⅳ-12 昆太城镇重要生境维持-水文调节功能区	已建
118	千灯浦口	千灯浦	重要跨县河道	江苏省—上海市跨行政区域交接断面	59	苏州市	阳澄淀泖区	二级	河道	Ⅲ-17 淀山湖东岸重要生境维持-水文调节功能区	已建
119	急水港桥	急水港	重要跨县河道	江苏省—上海市跨行政区域交接控制断面	70	苏州市	阳澄淀泖区	二级	河道	Ⅲ-17 淀山湖东岸重要生境维持-水文调节功能区	已建

续表

序号	名称	河流、湖库	河道、湖库属性	断面属性	控制单元编号	断面水质所代表的城市	水利分区	断面级别	河道/湖泊	对应的生态功能区名称	是否已建自动站
120	朱厍港口	朱厍港	重要跨县河道	江苏省—上海市跨行政区域交接断面	60	苏州市	阳澄淀泖区	二级	河道	Ⅲ-17 淀山湖东岸重要生境维持-水文调节功能区	已建
121	巴城湖入口	张家港河	区域性骨干河道	控制	61	苏州市	武澄锡虞区	一级	河道	Ⅳ-11 太仓北部重要生境维持-水质净化功能区、Ⅳ-14 苏州城市重要生境维持-水文调节功能区、Ⅰ-04 阳澄湖生物多样性维持-水文调节功能区	
122	朱家村	娄江	区域性骨干河道	苏州工业园区—昆山市跨行政区域交接控制断面	61	苏州市	阳澄淀泖区	一级	河道	Ⅳ-11 太仓北部重要生境维持-水质净化功能区、Ⅳ-14 苏州城市重要生境维持-水文调节功能区	已建
123	外跨塘	娄江	区域性骨干河道	苏州市区—苏州工业园区跨行政区域交接控制断面	61	苏州市	阳澄淀泖区	一级	河道	Ⅳ-11 太仓北部重要生境维持-水质净化功能区、Ⅳ-14 苏州城市重要生境维持-水文调节功能区	已建
124	北桥大桥	元和塘	区域性骨干河道	相城区—常熟市跨行政交接控制断面	62	苏州市	阳澄淀泖区	一级	河道	Ⅲ-19 苏州北部生物多样性维持-水文调节功能区、Ⅰ-04 阳澄湖生物多样性维持-水文调节功能区、Ⅳ-14 苏州城市重要生境维持-水文调节功能区	
125	浒关上游	京杭运河（江南运河）	流域性骨干河道	相城区—苏州市区跨行政区域交接控制断面	63	苏州市	阳澄淀泖区	一级	河道	Ⅳ-14 苏州城市重要生境维持-水文调节功能区	已建

续表

序号	名称	河流、湖库	河道、湖库属性	断面属性	控制单元编号	断面水质所代表的城市	水利分区	断面级别	河道/湖泊	对应的生态功能区名称	是否已建自动站
126	轻化仓库	京杭运河(江南运河)	流域性骨干河道	苏州市区—吴中区跨行政区域交接控制断面	65	苏州市	阳澄淀泖区	一级	河道	Ⅳ-14苏州城市重要生境维持-水文调节功能区	
127	越溪桥(渡水桥)	苏东河	重要跨县河道	控制	68	苏州市	阳澄淀泖区	二级	河道	Ⅳ-14苏州城市重要生境维持-水文调节功能区	
128	瓜泾口西	吴淞江	区域性骨干河道	太湖出湖断面	65	苏州市	阳澄淀泖区	一级	河道	Ⅳ-14苏州城市重要生境维持-水文调节功能区	
129	瓜泾口北	京杭运河(江南运河)	流域性骨干河道	吴中区—吴江区跨行政区域交接断面	65	苏州市	阳澄淀泖区	一级	河道	Ⅳ-14苏州城市重要生境维持-水文调节功能区	已建
130	正仪铁路桥	娄江	区域性骨干河道	昆山市控制断面	66	苏州市	阳澄淀泖区	一级	河道	Ⅲ-17淀山湖东岸重要生境维持-水文调节功能区、Ⅳ-14苏州城市重要生境维持-水文调节功能区	
131	江里庄	吴淞江	区域性骨干河道	苏州吴中区—昆山市跨行政区域交接断面	66	苏州市	阳澄淀泖区	一级	河道	Ⅲ-17淀山湖东岸重要生境维持-水文调节功能区、Ⅳ-14苏州城市重要生境维持-水文调节功能区	
132	善人桥	木光河	重要跨县河道	控制	67	苏州市	阳澄淀泖区	二级	河道	Ⅲ-18太湖东岸重要生境维持-水文调节功能区	已建
133	航管站(胥口枢纽)	胥江	区域性骨干河道	出湖	67	苏州市	阳澄淀泖区	一级	河道	Ⅲ-18太湖东岸重要生境维持-水文调节功能区	已建

续表

序号	名称	河流、湖库	河道、湖库属性	断面属性	控制单元编号	断面水质所代表的城市	水利分区	断面级别	河道/湖泊	对应的生态功能区名称	是否已建自动站
134	油车港闸	油车港	县域河流	入太湖	67	苏州市	阳澄淀泖区	二级以下	河道	Ⅲ-18 太湖东岸重要生境维持-水文调节功能区	
135	潭东村闸	潭东河	县域河流	入太湖	67	苏州市	阳澄淀泖区	二级以下	河道	Ⅲ-18 太湖东岸重要生境维持-水文调节功能区	
136	虎山桥(铜坑闸)	浒光河	重要跨县河道	出湖	64	苏州市	阳澄淀泖区	二级	河道	Ⅳ-12 昆太城镇重要生境维持-水文调节功能区	已建
137	312 国道桥	望虞河	流域性骨干河道	入湖	48、63	苏州市	武澄锡虞区(西岸)—阳澄淀泖区(东岸)	一级	河道	Ⅲ-13 无锡南部城镇水环境维持-水文调节功能区、Ⅳ-12 昆太城镇重要生境维持-水文调节功能区	已建
138	和桥水厂	滆湖	大型湖泊	湖体	滆湖	无锡市	太湖湖西区	/	湖库	生态Ⅱ级区-07 滆湖重要物种保护-水文调节功能区	已建
139	长荡湖心	长荡湖	中型湖泊	湖体	长荡湖	常州市	太湖湖西区	/	湖库	生态Ⅰ级区-01 金坛洮湖重要物种保护-水文调节功能区	
140	大溪水库湖心	大溪水库	大型水库	湖体	大溪水库	常州市	太湖湖西区	/	湖库	生态Ⅰ级区-02 溧阳南部重要生境维持-水源涵养功能区	
141	太滆运河区	滆湖	大型湖泊	湖体	滆湖	常州市	太湖湖西区	/	湖库	生态Ⅱ级区-07 滆湖重要物种保护-水文调节功能区	
142	北干河口区	长荡湖	中型湖泊	湖体	长荡湖	常州市	太湖湖西区	/	湖库	生态Ⅰ级区-01 金坛洮湖重要物种保护-水文调节功能区	

续表

序号	名称	河流、湖库	河道、湖库属性	断面属性	控制单元编号	断面水质所代表的城市	水利分区	断面级别	河道/湖泊	对应的生态功能区名称	是否已建自动站
143	库中	沙河水库	大型水库	湖体	沙河水库	常州市	太湖湖西区	/	湖库	生态Ⅰ级区-02溧阳南部重要生境维持-水源涵养功能区	
144	阳澄湖心	阳澄湖	大型湖泊	湖体	阳澄湖	苏州市	阳澄淀泖区	/	湖库	Ⅰ-04阳澄湖生物多样性维持-水文调节功能区	
145	阳澄东湖南	阳澄湖	大型湖泊	湖体	阳澄湖	苏州市	阳澄淀泖区	/	湖库	Ⅰ-04阳澄湖生物多样性维持-水文调节功能区	
146	昆承湖心	昆承湖	中型湖泊	湖体	昆承湖	苏州市	武澄锡虞区	/	湖库	Ⅲ-16常熟城镇重要生境维持-水文调节功能区	
147	元荡湖心	元荡	中型湖泊	湖体	元荡	苏州市	武澄锡虞区	/	湖库	Ⅰ-04阳澄湖生物多样性维持-水文调节功能区	
	总计										98

注：苏州太湖西山岛被太湖环绕，无主要汇水河流，控制单元不便于设置总量控制断面。

江苏省太湖流域主要水污染物总量监控与预警报告示例

江苏省太湖流域污染物入湖总量监测报告

2016 年 8 月

太湖流域水环境监控系统平台监测数据显示,本月各条河流入湖总量如表 1 所示:

表 1 太湖流域入湖污染物总量自动监测结果表

河流名称	高锰酸盐(吨)	氨氮(吨)	总磷(吨)	总氮(吨)	流量(立方米)
陈东港	76.944 304	5.436 613	3.196 062	33.163 853	19 622.993 877
望虞河	0.000 005	0.000 000	0.000 000	0.000 002	0.002 683
太滆运河	164.830 735	19.287 689	9.804 510	158.329 061	44 532.000 000
官渎港	46.513 231	3.237 664	1.328 894	34.345 622	13 435.548 999
洪巷港	3.182 449	0.381 350	0.127 870	2.120 791	1 026.167 690
社渎港	13.766 860	3.214 309	0.180 282	7.459 702	4 356.174 834
殷村港	23.180 088	1.037 120	1.110 864	22.969 256	8 504.267 160
梁溪河	213.633 870	10.983 726	10.987 548	88.573 887	62 526.257 142
大港河	47.401 216	4.219 539	0.260 477	51.999 574	20 342.579 583
乌溪港	30.532 294	3.225 802	0.820 417	17.619 262	7 829.376 904
小溪港	15.624 380	1.189 412	0.280 512	8.454 433	4 536.000 000
直湖港	5.147 025	0.412 088	0.178 396	1.496 663	1 047.642 857
大浦港	21.429 522	1.035 448	0.483 167	13.326 387	5 243.887 011
武进港	51.697 569	3.917 671	2.070 233	21.981 190	13 696.657 440

其中太滆运河超标的指标有：高锰酸盐、总磷、总氮；官渎港超标的指标有：高锰酸盐、总磷、总氮；梁溪河超标的指标有：高锰酸盐、总磷、总氮；大港河超标的指标有：高锰酸盐、氨氮、总氮；小溪港超标的指标有：高锰酸盐。

相应河流当月排放指标如表 2 所示：

表 2 太湖流域入湖污染物总量排放阈值表

河流名称	高锰酸盐(吨)	氨氮(吨)	总磷(吨)	总氮(吨)
殷村港	248.8	99.5	7.5	199
梁溪河	73.5	29.4	2.9	58.8
小溪港	14.7	3.3	0.5	9.8
直湖港	350.6	140.2	14	280.5
漕桥河	198.2	79.3	5.9	158.5
陈东港	486.4	116.7	11.7	389.1
大港河	10.8	2.6	0.3	8.6
大浦港	245.7	59	5.9	196.6
官渎港	36.4	8.7	0.9	29.1
洪巷港	44.8	10.8	1.1	35.9
社渎港	43.8	10.5	1.1	35
乌溪港	62.1	14.9	1.5	49.7
太滆运河	160.3	64.1	4.8	128.3
望虞河	841.8	187.1	28.1	561.2

竺山湖蓝藻预警情况统计如表 3 所示：

表 3 竺山湖蓝藻预警分级月统计表

监测天数	安全/天	不良状态(一级预警)/天	缓慢恶化(二级预警)/天	迅速恶化(三级预警)/天
27	0	0	25	2

江苏省环境监测中心

2016 年 8 月 29 日

漕桥河河流累积性风险预警、溯源与 TMDL 月度分析报告

漕桥监测站(2017 年)第 12 期

2017 年 12 月 1 日—2017 年 12 月 31 日，入湖河流-漕桥河的 COD_{Mn} 的浓度范围为 3.680～5.567 mg/L(平均浓度为 4.746 mg/L)，属于“Ⅲ级”预警，TMDL 为 3 978.72 kg/d，

污染负荷消减率－24.03 %；NH_4-N 的浓度范围为 5.522～8.433 mg/L(平均浓度为 7.305 mg/L)，属于“Ⅰ级”预警，TMDL 为 1 591.49 kg/d，污染负荷消减率 78.87 %；TN 的浓度范围为 0.730～2.314 mg/L(平均浓度为 1.595 mg/L)，属于“Ⅳ级”预警，TMDL 为 3 182.98 kg/d，污染负荷消减率－77.40 %；TP 的浓度范围为 0.279～0.444 mg/L(平均浓度为 0.363 mg/L)，属于“Ⅳ级”预警，TMDL 为 119.36 kg/d，污染负荷消减率57.43 %。

入湖河流-漕桥河的水质控制浓度值分别是：COD_{Mn}～5.0 mg/L，NH_4-N-2.0 mg/L，TN-4.0 mg/L，TP-0.15 mg/L，根据累积概率图的数据进行分析，结果如下：

COD_{Mn}：

83.9%的监测时间内 COD_{Mn}浓度达标，即小于或等于 5.0 mg/L。即 16.1%的监测时间内 COD_{Mn}浓度高于 5.0 mg/L，此时属于“Ⅲ级”预警。根据主要水污染物的预警级别，进行 TMDL 核算及溯源研究：

2017 年 12 月 1 日—2017 年 12 月 31 日，入湖河流-漕桥河的 COD_{Mn} 当前排放量为 2 887.00 kg/d，TMDL 为 3 978.72 kg/d，负荷消减量为－1 091.72 kg/d，负荷削减率为－24.03%。

NH_4-N：

0.0%的监测时间内 NH_4-N 浓度达标，即小于或等于 2.0 mg/L。即 100.0%的监测时间内 NH_4-N 浓度高于 2.0 mg/L，此时属于“Ⅰ级”预警。根据主要水污染物的预警级别，进行 TMDL 核算及溯源研究：

2017 年 12 月 1 日—2017 年 12 月 31 日，入湖河流-漕桥河的 NH_4-N 当前排放量为 6 778.14kg/d，TMDL 为 1 591.49 kg/d，负荷消减量为 5 186.65 kg/d，负荷削减率为 78.87%。

TN：

100.0%的监测时间内 TN 浓度达标，即小于或等于 4.0 mg/L。即 0.0%的监测时间内 TN 浓度高于 4.0 mg/L，此时属于“Ⅳ 级”预警。根据主要水污染物的预警级别，进行 TMDL 核算及溯源研究：

2017 年 12 月 1 日—2017 年 12 月 31 日，入湖河流-漕桥河的 TN 当前排放量为 1 614.82 kg/d，TMDL 为 3 182.98 kg/d，负荷消减量为－1 568.16 kg/d，负荷削减率为－77.40%。

TP：

0.0%的监测时间内 TP 浓度达标，即小于或等于 0.15 mg/L。即 100.0%的监测时间内 TP 浓度高于 0.15 mg/L，此时属于“Ⅰ级”预警。根据主要水污染物的预警级别，进行 TMDL 核算及溯源研究：

2017 年 12 月 1 日—2017 年 12 月 31 日，入湖河流-漕桥河的 TP 当前排放量为 252.37

kg/d,TMDL 为 119.36 kg/d,负荷消减量为 133.01 kg/d,负荷削减率为 57.43%。

水质目标报告（2017/12/1 0:00:00～2017/12/31 23:59:59）

河流名称:漕桥河　　　站点编号:ASS_000032

TMDL 成分	COD (kg/d)	NH_4-N (kg/d)	TN (kg/d)	TP (kg/d)
当前排放量	2 887.00	6 778.14	1 614.82	252.37
TMDL	3 978.72	1 591.49	3 182.98	119.36
非点源排放量	3 570.85	1 422.34	2 854.68	97.42
点源排放量	10.00	10.00	10.00	10.00
安全余量	397.87	159.15	318.30	11.94
污染负荷消减量	−1 091.72	5 186.65	−1 568.16	133.01
污染负荷消减率	−24.03 %	78.87 %	−77.40 %	57.43 %
达标率和风险等级	达标比例 83.9% [Ⅲ级]	达标比例 0.0% [Ⅰ级]	达标比例 100.0% [Ⅳ级]	达标比例 0.0% [Ⅰ级]
浓度水质标准	5.00 mg/L	2.00 mg/L	4.00 mg/L	0.15 mg/L
浓度最小值	3.680 mg/L	5.522 mg/L	0.730 mg/L	0.279 mg/L
浓度最大值	5.567 mg/L	8.433 mg/L	2.314 mg/L	0.444 mg/L
浓度平均值	4.746 mg/L	7.305 mg/L	1.595 mg/L	0.363 mg/L
浓度标准偏差	0.342 mg/L	0.815 mg/L	0.444 mg/L	0.048 mg/L
浓度 5%位次数	4.050 mg/L	5.645 mg/L	0.747 mg/L	0.285 mg/L
浓度 50%位次数	4.767 mg/L	7.543 mg/L	1.780 mg/L	0.371 mg/L
浓度 95%位次数	5.200 mg/L	8.315 mg/L	2.115 mg/L	0.439 mg/L

注:1.TMDL＝非点源＋点源＋安全余量;2.安全余量为 TMDL 的 10%

溯源结果

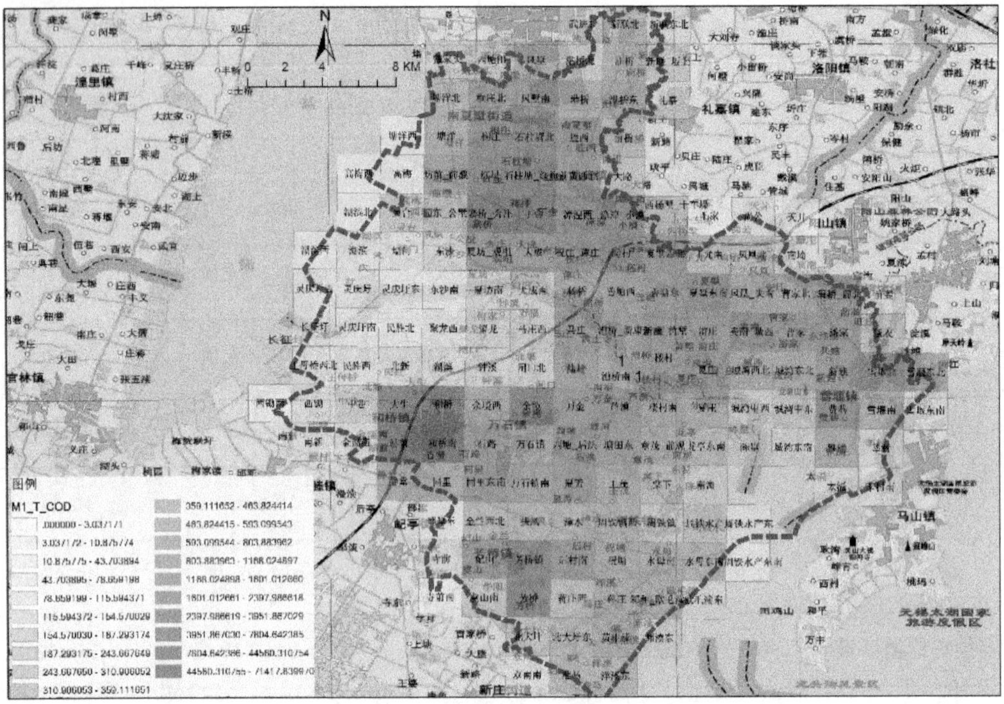

面源格网 COD 负荷

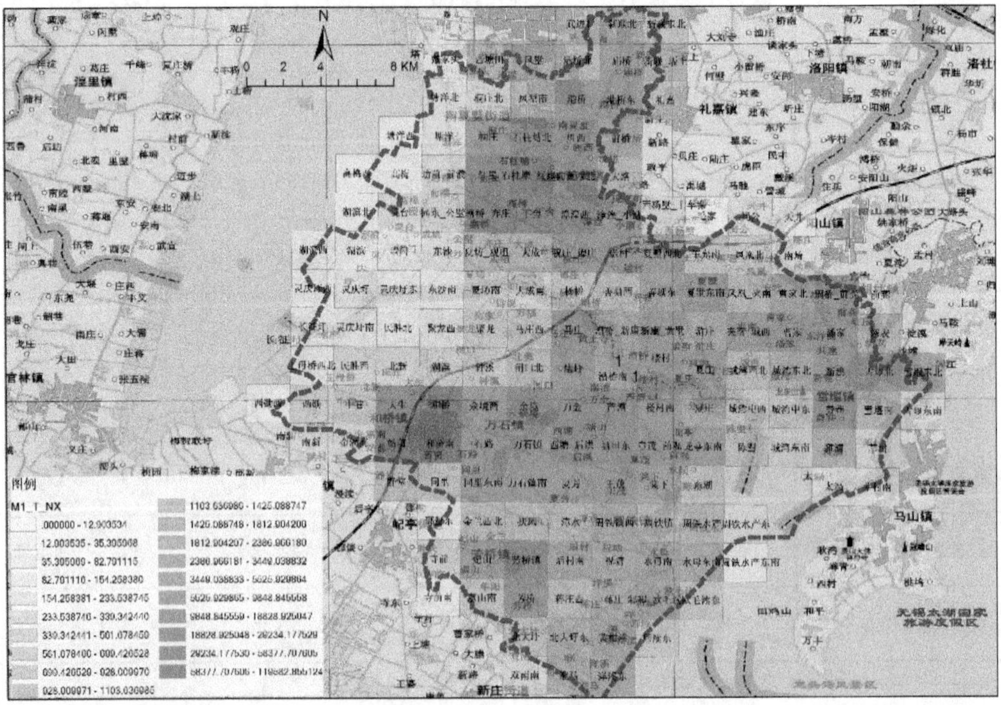

面源格网氨氮负荷

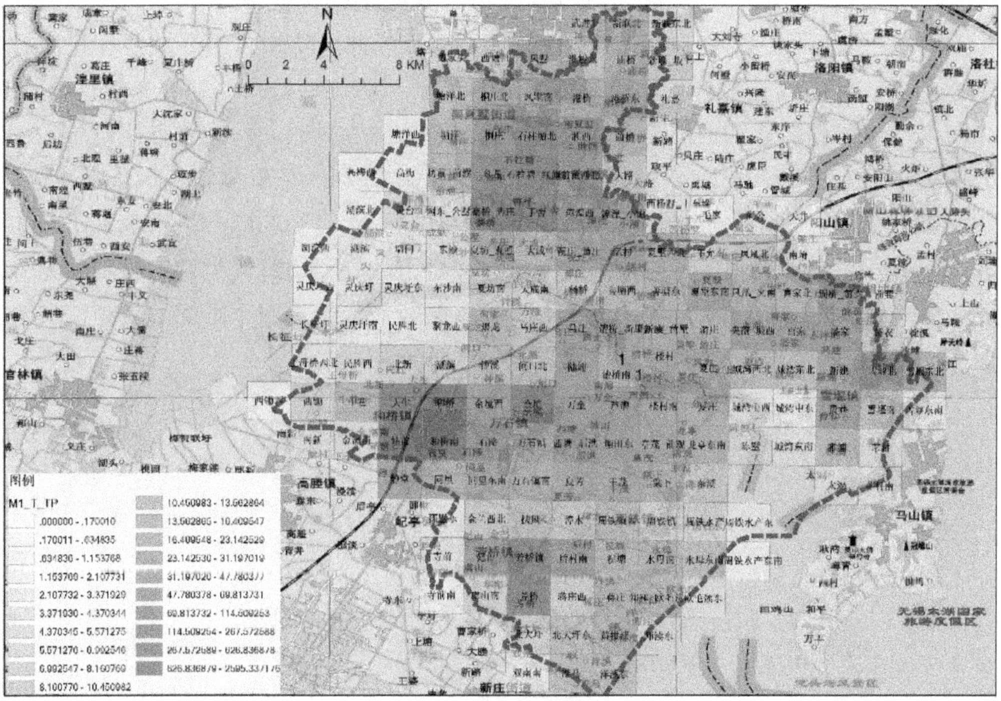

面源格网总磷负荷

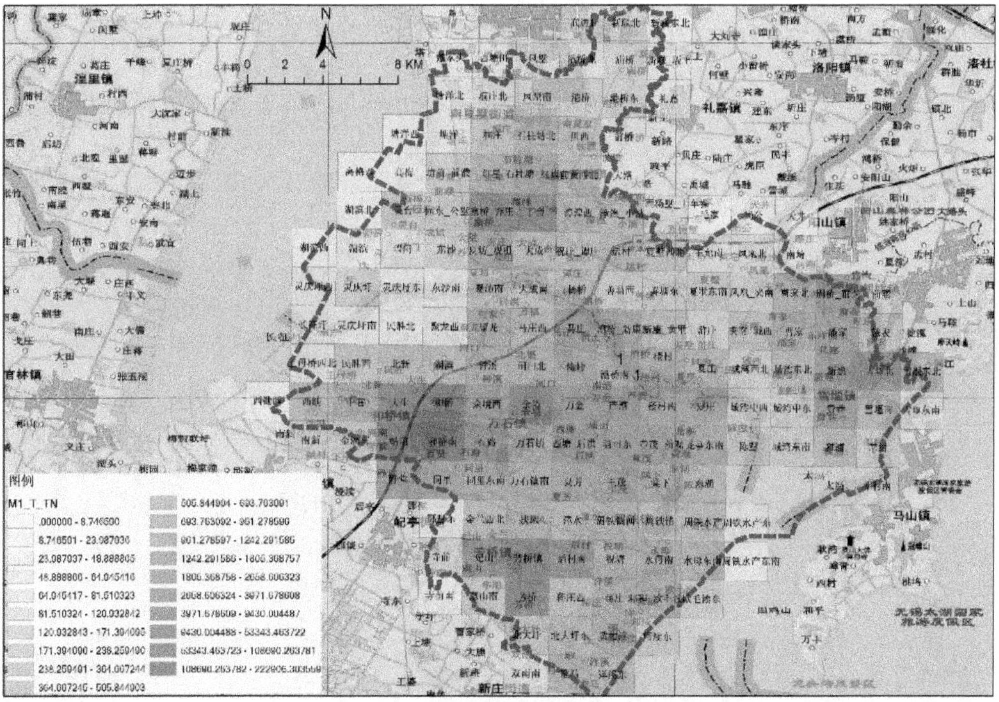

面源格网总氮负荷

期间，太滆运河、漕桥河和殷村港河流域COD、氨氮、总氮和总磷累积性风险较大，累积性风险集中在示范区北部、中部和南部。其中COD累积性风险最重的区域为和桥南、站前和寨桥-奔庄，为重点控制单元，负荷值分别为286 702.78 kg/d、145 034.38 kg/d和131 087.32 kg/d。氨氮累积性风险最重的区域为和桥南、站前和和桥，为重点控制单元，负荷值分别为23 316.19 kg/d、11 492.42 kg/d和10 245.06 kg/d。总氮累积性风险最重的区域为和桥南、站前和和桥，为重点控制单元，负荷值分别为141 546.08 kg/d、69 689.42 kg/d和62 099.60 kg/d。总磷累积性风险最重的区域为和桥南、站前和和桥，为重点控制单元，负荷值分别为6 766.19 kg/d、3 331.75 kg/d和2 969.04 kg/d。综合四个方面的累积性风险，枯水期时和桥南、站前、和桥和寨桥-奔庄为重点控制单元。

参 考 文 献

[1] EPA U S. Proposed guidance on cumulative risk assessment of pesticide chemicals that have a common mechanism of toxicity. 1997.

[2] 王炳权,钱新.流域累积性环境风险评价研究进展[J]. 环境保护科学,2013,39(2): 88 - 90.

[3] 卢宏玮,曾光明,谢更新,等.洞庭湖流域区域生态风险评价[J]. 生态学报,2003,23(12): 2520-2530.

[4] Bauer S D. The Food Quality Protection Act of 1996: Replacing Old Impracticalities with New Uncertainties in Pesticide Regulation. North Carolina Law Review, 1996. 75:1369.

[5] EPA U S. Guidance on cumulative risk assessment. part 1. planning and scoping, Washington, DC: Risk Assessment. 1997.

[6] EPA U S. A common mechanism of action: the organophosphate pesticides. Washington DC: Office of Pesticide Programs. 1998.

[7] EPA U S. Guidance for indentifying pesticide chemicals and other substances that have a common mechanism of toxicity. Washington DC: Office of Pesticide Programmes. 1999.

[8] EPA U S. Guidance on cumulative risk assessment of pesticide chemicals that have a common mechanism of toxicity.Washington DC: Office of Pesticide Programs. 2002.

[9] EPA U S. Status of cumulative risk assessment for organophosphate pesticides. Washington DC: Office of Pesticide Programs. 2002.

[10] EPA U S. Framework for cumulative risk assessment. Washington DC: Risk Assessment Forum. 2003.

[11] EPA U S. Ensuring risk reduction in communities with multiples stressors: environmental justice and cumulative risk impacts. Washington DC: National Environmental Justice Advisory Council. 2004.

[12] Sexton K, Linder S H. The role of cumulative risk assessment in decisions about environmental justice. International journal of environmental research and public health, 2010, 7(11): 4037-4049.

[13] MacDonell M M, Haroun L A, Teuschler L K, et al. Cumulative risk assessment toolbox: methods and approaches for the practitioner. Journal of toxicology, 2013.

[14] Løkke H. Novel methods for integrated risk assessment of cumulative stressors-Results from the NoMiracle project. 2010, Elsevier.

[15] Holmstrup M, Bindesbøl A M, Oostingh G J, et al. Interactions between effects of environmental chemicals and natural stressors: a review. Science of the Total Environment, 2010, 408(18): 3746-3762.

[16] Relyea R, Hoverman J. Assessing the ecology in ecotoxicology: a review and synthesis in freshwater systems. Ecology Letters, 2006,9(10): 1157-1171.

[17] EPA U S. Cumulative risk: a case study of the estimation of risk from 24 organophosphate pesticides.Washington DC: Office of Pesticide Programs. 2000.

[18] Shrestha S, Kazama F, Newham L T. A framework for estimating pollutant export coefficients from long-term in-stream water quality monitoring data. Environmental Modelling & Software, 2008,23(2): 182-194.

[19] Crawford-Brown D, Crawford-Brown S. Cumulative risk assessment framework for waterborne contaminants. Journal of Environmental Protection, 2012,3(05): 400.

[20] Ragas A M, Oldenkamp R, Preeker N, et al. Cumulative risk assessment of chemical exposures in urban environments. Environment International, 2011,37(5): 872-881.

[21] Teuschler L K, Rice G E, Wilkes C R, et al. A feasibility study of cumulative risk assessment methods for drinking water disinfection by-product mixtures. Journal of Toxicology and Environmental Health, Part A, 2004,67(8-10): 755-777.

[22] Gurjar B, Mohan M. Integrated risk analysis for acute and chronic exposure to toxic chemicals. Journal of hazardous materials, 2003,103(1-2): 25-40.

[23] Wollin K M, Bader M, Müller M, et al. Assessment of long-term health risks after accidental exposure using haemoglobin adducts of epichlorohydrin. Toxicology letters, 2014,231(3): 378-386.

[24] 吴健,由文辉.流域累积效应及其评估中存在问题的探讨[J].上海环境科学,2002,21(7): 444-446.

[25] 许妍,高俊峰,赵家虎,等.流域生态风险评价研究进展[J].生态学报,2012,32(1): 284-292.

[26] 冯承莲,雷炳莉,王子健.中国主要河流中多环芳烃生态风险的初步评价[J].中国环境科学,2009(06): 583-588.

[27] 刘卫国,安尼瓦尔·木扎提,吕光辉.博斯腾湖流域风险评价[J].干旱区资源与环境,2008(08):33-37.

[28] 段小丽.暴露参数的研究方法及其在环境健康风险评价中应用[M].北京: 科学出版社,2012.

[29] 邹滨，曾永年，Zhan B F，等.城市水环境健康风险评价[J]. 地理与地理信息科学，2009(02):94-98.

[30] 黄奕龙，王仰麟，谭启宇，等.城市饮用水源地水环境健康风险评价及风险管理[J]. 地学前缘，2006(03):162-167.

[31] 倪彬，王洪波，李旭东，等.湖泊饮用水源地水环境健康风险评价[J]. 环境科学研究，2010(01):74-79.

[32] 陈凯，黄蕾，方强.遗传神经网络在累积性环境风险评价中的应用[J].环境监控与预警，2012(02):1-6.

[33] 沈新强，李磊.累积性环境污染因子在海洋贝类体内的生物累积研究进展[J].海洋湖沼通报，2011(02):27-34.

[34] 姜官鑫，沈国清，唐雯佳.食品中农药残留的累积性暴露评估方法研究[J].食品工业科技，2011(06):346-349+400.

[35] 张磊，李凤琴，刘兆平.食品中化学物累积风险评估方法及应用[J].中国食品卫生杂志，2011(04):378-382.

[36] Gronewold A D, Borsuk M E. Improving Water Quality Assessments through a Hierarchical Bayesian Analysis of Variability. Environmental Science & Technology, 2010,44(20):7858-7864.

[37] Ambrose R B, Barnwell T O, Development of Water Quality Modeling in the United States. Environmental Engineering Research, 2009,14(4): 200-210.

[38] Wool T A, Ambrose R B, Martin J L, et al. Water quality analysis simulation program (WASP) Version 6.0 Draft: User's Manual. 2001, U.S. Environmental Protection Agency-Region 4: Atlanta, GA.

[39] Meng Z, Le-yi N, Te C, et al., Impact of Aquatic Environmental Factors on Distribution Pattern of Aquatic Macrophytes in Upper Reaches of Taihu Lake Watershed. Environmental Science & Technology, 2010, 33(3): 171-194 (in Chinese).

[40] Park R, Clough J. AQUATOX (Release 3) Modeling Environmental Fate and Ecological Effects in Aquatic Ecosystems. Volume 2: Technical Documentation. 2009, US Environmental Protection Agency, Office of Water: Washington, DC.

[41] Wool T A, Davie S R, Rodriguez H N. Development of three-dimensional hydrodynamic and water quality models to support total maximum daily load decision process for the Neuse River Estuary, North Carolina. Journal of Water Resources Planning and Management, 2003, 129(4): 295-306.

[42] Paerl H W, Xu H, McCarthy M J, et al. Controlling harmful cyanobacterial blooms in a hyper-eutrophic lake (Lake Taihu, China): The need for a dual nutrient (N & P) management strategy. Water Research, 2011, 45(5): 1973-1983.

[43] Cleland B R. TMDL Development from the "bottom up" - Part III: Duration Curves and wet-weather assessments. Proceedings of the Water Environment Federation, 2003(4): 1740-1766.
[44] Cleland B R. TMDL development from the "bottom up" - Part II: Using duration curves to connect the pieces. Proceedings of the Water Environment Federation, 2002(8): 687-697
[45] 江苏省环境保护厅.2006—2010 年江苏省环境质量报告[M].南京:河海大学出版社,2012.
[46] 李民,范秀涛,刘世萱.大型海洋环境监测浮标的研究与应用[J].中国科技成果,2012,13(8): 15-17.
[47] 戴洪磊,牟乃夏,王春玉,等.我国海洋浮标发展现状及趋势气象水文海洋仪器 Meteorological, Hydrological and Marine Instruments,2014(2):118-121.
[48] 梁柱,徐恒省,王亚超.湖泊蓝藻水华预警监测技术的应用研究污染防治技术[J].污染防治技术,2009,6(22):97-99.
[49] 江苏省环境保护厅.2011—2016 年江苏省环境质量报告[M].南京:河海大学出版社,2016.
[50] 李茜,张建辉,罗海江,等.区域环境质量综合评价指标体系的构建及实证研究[J].中国环境监测,2013(03).
[51] 陈东俊,徐克广,姚志鹏.效益评审方法在基层环境监测中心(站)应用探讨[J].中国环境监测,2013(03).
[52] 王志彬,赵和璧.环境质量参量综合指标与实证分析[J].中国环境监测,2012(03).
[53] 王斌,张震.天津近郊农田土壤重金属污染特征及潜在生态风险评价[J].中国环境监测,2012(03).
[54] 罗毅.抢抓机遇正视挑战为探索环境保护新道路提供重要技术支撑[J].中国环境监测,2012(03).
[55] 罗毅.环境监测能力建设与仪器支撑[J].中国环境监测,2012(02).
[56] 胡莹莹,王菊英,刘亮,等.近岸海域区域环境质量综合评价体系构建及应用实例[J].中国环境监测,2012(01).
[57] 万本太.浅谈国家环境监测网建设[J].中国环境监测,2011(06).
[58] 张小东,徐克广,张建辉.浅谈基层单位环境监测专项经费的管理[J].中国环境监测,2011(S1).
[59] 万本太,蒋火华.关于"十二五"国家环境监测的思考[J].中国环境监测,2011(01).
[60] 张咏,黄娟,徐东炯,等.水生态监测技术路线选择与业务化运行关键问题研究[J].环境监控与预警,2012(06).
[61] 王帅,丁俊男,王瑞斌,等.关于我国环境空气质量监测点位设置的思考[J].环境与可持续发展,2012(04).
[62] 胡冠九,陈素兰,黄娟.区域土壤污染普查监测点位布设方法探讨[J].地质学刊,2012(02).

[63] 魏房忠,李旭文,范清华.环境监测点位的管理与调度[J].中国环境监测,2012(02).
[64] 黄卫,沈红军,张涛.江苏省"十一五"环境质量状况及成因分析[J].环境监测管理与技术,2011(06).
[65] 张璘,郝英群,姜勇.江苏省地表水监测断面优化调整的构思[J].环境监控与预警,2011(02).
[66] 李旭文,沈红军,张亦含.一种优化的环境测点信息管理模型及其在环境质量数据管理系统中的应用[J].中国环境监测,2006(03).
[67] 柏仇勇,黄卫,姜勇.创新我国环境监测体制和机制的构想[J].中国环境监测,2007(06).
[68] 司蔚,黄丽萍,谢飞.江苏省各级环境监测站创建国家标准化站的经验及体会[J].中国环境监测,2005(04).
[69]王迎春.三级环境监测站标准化建设中存在的问题及对策建议[J].北方环境,2013(06).
[70] 宋汝尊,宋雪燕.县级环境监测站标准化建设中的工作探讨[J].中小企业管理与科技(上旬刊),2009(11).
[71] 程东红.三级环境监测站标准化建设工作的探讨[J].化学工程与装备,2014(07).
[72] 金海娟,吴海龙.加强环境监测站规范化管理的有效措施[J].资源节约与环保,2019(02).
[73] 张小畅.县级环境监测站发展的困难与对策研究[J].资源节约与环保,2018(11).
[74] 姚伦文.浅析环境监测站标准化建设的必要性与建议[J].农家参谋,2018(18).
[75] 李素梅.基层环境监测站加强质量管理探讨——以砚山县环境监测站为例[J].环境科学导刊,2017(S1).
[76] 武海红.基层环境监测站环境监测质量管理工作探讨[J].山西科技,2017(03).
[77] 王鸿波.基层环境监测站加强全面质量管理的思考[J].环境与发展,2017(03).
[78] 郐艳秋,张更宇,黄旸,等.垂直管理背景下二级环境监测站质量管理建设的思考[J].黑龙江环境通报,2017(01).
[79] 郁建桥,张宁红,钟声,等.江苏省太湖流域水环境自动监控系统技术框架构建研究[J].环境监控与预警,2012(05).
[80] 黄卫,张璘,金浩波.江苏省太湖流域国家重要控制节点污染来源调查与评价[J].环境监控与预警,2012(02).
[81] 郁建桥,钟声,王晨波."两级质控、第三方运营"水质自动站管理模式初探[J].中国环境监测,2011(06).
[82] 张璘,郝英群,姜勇.江苏省地表水监测断面优化调整的构思[J].环境监控与预警,2011(02).
[83] 张宁红,张璘,黄丽萍.支撑流域资源补偿的监测技术与方法[J].环境监控与预警,2009(02).
[84] 张宁红,张涛,黎刚.环境监测现代化支撑——共性技术的提升与突破[J].环境监测管理与技术,2006(06).

[85] 林楠,冯玉杰,吴舜泽,等.我国跨区域水环境信息共享机制[J].哈尔滨工业大学学报,2012(12).
[86] 唐玉青.水资源区域生态补偿机制存在的问题及其对策[J].安徽农业科学,2011(31).
[87] 沈建康.京杭大运河跨界断面水质现状调查与分析[J].中国资源综合利用,2010(11).
[88] 刘粤生.珠江佛山与广州交界河段潮水河水质水量监测与评价[J].生态科学,2008(03).
[89] 李国刚.跨界河流的水质监测[J].中国环境监测,2003(04).
[90] 商博,毛欣,金丽莎.山东省环境监测质量管理体系建设运行现状及对策[J].环境监控与预警,2011(06).
[91] 鲁雪生.基层环境监测站的现状、困局与突破[J].环境保护,2010(05).
[92] 樊津江,张军杰.环境监测站能力建设的重要性及途径[J].河南科技,2007(03).